高等职业教育畜牧兽医类专业教材

动物繁殖技术

符世雄　叶　方　主编

中国轻工业出版社

图书在版编目（CIP）数据

动物繁殖技术/符世雄，叶方主编．—北京：中国轻工业出版社，2022.12
ISBN 978-7-5184-4067-2

Ⅰ.①动… Ⅱ.①符…②叶… Ⅲ.①动物—繁殖 Ⅳ.①S814

中国版本图书馆 CIP 数据核字（2022）第 129999 号

责任编辑：贾　磊　　责任终审：李建华　　封面设计：锋尚设计
版式设计：霸　州　　责任校对：朱燕春　　责任监印：张　可

出版发行：中国轻工业出版社（北京东长安街 6 号，邮编：100740）
印　　刷：三河市万龙印装有限公司
经　　销：各地新华书店
版　　次：2022 年 12 月第 1 版第 1 次印刷
开　　本：710×1000　1/16　印张：16.75
字　　数：330 千字
书　　号：ISBN 978-7-5184-4067-2　定价：42.00 元
邮购电话：010-65241695
发行电话：010-85119835　传真：85113293
网　　址：http：//www.chlip.com.cn
Email：club@ chlip.com.cn
如发现图书残缺请与我社邮购联系调换
201192J2X101ZBW

前 言

《动物繁殖技术》是根据首届全国教材工作会议精神,以促进学生全面发展,增强学生专业素养为目标,按照动物繁殖技术课程标准编写的,为培养适合现代畜牧业繁殖与改良工作岗位所需的高素质技能型人才而服务的专业教材。

动物繁殖技术是畜牧兽医类专业的主干课程之一,是对应繁殖与品种改良工作岗位的行动导向课程。为适应畜牧兽医类专业课程教学改革的需要,本教材创新课程设计思路,尝试建立基于工作过程、项目导向、任务驱动的教学改革模式,对课程结构和内容安排进行全面整合,强化学生解决问题能力,增强教材育人功能。教材内容的编排,按照岗位能力培养的需要,充分考虑了畜牧业生产现实岗位的标准化、专业化需求,更符合高职高专院校学生的学习特征。

本教材由安顺职业技术学院符世雄、叶方担任主编,并负责统稿。具体编写分工:项目一和项目二由内蒙古农业大学职业技术学院贾纯琰、安顺职业技术学院叶方共同编写;项目三由安顺职业技术学院符世雄、向波、金睿共同编写;项目四、项目五、项目六由安顺职业技术学院符世雄编写;项目七由安顺职业技术学院于秋鹏、符世雄共同编写;实训内容由安顺职业技术学院符世雄、叶方、于秋鹏、韩芳芳、杨蕾、姚本福共同编写。

本教材内容精练,图文并茂,注重理论与实操的结合,将动物繁殖技术的相关知识与技能融为一体,突出理论知识的应用和实践能力的培养;教学目标明确,充分体现了高等职业教育教材的思想性、应用性、实践性原则。通过学习,学生可掌握动物繁殖的基础知识和相关技术。本教材除适用于高职高专院校畜牧兽医相关专业学生外，还可作为基层畜牧兽医人员、专业化畜禽育种场技术人员的参考书。

  本教材编写过程中参考了许多相关著作和教材，查阅了大量文献资料，在此对相关作者致以诚挚敬意。

  由于编者的能力和水平有限，资料搜集整理过程中难免有所遗漏，不尽完善及不妥之处在所难免，恳请读者批评指正。

编者
2022 年 7 月

目 录

项目一　畜禽的选种 ·· 1

　　一、品种识别 ·· 1
　　二、畜禽选择标准 ·· 5
　　三、畜禽的系谱鉴定 ··· 10
　　实训一　畜禽品种分类与识别 ··· 12
　　实训二　畜禽外貌观察、体尺测量及外貌鉴定 ····························· 16
　　实训三　种畜系谱的编制与鉴定 ·· 26

项目二　畜禽性状遗传基础 ·· 30

　　一、性状遗传的物质基础 ·· 31
　　二、性状遗传的基本规律 ·· 39
　　三、性状的遗传 ··· 46
　　四、生产性能测定 ·· 53

项目三　畜禽选配与杂交利用 ··· 60

　　一、畜禽选配 ·· 60
　　二、畜禽杂交利用 ·· 72
　　实训一　杂交改良方案的设计 ··· 86
　　实训二　杂种优势的计算 ·· 87

项目四　人工授精 ·· 89

　　一、畜禽的生殖器官 ·· 89

二、采精及其准备 ··· 105
　　三、精液品质检查 ··· 110
　　四、精液的保存 ··· 118
　　五、发情鉴定 ··· 127
　　六、人工授精技术 ··· 137
　　　实训一　假阴道的安装 ··· 150
　　　实训二　精液的采集 ··· 151
　　　实训三　精液品质的检查 ······································· 154
　　　实训四　精液的稀释 ··· 156
　　　实训五　精液的保存 ··· 158
　　　实训六　发情鉴定 ··· 160
　　　实训七　人工输精 ··· 162

项目五　妊娠与分娩 ··· 165

　　一、妊娠诊断 ··· 165
　　二、助产 ··· 177
　　　实训一　母畜妊娠诊断与检查 ··································· 189
　　　实训二　分娩助产 ··· 193

项目六　繁殖控制技术 ··· 196

　　一、生殖激素的应用 ··· 196
　　二、发情控制 ··· 209
　　三、适时配种 ··· 218
　　四、胚胎移植技术 ··· 219
　　五、诱导分娩技术 ··· 228
　　　实训一　常见生殖激素的使用 ··································· 230
　　　实训二　同期发情、超数排卵与胚胎移植技术 ····················· 231

项目七　畜禽繁殖管理技术 ··· 235

　　一、家畜繁殖障碍及其防治 ··· 235
　　二、提高动物繁殖力的综合措施 ····································· 246
　　三、畜禽繁殖力的综合评价 ··· 249
　　　实训　母牛不孕症的诊治 ······································· 257

参考文献 ··· 260

项目一　畜禽的选种

利用现有的畜禽品种资源，根据畜禽的生长发育、体质外貌和生产性能等资料来评定畜禽的品质是选种的基础。畜禽选种是育种工作的主要手段和基本措施。

知识目标

1. 掌握品种的概念，了解畜禽品种的不同分类方法。
2. 根据畜禽的生长发育、体质外貌评定畜禽的品质。
3. 了解性能测定的基本形式，掌握不同经济类型畜禽的性能测定。

技能目标

1. 识别我国著名地方品种、主要培育品种和引入品种的生产性能表现。
2. 掌握家畜体尺的测量方法及体型外貌鉴定技术。
3. 掌握系谱的编制方法及系谱鉴定的方法。

必备知识

一、品种识别

据统计，全球目前有40多个畜禽种类的大约4500个品种。这些畜禽品种为人类提供肉、蛋、乳、毛、畜力和有机肥等重要产品，较好地满足了人类社会的需要。

（一）品种的概念

动物的"种"是具有一定形态、生理特征和自然分布区域的生物类群，是生物分类系统的基本单位。一个种中的个体一般不与其他种中的个体交配，即使交配也不能产生有繁殖能力的后代。种是生物进化过程中由量变到质变的结果，是自然选择的产物。而品种是人类从事农业生产的资料，是人工选择的结果，是人们在一定的自然和经济条件下，通过长期的选育而形成的、具有某种经济价值的畜群。畜禽品种应具备以下条件。

1. 来源相同

同一品种的畜禽，应具有基本相同的血统来源。同一品种的畜禽，个体彼此间有血统上的联系，遗传基础非常相似。

2. 外貌及适应性相似

同一个品种的畜禽，在外貌特征、体形结构、生理机能、重要经济性状、对自然环境条件的适应性等方面都很相似，易区别于其他品种，这些构成了该品种的基本特征。

3. 遗传稳定，种用价值高

品种具有稳定的遗传性，能将其典型的特征遗传给后代，这不仅使品种得以保持，当它与其他品种杂交时还能起到改良作用，即具有较高的种用价值，是纯种与杂种最根本的区别。

4. 具备一定的结构

在具备基本共同特征的前提下，一个品种的个体可分为若干各具特点的类群，如品系。这些类群可以是自然隔离形成的，也可以是育种者有意识培育而成的，它们构成品种内的遗传异质性，这种异质性为品种的遗传改良提供了条件，使一个品种在纯种繁育条件下仍能得到改进提高。品种内的类群，由于产地或所在育种场的不同，可分为地方类型和育种场类型。

5. 具备足够的数量

数量是决定能否维持品种结构、保持品种特性、不断提高品种质量的重要条件。只有当个体数量足够多时，才能避免过早和过高的近亲交配，才能保持个体足够的适应性、生命力和繁殖力，并保持品种内的异质性。

6. 被政府或品种协会承认

作为一个品种必须经过政府或品种协会等权威机构的审定，确定其是否满足以上条件，并予以命名，才能正式称为品种。

（二）品种的分类

畜牧业常用的畜禽品种分类方法主要有以下三种：按品种的培育程度、品种的生产力类型及品种的体型和外貌特征分类。

1. 按培育程度分类

（1）原始品种　原始品种又称土著品种或地方品种，是在农业生产水平较低，长期选种选配水平不高，受自然条件影响较大，饲养管理粗放的条件下所形成的品种。它具有晚熟、个体一般相对较小、体格协调、生产力低但全面，体质粗壮、耐粗饲、适应性好、抗病力强等特点。原始品种虽有缺点，但它具有对当地条件良好适应性的长处，这是培育能适应当地条件而又高产的新品种所必需的原始素材。在改良提高原始品种时，首先要从改善饲养管理着手，然后再进行适当的选种选配或杂交，以改善其生产性能。

中国幅员辽阔，畜禽品种资源丰富。列入品种志的地方猪种有104个，根据来源分布及形态性能将我国的地方猪种分为6个类型：华北型、华中型、华南型、西南型、江海型和高原型。每一类型又有许多具有独特性能的品种，如江浙太湖流域高繁殖性能的太湖猪、东北三省耐寒体大的东北民猪、四川省瘦肉率高的荣昌猪、浙江省腌制优质火腿的金华猪、贵州省体型特小的香猪、山东省体型长的里岔黑猪等。

列入品种志的普通牛种有53个地方品种，水牛种有26个地方品种，牦牛种有11个地方品种。按牛种和生产方向可分为6个类型：乳用牛、肉用牛、乳肉兼用牛、黄牛、水牛和牦牛。其中黄牛、水牛、牦牛等是不同种属，拥有许多著名的地方品种，如陕西省的秦川牛、内蒙古的三河牛、四川省的九龙牦牛、云南省的瘤牛、湖北省的汉江水牛、河南省的南阳快牛、吉林省的延边牛等。

列入品种志的绵羊有42个地方品种，山羊有58个地方品种，根据用途将绵羊分为细毛羊、半细毛羊、粗毛羊、裘皮羊和羔皮羊，将山羊分为乳用山羊、毛用山羊、绒用山羊和皮用山羊。如生态适应性良好的内蒙古粗毛绵羊品种蒙古羊、新疆粗毛绵羊品种哈萨克羊、青藏高原原始绵羊品种藏羊、产于内蒙古的快长速肥和大尾品种乌珠穆沁羊、产于宁夏的裘皮羊品种滩羊、产于江浙太湖流域的羔皮品种湖羊、产于辽宁省和内蒙古的绒用品种辽宁绒山羊和内蒙古绒山羊。

列入品种志的马有29个地方品种，驴有24个地方品种，骆驼有5个地方品种，如蒙古高原的蒙古马、四川建昌马、新疆伊犁马、陕西的关中驴、内蒙古阿拉善骆驼等。

列入品种志的家禽，鸡有107个地方品种、鸭有32个地方品种、鹅有30个地方品种。主要有蛋用型、肉用型、兼用型、观赏型、药用型等。如蛋肉兼用品种鸡有内蒙古边鸡、辽宁省大骨鸡、北京油鸡、浙江省仙居鸡、山东寿光鸡、江苏狼山鸡、河南固始鸡，肉用品种鸡有广东惠阳三黄胡须鸡及清远麻鸡，药用品种鸡有江西泰和鸡，高原品种藏鸡等。肉用品种鸭有北京鸭及四川建昌鸭，肉用品种鹅有广东狮头鹅等。

(2) 培育品种　培育品种也称育成品种，是在遗传育种理论与技术指导下，有明确的育种目标，经过系统的人工选择而培育成的畜禽品种。培育品种是在人类经济和科技水平较发达的社会阶段形成的，对畜牧业生产力的提高起重要作用。培育品种的多少，标志着一个国家畜牧业的生产水平与生产技术的高低。

培育品种生产性能好且专门化，集中特定的优良基因；有较高的经济价值，能在较短时期内达到经济成熟；培育过程中受自然环境的影响较小；对饲养管理条件要求较高；适应性、抗病力及抗逆性均不及地方品种。分布地区广泛，往往超出原产地范围；品种结构复杂，原始品种只有地方类型，而育成品种因受人工选择，除地方类型和育种场类型外，还育成了许多品系；育种价值高，与其他品种杂交时，能起到改良作用。

各种专门化的乳牛、肉牛、瘦肉型猪、蛋鸡及肉鸡都属于培育品种。我国的培育品种有中国荷斯坦牛、北京黑猪、上海白猪、新疆细毛羊、新狼山鸡等。我国从国外引进的培育品种，如荷斯坦牛、海福特牛、长白猪、来航鸡等。

(3) 过渡品种　人们把尚未成为培育品种，但比原始品种培育程度高的这类品种称为过渡品种。过渡品种往往不稳定，具有培育品种和原始品种两个类型的特征，如加强选育可快速成为培育品种。过渡品种个体与个体差异较大，如关中驴在条件较好的陕南个体较大，生长发育快，而在条件较差的陕北个体较小，生长发育较慢。

2. 按生产力类型分类

(1) 专用品种　由于人们长期的选择和培育，使品种的某些特性获得显著发展，从而出现了专门的生产力类型。

马分为乘用品种（如纯血马、阿哈砌金马）、挽用品种（如俄罗斯马、阿尔登马）。

牛分为乳用品种（如荷斯坦牛、娟姗牛）、肉用品种（如海福特牛、短角牛）、役用品种（如南阳牛、秦川牛、延边牛）。

羊分为毛用品种（如美利奴羊、阿斯卡尼羊、波列华斯羊、考力代羊）、羔皮品种（如库车羊、卡拉库尔羊）、乳用品种（如萨能羊、成都黄羊）、裘皮品种（如滩羊）、肉用品种（如南丘羊）。

猪分为脂肪型品种（如两广小花猪、宁乡猪、陆川猪）、腌肉型品种（如长白猪、金华猪、大河猪）、瘦肉型品种（如杜洛克猪、皮特兰猪）、鲜肉型品种（如汉普夏猪）。

鸡分为蛋用品种（如来航鸡）、肉用品种（如科尼什鸡、白洛克鸡、九斤黄鸡、婆罗门鸡）。

(2) 兼用品种　兼用品种体质健康结实，对地区的适应性强，具有综合生产力，但生产力低于专用品种。兼用品种有两种：一是在农业生产水平较低的情况下形成的原始品种，生产力虽全面但较低；二是专门培育的兼用品种。如乳肉兼用牛品种（如三河牛、阿拉塔乌牛、柯斯特罗牛）、肉役兼用牛品种（如鲁西黄牛）；毛肉兼用羊品种（如新疆细毛羊、高加索羊）；乘挽兼用马品种（如伊犁马、三河马、乌青马）；肉脂兼用猪品种（如哈尔滨白猪、民猪、苏联大白猪）；蛋肉兼用鸡品种（如横斑洛克鸡、洛岛红鸡、澳洲黑鸡）。

这种分类法划分品种不是绝对的，有些品种随着时代的变迁，其生产力类型会有变化，如短角牛以肉用著称，但有些地方又形成了乳用短角牛和兼用短角牛品种。

3. 按体型和外貌特征分类

这种分类方法历史悠久，简单实用，一直沿用至今。

(1) 按体型大小分类　可分为大型、中型、小型 3 种。如马有大型重挽马、中型蒙古马、小型云南矮马等，家兔成年体重在 5kg 以上为大型品种、成年体重在 3~5kg 为中型品种、成年体重在 3kg 以下为小型品种。

(2) 按角的有无分类　根据角的有无牛、绵羊分为有角品种和无角品种。如西门塔尔牛为有角品种，安格斯牛为无角品种。陶塞特公羊、母羊均有角，雪洛普夏公羊、母羊均无角，美利奴羊和中国寒羊公羊有角、母羊无角。

(3) 按尾的大小分类　绵羊有大尾寒羊品种、小尾寒羊品种及脂尾乌珠穆沁羊品种等。

(4) 按毛色或羽色分类　猪有黑、白、红、花斑等品种。马有黑、白、骝、栗等品种。绵羊有黑、白、黑头等品种。兔有黑、白、灰等品种。鸡有红羽、白羽、芦花羽等品种。

(5) 按鸡的蛋壳颜色分类　有褐壳、白壳、粉壳等品种。

在实践中，人们根据需要将这三种分类方法结合起来使用，究竟用哪种更合适，需视畜种和有关情况而定。

二、畜禽选择标准

根据畜禽的生长发育、体质外貌和生产性能等评定畜禽的品质是选种的基础。根据表型评定，可初步从畜群中选出较优秀的公母畜。在生产性能测定的基础上，采用特定的方法对畜禽种用价值的高低进行评定。选种是畜禽育种工作的主要手段和基本措施。

（一）研究畜禽生长发育的方法

研究畜禽生长发育常用观察法和测量法。

对畜禽质量性状，主要采用观察法，即用肉眼观察后进行估计或描述生长发育情况。人们在长期的生产实践中，积累了许多关于畜禽生长发育方面的经验，如可根据家畜臼齿的磨损程度、角轮数目、眼皱纹的出现等判断其年龄；对家禽可根据换羽时间的早晚、持续时间的长短来判断品种、类型及生产性能的高低。

对畜禽数量性状，主要采用测量法，即用量化指标（具体数值）来反映生长发育阶段，目前常用的是体尺与体重的测量，如定期称量和测量体尺，从两个不同的角度分析家畜的生长发育情况，两者结合进行可判定畜禽身体发育的协调性。研究生长发育，最主要的几个测定时间是初生、断乳、初配和成年。具体时间间隔，可因畜禽种类不同而异。具体的测定项目及频率，应视畜禽种类、用途的不同而异，在生产上，对育种群和幼龄畜禽可多测几次，对其他畜禽可适当少测，避免产生应激；在科研时，根据研究目的可多次测定。

（二）畜禽生长发育的基本规律

不同畜禽的生长发育，既有共同规律，又有特殊性。生长发育的基本规律表现为阶段性和不平衡性。

1. 生长发育的阶段性

畜禽生长发育经历的几个时期区分明显。一般把出生前后作为分界线，把整个生长发育过程分为胚胎期与生后期。每个时期又可根据生理解剖、生理机能、对环境条件的要求等情况，再划分为若干时期。

（1）胚胎期 从受精卵开始到出生时为止。此期又分为胚体期和胎儿期。胚体期从受精卵开始到胚胎着床时为止，此期较短，发育很快，生长缓慢，因而重量小；胎儿期是由胎儿形成到出生为止，此期生长极快，约 3/4 的初生重在此期长成，因而营养需要量急剧增加，若营养不足则易造成生前生长发育受阻。

（2）生后期 由出生后直到衰老死亡。生后期较长分为四个时期。哺乳期是由初生到断乳时为止。此期特点是生长发育快，条件反射相继形成，增重及适应能力不断提高，末期由哺乳渐变为采食饲料。育成期是从断乳到初配时为止。此期增重还处于上升阶段，育成期的末期体重可达到成年体重的 50%～70%，体躯结构基本定型，生殖器官发育成熟，有配种受胎能力。成年期是从生理成熟到开始衰老。此期体躯完全定型，各种性能完善，生产性能最高，性活动最旺盛，增重停止。老年期的各种生理机能开始衰退，代谢水平降低，生产力下降。一般在经济利用价值开始降低时就可能已被淘汰。

2. 生长发育的不平衡性

在同一时期，机体各部位及各组织之间，并不是按相同比例来增长，而是有先后快慢之分，这就是不平衡性。

（1）骨骼生长的不平衡性　动物全身骨骼分为体轴骨和四肢骨两大类。出生前四肢骨生长明显占优势，初生时四条腿特别长，尤其是后肢；出生后不久，转为体轴骨生长强烈，四肢骨的生长强度开始明显下降，故成年时体躯加长、加深和加宽，四肢相对变粗变短。体轴骨生长强度的顺序是由前向后依次转移，而四肢骨则是由下而上依次转移，这种生长强度有顺序地依次移行的现象称为生长波。马、牛、羊等草食动物的肩胛部和骨盆部是两个生长波汇合的部位，即生长中心，它们的生长强度旺盛时期出现得最迟，是全身最晚熟的部位，但又是全身出肉最多、肉质最好的地方。如在骨盆部强烈生长时期营养不足，后躯则变尖窄而斜，会影响产肉量。

（2）外形部位生长的不平衡性　外形变化与全身骨骼生长顺序密切相关。马、牛、羊初生幼畜的头大腿长躯干短，胸浅背窄荞部高，毛短皮松，骨多肉少；而成年时则躯干变长，胸深而宽，四肢相对较短，各部位变得协调匀称，肌肉与脂肪增多。一头幼畜从小到大，先长高而后加长，最后变得深宽，体重加大，肉脂增多。

（3）体重增长的不平衡性　家畜出生后，体重随着年龄的增长而增长，到一定时期达最高峰，成年后绝对增重减少。生长强度表现为畜禽年龄越小，生长强度越大，即胚胎期大于生后期。如牛受精卵重 0.5mg，初生重 35kg 左右，整个胚胎期的体重加倍次数为 26.06；成年时体重 500kg，整个生后期的体重加倍次数仅为 3.84。畜禽早期体重增长较迅速，后期缓慢；各生长发育时期大家畜比小家畜长，但在胚胎期重量加倍次数大家畜比小家畜大。生产上应特别重视对怀孕母畜的饲养管理和对幼畜的培育。

（4）组织器官生长发育的不平衡性　不同组织发育迟早与快慢的顺序是，先骨骼和皮肤，后肌肉和脂肪。脂肪沉积的部位，随年龄不同而有区别。一般先贮存于内脏器官附近，其次在肌肉间，之后于皮下，最后贮存于肌肉纤维中，形成"大理石纹"。即先肠油、板油，后皮下和肌间的顺序积贮。各器官随年龄的增长，生长速度也不同，在系统发育中出现较早的器官，发育出现得较早，生长缓慢，结束较晚。

（三）畜禽的体质外形

外形即外部形态，不仅反映畜禽的外表，也反映畜禽的体质、机能、生产性能和健康状态。体质即身体素质，是机体机能和结构协调性的表现。畜禽有机体是个复杂的整体，只有在机体各部分、器官间及整个有机体与外界环境间保持一定协调的情况下，才能充分发挥其生产性能。

1. 不同用途畜禽的外形特点

（1）肉用家畜的外形特点　低身广躯，肌肉和皮下结缔组织发育良好；头轻小而短，颈粗短；肩宽广，与体躯结合良好，没有明显凹陷；胸宽且深，背腰平直，宽广而多肉；后躯宽广丰满，肌肉一直延伸到飞节外；四肢短小，距离较远；皮肤松软有弹性，毛细软。肉畜肌肉组织发达，骨骼应细致结实。外形丰满平滑，四肢相对短，中躯紧凑，体型呈长方形或圆桶形。

（2）乳用家畜的外形特点　全身清瘦，棱角突出，体大肉不多；后躯较前躯发达，中躯较长，体型呈三角形。如乳牛头清秀而长，角细而光滑；颈长有细皱纹，胸深长，肋扁平，肋间宽，背腰宽平，腹圆大；皮薄有弹性，皮下脂肪不发达，被毛光滑；乳房向前伸展远，向后悬垂高挂，宽广对称，底部平坦，容积大；乳头长且呈圆柱状，大小均匀，垂直，相互距离宽；乳静脉粗长多弯曲，乳井大。

（3）毛用家畜的外形特点　全身被毛密度大，皮薄有弹性，四肢长，体型窄，呈长方形。头宽大，颈中等长，颈肩结合良好，颈上通常有横皱褶；肋部圆拱，背腰平直，四肢长而结实。如细毛绵羊头毛着生齐眉，颈上有1~3个完全或不完全的横皱褶。

（4）役用家畜的外形特点　骨骼发达，个体魁梧健壮；体重较大；肌肉发达，结实有力，皮厚而有弹性；头粗重，颈短粗，鬐甲低；胸宽深，前驱发达，躯干宽广，前高后低；四肢相对粗短，重心较低；蹄大且正，步态稳健。如挽马、耕牛。

（5）乘用家畜的外形特点　身高且瘦，体窄而深，四肢稍长，高与体长接近相等。头清秀，颈细长，鬐甲高长，背腰短平，肩长而斜，胸部深长但较窄，尻平长，四肢端正，关节明显，蹄坚实、大小适中，精神活泼，行动灵活，运步轻快。如乘用马皮薄有弹性，毛有光泽，筋腱明显，肌肉结实有力，前中后三躯接近相等。

（6）蛋用家禽的外形特点　头颈宽长适中，胸宽深而圆，腹部相对发达，整个体型小而紧凑，毛紧、腿细，身体呈船形。如蛋用禽鸡、鸭、鹅等。

（7）不同性别家畜的外形特点　公畜比母畜体大且雄壮刚强，骨骼、肌肉与前驱均较发达，头短宽具雄相。性器官及第二性征明显不同。如公猪的头宽短，犬齿及整个前躯较母猪发达，鬃毛较粗，肩部皮厚而硬。公牛头粗重，额宽大，角较粗，颈短粗，颈脊发达，胸宽深，前驱特别发达，后躯相对较弱，四肢粗壮，肢间距离宽，性情粗暴；母牛头长而清秀，颈细长，中躯及后躯发育较好。公羊角粗大，母羊一般无角或小角；公羊毛较粗长，含油汗多。公马头粗大，颈粗厚，有捍威，前躯较发达；鬃、鬣及尾毛较长。公畜去势后，第二性征不明显，外形介于两性之间，具体差异与去势年龄及去势时间长短有关。

2. 畜禽的不同体质识别

了解头部的大小和形状；头骨和四肢骨的发育情况；判断被毛、皮肤和皮下结缔组织的发育情况；注意整体结构的匀称性、胸部发育、背腰和四肢的坚实度及神经活动类型等。畜牧生产中，通常将畜禽的体质分为五种类型。

（1）细致紧凑型　骨骼细致而结实，头清秀，角蹄致密有光泽，肌肉结实有力。皮薄有弹性，结缔组织少，不易沉积脂肪。外形清瘦，轮廓清晰，新陈代谢旺盛，反应灵活，动作敏捷。如乘用马、乳用牛、细毛羊、蛋用鸡。

（2）细致疏松型　结缔组织发达，全身丰满，皮下及肌肉内积大量脂肪。它的肌肉肥嫩松软，骨细皮薄。体躯宽广低矮，四肢比例小，代谢水平较低，早熟易肥，神经反应迟钝，性情安静。如肉用畜禽。

（3）粗糙紧凑型　骨骼粗壮结实，体躯魁梧，头粗重，四肢粗大强健有力，皮肤粗厚，皮下脂肪不多，适应性和抗病力强，神经敏感程度中等，如役畜、粗毛羊。

（4）粗糙疏松型　骨骼粗大，结构疏松，肌肉松软无力，易疲劳，皮厚毛粗，反应迟钝，繁殖力和适应性均差，是选种时被淘汰的体质。

（5）结实型　身体各部分协调匀称，皮、肉、骨骼和内脏的发育适度。骨骼坚实而不粗，皮紧而富有弹性，肌肉发达而不肥胖。外表健壮结实，对疾病抵抗力强，生产性能良好。此类型是理想的种畜体质。

（四）畜禽外形鉴定的方法

外形鉴定方法分为肉眼鉴定和测量鉴定。

肉眼鉴定是通过肉眼观察畜禽整体及各部位，并辅以手摸和行动观察，辨别优劣。其原则是先粗后细，先整体后局部，先静后动，先眼后手。鉴定时，从正面、侧面和后面进行一般观察，主要看畜禽体型是否与选育方向相符，体质是否健康结实，整体发育是否协调匀称，品种特征是否典型，体格大小和营养好坏，优缺点等。之后走近畜体，对各部位进行细致审查，最后根据整体情况评定优劣和等级。其优点是不受时间、地点等限制，不用特殊器械，简便易行。其缺点是鉴定常带主观性，鉴定人员要有丰富的实践经验，并深入了解所鉴定畜禽的品种类型、外形特征。为减少主观成分，也可采用评分鉴定。在评定前，根据畜禽各部位在生产及育种上的重要性，定出最高分或系数，对每个部位规定理想标准，鉴定人依据评分表鉴定畜禽外形。评分方法有百分制和五分制，百分制满分为 100 分，对各部位规定出最高分的标准，然后对各部位逐一评分，将各部位评分相加得出总分。五分制满分为五分，将各部位的实际评分乘以该部位规定的系数,得出总分。

测量鉴定是用具体数值定量描绘畜禽的外貌特征,可避免肉眼鉴定的主观性。通过测量工具测出畜禽体尺数值,根据公式计算出体尺指数,从而说明畜禽的外形结构特征。这种方法可避免肉眼鉴定带有的主观性,而线性评定法避免了传统评分法的主观性,其应用与推广促进了家畜生产性能的提高。如乳牛的体型外貌性状分为主要性状和次要性状,一般只测主要性状。每个性状的线性分值为1~50分。线性分值的高低不代表性状的好坏,需将其转换成功能分后才可反映出性状的优劣。如乳牛体强度依据胸部宽度和深度、鼻镜宽度及前躯骨骼结构等综合表现给分。特别纤弱评1~5分,中等评25分,极度强健宽阔评45~50分。而线性分为37时转化为功能分最高,即乳牛体强度的最佳线性评分是37分。在功能分的基础上,将各性状归属于一般部位、乳用特征、体躯容积和泌乳系统四项特征性状,求出特征性状功能分,加权综合特征性状分得出被鉴定个体的等级。

三、畜禽的系谱鉴定

根据畜禽的生长发育、体质外貌和生产力等来评定家畜的品质称为鉴定。鉴定是选种的基础,根据鉴定成绩从畜群中选出一定数量的种公母畜,以满足育种的需要。畜禽的鉴定可分阶段进行,幼年时期以系谱鉴定为主,结合生长发育进行。成年以后要进行体质外貌和生长发育鉴定。后期要以生产力鉴定为主,每次鉴定后要将不合格的个体及时淘汰,对合格的个体加强培育。

系谱是系统地记录个体及其祖先情况的一种文件。系谱上的各项资料是日常的原始记录资料经统计分析后的结果。查看一个系谱,除了解血统关系以外,查看该种畜祖先的生产成绩、育种值、生长发育情况、外貌评分以及有无遗传疾病等,用以判断该种畜种用价值的高低。早期对种畜的遗传基础的鉴定,不仅可作为选种的依据之一,还可了解祖先的亲缘关系和选配情况,为制订选配计划提供参考。一个完整的系谱除应记录祖先的名字之外,还应附上以上记录,并力求记录完整、科学、可靠,否则会导致选种乃至整个育种计划的失败。

(一)系谱的种类及其编制

系谱一般记载3~5代祖先的资料,代数过远对种畜的影响很小。系谱一般有以下几种形式:

1. 横式系谱

横式系谱种畜的号或名字记在左侧,历代祖先顺序记在右侧,越向右祖先的代数越高。各代的公畜记在上方,母畜记在下方。系谱正中可画一横虚线,上边为父方,下边为母方。

2. 竖式系谱

竖式系谱种畜的号或名字在上端,下面记载父母,再下面记载父母的父母(祖代)。每一代祖先中的公畜记在右侧,母畜记在左侧,系谱正中划一垂线,右半边是父方,左半边是母方。

3. 结构式系谱

结构式系谱比较简单,无需注意各项内容,只要求能表明系谱中的亲缘关系即可。

4. 畜群系谱

前几种系谱都是为每一个体单独编制的,畜群系谱则是为整个畜群统编制的。它是根据整个畜群的血统关系,按交叉排列的方法编制的。利用它可迅速查明畜群的血统关系、近交的程度、各品系的延续和发展情况,因而有助于我们掌握畜群和组织育种工作。作图前应根据历年的交配分娩记录,查出它们的父母,然后按下列顺序作图。

(1) 先画出几条平行横线,在横线左端画出方块表示公畜,并注明其具体畜号(以下简称父线)。横线的多少,取决于所用种公畜的数量。而各公畜的安排顺序,则取决于其利用的早晚。

(2) 根据畜群基础母畜的头数,可在图下画相应的圆圈来表示,然后向上画出垂线(以下简称母线)。基础母畜彼此间的距离,取决于其后裔数量的多少。

(3) 根据交配分娩记录找出其父母,然后在其父母线的交叉处画出该个体的位置,分别用"□""○"来表示,并在旁边注明其畜号。

(4) 本群所培育的公畜,如留群继续使用,应单独给它画一条横线。

(5) 当母畜继续留群繁殖时,可继续向上作垂线,并将其所生后代画在父母线的交叉点上。

(6) 有的母畜如果与父亲横线下的公畜交配,这样就不能再向上作垂线,此时应将它单独提出来另立一垂线。

(7) 在父女交配的情况下,可将其女儿画在离横线不远处,并用双线连接。

(8) 可用不同符号表示群中各个体的变动情况。

(9) 对已通过后裔测验的特别优良种畜,可将其符号画大一些,并在旁边注明其主要生产力指标。

(10) 在规模较小的猪场中,使用公猪数不多,此时可在同一公猪处画出几条平行横线,一条线代表一年,按年代的远近由下向上排列。

(11) 在已建立品系和品族的情况下,则可将同一公畜的品系后裔画在同一横线上。而同母畜的品族后裔则画在同一来源的若干垂线上。

（二）系谱审查与鉴定

系谱审查，就是以系谱为基础的选择，根据父母和其他祖先的表型值，来推断其后代可能出现的品质，以便在出生后不久，即能基本确定后备种畜的选留。此外，还可同时了解它们之间的亲缘关系、近交程度、存在的问题，为以后的选配提供依据。审查时可将多个系谱的资料直接进行有针对性地分析对比，即亲代与亲代比，祖代与祖代比，具体比较各祖先个体的体重、生产力、外形评分、后裔成绩等指标的高低。经全面权衡后，做出选留决定。

审查中应注意的事项如下。

（1）审查重点应放在亲代的比较上，更高代数的遗传相关意义很小。

（2）凡在系谱中母亲的生产力远超过畜群平均数，父亲经后裔测验证明为良，或所选后备种畜的同胞也都高产，这样的系谱应给予较高的评价。

（3）凡生产性能都有年龄性变化，比较时应考虑其年龄和胎次是否相同，不同则应做必要的校正。

（4）注意系谱各个体的遗传稳定程度。

（5）注意各代祖先在外形上有无遗传缺陷。

（6）在研究祖先性状的表现时，最好能联系当时的饲养管理条件来考虑。

（7）对一些系谱不明、血统不清的公畜，即使个体本身表现不错，开始也应控制使用，直到取得后裔测验证明后，才可确定是否对其扩大使用。

实操训练

实训一　畜禽品种分类与识别

我们要了解畜禽品种的不同分类方法，进一步识别国内外不同类型畜禽品种的特性及生产性能表现，有效开展畜禽育种工作，满足未来人类生活需求。

（一）实训目的

1. 熟悉畜禽品种的分类。

2. 了解我国著名地方品种及当前在动物生产中发挥重要作用的培育品种和引进品种的种质特性及生产性能表现。利用牧场条件，实地参观学习，识别畜禽品种，巩固课堂所学知识。

（二）实训内容

1. 畜禽品种的分类。

2. 识别国内外著名的畜禽品种。

（三）实训材料

1. 制作国内外著名畜禽品种的幻灯片，利用多媒体对比掌握各种畜禽品种的特征。

2. 深入牧场实地参观学习，识别各种畜禽品种。

（四）实训原理与方法

1. 品种的分类

常用的畜禽品种分类方法有按品种的培育程度、品种的主要用途及品种的体型外貌特征来分类。

2. 品种的识别

品种识别是人们利用和保护遗传资源的基础。应从畜禽外貌特征、原产地、生产性能等多方面综合识别一个品种。

（1）我国著名的地方品种　选择畜禽生产中最著名或数量最多的我国地方品种做全面识别（表1-1）。

表1-1　　　　　　　　　我国著名的地方品种

种类	品种	原产地	主要特征	生产用途
猪	太湖猪	江浙太湖流域	耳特大，软而下垂，耳尖齐或超过嘴角，形似大蒲扇；全身被毛黑色或青灰色，腹部皮肤多呈紫红色，也有鼻吻白色、尾尖白色或四肢末端白色；繁殖力高，猪种中产仔数最高的一个品种	肉脂兼用
牛	鲁西牛	山东省菏泽和济宁	被毛从浅黄到棕红色，以黄色为多；产肉率高，肌肉纤维细，脂肪分布均匀，大理石状花纹明显；性温驯，挽力大而能持久	肉役兼用
羊	小尾寒羊	山东省嘉祥县	被毛白色居多，少数全身有黑、褐色斑；公羊有螺旋形角，母羊有小角或角痕；耐粗饲，抗病力强，繁殖力高，生长快，屠宰率高，净肉率高，肉质细嫩；毛色光亮，毛质细软，自然花型美观	皮肉兼用
禽	北京鸭	北京市郊区	体躯呈长方形，全身羽毛纯白，略带乳黄光泽；生长快、繁殖率高，适应性强，肉质良好，以北京鸭为原料加工的烤鸭享誉中外	肉用

（2）我国主要的培育品种（表1-2）　选择畜禽生产中我国主要的培育品种做全面识别。

（3）引入的国外主要品种（表1-3）　选择畜禽生产中我国引入的国外主要品种做全面识别。

表 1-2　　我国主要的培育品种

种类	品种	原产地	主要特征	生产用途
猪	上海白猪	上海	被毛全白,体型中等偏大;适应性较强,屠宰率和瘦肉率高、生长快、产仔数多	肉脂兼用
	北京黑猪	北京	被毛全黑,体型中等;耐粗饲、抗应激、生长快、性早熟、产仔多、肌内脂肪在3%以上,肉质风味浓郁	肉脂兼用
	三江白猪	黑龙江	被毛全白,生长迅速,饲料利用率高,胴体瘦肉多、肉质好,适于北方寒冷地区饲养,是我国首次育成的肉用型新品种	肉用型
	东北花猪	黑龙江	被毛为黑白花,以黑花为主,有少量零散分布小块白毛;适应性强、生长快、饲料利用率高	肉脂兼用
普通牛	中国荷斯坦牛	各大中城市	被毛呈黑白花,花片分明;适应性强,产乳量高,是我国唯一的乳牛品种	乳用
	草原红牛	吉林、内蒙古、河北	被毛呈紫红色或红色,适应性强,耐粗饲、耐热又抗寒	乳肉兼用
	三河牛	内蒙古	被毛呈红白花或黄白花;适应性强、耐粗饲、耐寒,抗病力强、宜放牧;乳脂率高,中国培育的第一个乳肉兼用品种	乳肉兼用
	中国西门塔尔牛	吉林、内蒙古	被毛褐色,适应性强,耐高寒,寿命长	乳肉兼用
绵羊	新疆细毛羊	新疆	适于干燥寒冷高原地区饲养,采食性好,生活力强,耐粗饲,我国育成的第一个细毛羊品种	毛肉兼用
鸡	农大褐蛋鸡	北京	雏鸡可用羽色自别雌雄,产蛋性能高,适应性强,饲料报酬高	蛋用
鸭	天府肉鸭	四川	分白羽系、褐麻羽系,生长快,抗病力强,生产性能达到或超过国际肉鸭	肉用

表 1-3　　我国引入的国外主要品种

种类	品种	原产地	主要特征	生产用途
猪	大白猪	英国	又称大约克夏,被毛全白;饲料转化率和屠宰率高,适应性强;瘦肉率高,是世界上最著名、分布最广的瘦肉型猪种	肉用
	长白猪	丹麦	被毛全白,头狭长、背腰长;生长快,饲料利用率高,皮薄,瘦肉率高,世界上优秀的腌肉型猪种;体质弱,抗逆性差,对饲养管理条件要求高	肉用
	杜洛克猪	美国	被毛红色,体质结实,活力强,放牧性好,适应性强,对饲料要求低,能耐低温;生长快,肉质好,瘦肉多,饲料利用率高,繁殖率较低	肉用
	皮特兰猪	比利时	被毛呈大片黑白花,毛色从灰白到栗色或间有红色;瘦肉率高、背膘薄、眼肌面积大;肌肉丰满,具发达的背腰肌和腿肉,是目前世界上瘦肉型猪种中瘦肉率最高的一个品种	肉用

续表

种类	品种	原产地	主要特征	生产用途
普通牛	荷斯坦牛	荷兰、德国	被毛黑白花片,是世界上产乳量最高、饲养数量最多的乳牛品种;乳脂率较低,不耐热,高温(超过30℃)时产乳量下降	乳用
	娟姗牛	英国	被毛从浅灰色到深黄色;乳脂率最高、体型最小的乳牛品种	乳用
	皮埃蒙特牛	意大利	被毛白晕色,公牛颈部、眼圈和四肢下部为黑色,母牛为全白,个别眼圈、耳郭四周为黑色;体型较大,体躯呈圆筒状,肌肉高度发达,瘦肉率高	肉用
	西门塔尔牛	瑞士	被毛呈红白花、黄白花;早期生长快,产肉性能好、产乳量高,役用性能好,世界上分布最广、数量最多的乳、肉、役兼用品种	乳肉役兼用
瘤牛	婆罗门牛	印度	被毛呈灰、红色,耳大下垂,有角且粗,两角间距宽,公牛瘤峰隆起,母牛瘤峰较小;耐热、耐粗饲、抗寄生虫且抗病力强	肉用
水牛	印度摩拉水牛	印度	被毛黝黑,角如绵羊角,呈螺旋形;适应性强,耐粗饲,耐热,生长快,役力强,产乳量高,产肉量好,抗病能力强,繁殖率高,是世界上著名的乳用水牛品种	乳肉兼用
绵羊	澳洲美利奴羊	澳大利亚	被毛全白,公羊大部分有螺旋形角,部分无角,母羊无角;被毛长而柔软,光泽度好,油汗呈白色,剪毛量和净毛率高	毛用
	夏洛来羊	法国	被毛白色,公、母羊均无角,头部无毛;体躯呈圆筒状,四肢较短;耐粗饲、采食能力强,耐寒冷潮湿或干热气候;生长快,肉质好,胴体瘦肉多,脂肪少,产羔率高	肉用
山羊	安哥拉山羊	土耳其	被毛白色,呈瓣状波浪形,具绢丝光泽,公母羊均有角;产毛量高,生产光泽好且毛长、价值高的马海毛,是羊毛中价格最昂贵的一种	毛用
	莎能乳山羊	瑞士	被毛全白,体型高大;泌乳性能好,产乳量高,乳汁质量好;繁殖能力强,抗病力强,世界上最优秀的乳山羊品种	乳用
鸡	白洛克鸡	美国	白羽,单冠,体型小;早期生长快,胸、腿肌肉发达,并保持一定的产蛋水平	肉用
	白来航鸡	意大利	白羽,单冠或玫瑰冠,体型小;成熟早,无就巢性,产蛋量高,饲料消耗少	蛋用
马	纯血马	英国	被毛呈栗色,以短距离速度快称霸世界,遗传稳定,种用价值高,世界上最优秀骑乘马品种	竞技用
鹅	朗德鹅	法国	毛色灰褐,颈部、背部接近黑色,胸部呈银灰色,腹下部呈白色;适应环境能力强,世界著名的肥肝型鹅品种	肥肝用

（五）实训思考

1. 畜禽品种的分类方法有几种？如何对畜禽品种进行识别？
2. 列举 3 个你家乡所拥有或你熟悉的国内外畜禽品种（外貌特征、生产性能、经济类型及主要优缺点）。

实训二　畜禽外貌观察、体尺测量及外貌鉴定

畜禽的外貌是以身体各骨骼为基础的各种组织的外在表现。我们可从外貌开始认识和了解家畜品种或个体。通过外貌观察可了解外貌特点和内部机能之间的相互关系，通过体尺测量可了解家畜的生长发育状况，并为正确鉴定家畜奠定基础。

（一）实训目的

1. 通过外貌观察掌握家畜体表各部位的名称起止范围、为体尺测量、外貌鉴定打下基础。
2. 掌握家畜体尺的起止点及测量方法。通过体尺测量，可确定家畜的生长发育情况，以便及时提出正确的饲养管理方案，保证家畜正常生长发育。
3. 掌握畜禽的体型外貌鉴定技术。

（二）实训内容

1. 外貌观察，包括头、颈、鬐甲、背、腰、尻、胸、腹、乳房、四肢、蹄等主要的体表部位。
2. 体尺测量，包括长度、宽度、深度、角度和围度等主要体尺的测量。
3. 掌握肉牛、肉羊、乳牛、鸡、鸭的体型外貌鉴定。

（三）实训仪器与材料

1. 根据实验条件，实验动物应选择牛、马等大型家畜为好。
2. 测量工具主要有以下几种。
（1）测杖仪　用于测量体尺的长度、宽度、深度。
（2）卡尺　主要用于测量体尺的宽度、深度及角度。
（3）卷尺　主要用于测量体尺的长度及围度。

（四）实训原理与方法

1. 外貌观察

从整体上将家畜分为头部、颈部、前躯、中躯、后躯五大部分进行外貌

观察。

（1）头部　以角根或耳根的后侧到下颚后缘的连线与颈部分界。包括以下部位。

① 额：以额骨为基础，上自两角根或两耳根连线，下至两眼内角连线。在两角根连线的最高处称额顶，牛为枕骨脊所在处，马为鬃毛着生处。

② 鼻镜：为光滑湿润无毛的部位，分布在鼻孔周围，为牛等所特有。猪鼻孔与上唇在同一平面上，故称鼻喙（鼻吻）。

③ 下颚：以下颚骨为基础。二下颚间的凹陷部分称颚凹，也称槽口。

④ 脸（颜面）：上至两眼连线，下连鼻镜，两侧与颊相连，其中央为明显隆起的鼻梁。

⑤ 颐：位于马下唇下前方的圆形隆起部位。

（2）颈部　以鬐甲前缘到肩端的连线与前躯分界，包括以下部位。

① 颈脊：颈上缘的隆起肥厚部分，为公牛的第二性征之一。马的颈上缘称鬃床，着生鬃毛。

② 垂皮：牛颈下缘的游离皮肤，借以增加散热面积。细毛羊在此部位有发达的纵皱褶。

（3）前躯　以前肢诸骨为基础，以肩胛软骨后缘到肘端的连线与中躯分界，包括以下部位。

① 前胸：向前突出于两前肢间的胸部。

② 鬐甲：介于颈背之间的隆起部位。它以脊椎的中间几个棘突为基础，两侧与肩胛软骨上缘相连。

③ 肩：以肩胛骨为基础，在体躯的两侧。役畜的肩与颈接合处称"挽床"。乳牛的肩胛后方，常有一微凹的地方称"肩窝"。

④ 肩端：肩关节的体表部位，即前躯两侧下方向前突出的部位。

⑤ 上膊：以上膊骨为基础，位于肩端之下后方。

⑥ 肘端：以肘关节的尺骨头为基础，为前躯两侧向后突出的部位。

⑦ 前膊：以桡骨和尺骨为基础，介于肘和腕之间的体表部位。马四肢此部位的内侧，各有一块角质附生物称"附蝉"。驴在前肢内侧才有。

⑧ 腕（前膝）：腕关节的体表部位。

⑨ 管：以大掌骨为基础的体表部位。

⑩ 球节：以管下的关节为基础的体表部位。马在球节下后方有一丛长毛称"距毛"。牛、羊、猪在此处有两个角质退化的指骨称"悬蹄"。

⑪ 系：位于球节和蹄之间，以四肢的系骨为基础。

（4）中躯　以腰角前缘到膝关节的连线与后躯分界，包括以下部位。

① 背：以最后6~8个脊椎为基础，从鬐甲到腰部的体表部位，两侧与肋

相连。"背线"则是由鬐甲至尾根的全长。

② 胸：以肋骨为基础，位于中躯两侧。

③ 腰：以腰椎为基础，无肋骨相连。

④ 胁（腰窝）：肋骨后、腰角前、腰椎下的无骨部分，呈三角形。肉用家畜因皮下脂肪发达，该部位与肋平齐，故合并称体侧。

⑤ 腹：整个腹腔的体表部位。

⑥ 肋（腋）：体躯与四肢相连的下凹处，可分前肋与后肋。

⑦ 乳静脉：腹下 2 条由左、右乳房到乳井进入胸腔的静脉。乳牛此静脉粗而弯曲。

⑧ 乳井：为乳静脉进入胸腔的两个凹陷部位，乳牛大而深。

(5) 后躯 以腰角的前缘切线与中躯分界，主要包括以下部位。

① 乳房：母畜乳腺组织的体表部位。牛和骆驼有 4 个乳头，马和羊有 2 个，猪一般有 12 个以上。

② 乳镜：位于阴户下的两股间，乳牛此部位大而有细微皱纹。

③ 腰角：以肠骨外角为基础，是后躯两侧突出的棱角。两腰角连线与背线相交处，称"十字部"。

④ 臀角：髋关节的体表部位。

⑤ 臀端（坐骨端）：位于肛门两侧，以坐骨结节为基础。

⑥ 尻：位于后躯之上，以荐椎为基础。以腰角、臀角和臀端的连线与大腿分界。

⑦ 大腿：以股骨为基础，上接尻，前连胁，是肌肉最多处。大腿之后，乳镜两侧，半膜肌的体表部位称"臀"。

⑧ 膝（后膝）：膝关节的体表部位。

⑨ 小腿：以胫、腓骨为基础的体表部位，位于膝之下，飞节之上。

⑩ 飞节：跗关节的体表部位。飞节后方的突起称"飞端"。

⑪ 尾：以最前一个可自由活动的尾椎为起点。牛尾末端有许多长毛称"尾帚"。

2. 体尺测量

家畜体表各部位，不论长度、宽度、高度和角度，凡用数字表示其大小者，均称体尺。体尺种类很多，测量部位的多少可根据测量目的和家畜的种类而定。生产中，通常测量体高、体长、胸围、管围四项。进行科研工作时，可根据测量目的，多测几个部位。

(1) 测量部位

① 体高（鬐甲高）：用测杖测量鬐甲最高点至地面的垂直距离。先将测杖垂直立于家畜左前肢附近，再将上端横尺平放于鬐甲最高点（横尺与主尺需成

直角），读出读数。乘用马属高鬐甲（鬐甲高于荐高），挽用马属低鬐甲（鬐甲低于荐高）。

② 背高：用测杖测量背部最低点（马在第 11 个背椎处测量）至地面的垂直距离。测法同上。

③ 荐高（尻高）：用测杖测量荐部最高点至地面的垂直距离。体高、背高、荐高的对比，可说明马的前躯、中躯、后躯的发育程度。母马尻部宽广，有利于繁殖和分娩。

④ 体斜长：用测杖或卷尺测量肩前缘到臀后缘的直线距离。测杖得数比卷尺略小，在此体尺后应注明所用量具。对马来说，将测杖上端横尺固定于肩前缘，另端横尺放于臀后缘，夹紧读出读数。乘用马，体长与体高之比小于 102%，体型近似正方形，这样的体型，重心高，支持面小，有利于发挥速力。挽用马，体长与体高之比大于 106%，体型呈长方形，这样的体型，重心低，支持面大，有利于发挥挽力。对猪来说，用卷尺量取的两耳连线中点到尾根的水平距离。

⑤ 胸宽：用卷尺量取两端肩胛后缘下面的胸部宽度。胸宽与胸深之比，说明胸部容积，可知心肺是否发达，而心肺发达对任何类型的马都是理想的。乘用马（竞赛型），胸深长而窄，胸宽与胸深之比小。挽用马，胸宽与胸深之比大。

⑥ 胸深：用测杖量取耆甲至胸骨下缘的垂直距离。测量时将测仗倒转，沿肩胛后缘的垂直切线，将上下两横尺夹住耆甲和胸骨下缘，横尺保持平行。

⑦ 胸围：用卷尺在肩胛后缘处，测量胸部的垂直周径。

胸围、胸宽、胸深是马胸部发育的重要指标，可说明马的胸部发育和健康状况。

胸腔容积大，因而心肺发达。胸围与体高之比，说明马的胸部（体躯）发育情况，乘用马小于 116%，挽用马大于 122%。胸围、胸宽、胸深是马胸部发育的重要指标，可说明马的胸部发育和健康状况。胸腔容积大，因而心肺发达。

⑧ 腹围：用卷尺量取腹部最大处的垂直周径。多用于猪。

⑨ 管围：用卷尺量取管部最细处的水平周径，位置在掌骨的上 1/3 处。可表示马四肢骨的发育程度，对鉴定役用马很重要。管围与体高之比，马匹骨骼、韧带和腱的发育情况，乘用马小于 13%，挽用马大于 14%。

⑩ 头长：用卡尺测量额顶至鼻镜上缘（牛等）或鼻端（马）的直线距离。

⑪ 颈长：用卷尺量取由枕骨脊中点到肩胛前缘下 1/3 处的距离。

⑫ 尻长：用卡尺量取腰角前缘到臀端后缘的直线距离。

⑬ 额宽：有 2 种测量方法，较多测量的是最大额宽。最大额宽：用卡尺量

取两侧眼眶外缘间的直线距离。最小额宽：用卡尺量取两侧颞颥外缘间的直线距离。

（2）注意事项

① 测量工具的认识和使用方法：

a. 测杖仪。三周刻度尺，分别测量长、宽、高。自带两个内尺。

b. 卷尺。黄色刻度为厘米（cm），白色刻度为英寸（in）。

使用卡尺前，闭合量爪并确保刻度归零，读数时，视线应与尺面垂直。卡尺量爪锐利应小心操作避免伤害，卡尺应轻拿轻放，不得与硬物相碰或跌落地面。

将测量工具轻轻对准测量点，并注意使测量工具紧贴体表，不能悬空量取。

② 接近家畜的方法：接触家畜时，胆大心细，态度温和，应从其左前方缓慢接近，不可从其后方突然接近。轻轻抚拍颈部，待家畜安静后进行体尺测量。

所测家畜站立的地面要平坦，站立姿势要正确（四肢要垂直立于同一水平面上）；若姿势不正，可调整家畜，使其前进或后退，让其保持正确的站立姿势。

3. 外貌鉴定

（1）肉猪外貌鉴定　把猪放在比较宽敞的地方，自然站立，评定人站在距离猪3倍远处，从整体到细节，从前向后，从上向下，正面、后面、侧面要仔细观察各个部位。

① 头：是品种特征的重要反应，包括耳、眼、脸、口裂、鼻、嘴和下颌等。

② 头颈结合：结合要结实，与整体比例协调，颈部要宽厚，长度要适中，颈与肩部结合要好。

③ 前驱：

a. 肩胛部。宽广，与颈部和胸部结合要好，鬐甲要宽直，与肩胛结合良好，没有凹陷（肩胛与鬐甲之间没有明显的沟）。

b. 胸。要宽、深，肋骨要开张。不良的表现为肩胛部凹陷，胸部窄，肋骨扁平。

④ 中躯：

a. 背。宽、长、平直，腹侧面要平滑；背与胸部及腰部结合要好。

b. 腹部。母猪腹部要大，腹线要平直；公猪腹部要小，腹线平直，欣部要深。

c. 背部缺陷。脊背如鱼背；背部不平直，呈波浪形；背部向下凹陷。

d. 腹部缺陷。公猪草腹大肚；腹线不平直；健康状况不好呈吊肚。

⑤ 后躯：肌肉的载体，主要评定臀部与大腿，要求长、宽、平，肌肉丰满。长表示大腿发育良好；宽表示后腿开阔，后腿到飞节处不要太弯，斜尻为不良。

⑥ 尾根：着点要高，尾要粗，如尾较细，说明发育不好，采食量低，生产性能差。

⑦ 四肢：四肢要求健壮，自然站立时肢间距离要开阔，四肢的长短要整齐，站立时前后肢要在一条线上，走路不左右摇摆，尤其是两个前肢的距离一定要宽；四肢均无"O"形腿。系部要短、粗壮富有弹性，稍向前伸，与腕部的角度呈45°，系部不良表现是直系与卧系。

⑧ 生殖器官与乳头：

a. 乳头。乳头数要在6对以上，乳房靠前，左右对称，乳头大小整齐，无小乳头、瞎乳头、内陷乳头。

b. 生殖器官。母猪阴户大小要适中，不上翘。公猪睾丸要左右对称，大小一样，睾丸与肛门之间的距离越大越好，但又不明显下垂，阴囊要大，最主要的缺陷是隐睾、偏睾等。

依据事先制定的标准，检查时逐项评分，逐一确定不同的比例分数，总分为100分。品质越差，则分数越低。总分在90分以上者为特等；一等的公猪应在85分以上，母猪应在80分以上；二等的公猪应在80分以上，母猪应在70分以上；三等的公猪应在70分以上，母猪60分以上。

（2）肉牛外貌鉴定　用肉眼观察牛的外貌，使被鉴定的牛自然站立在宽广而平坦的场地，借助手的触摸对牛体各部位和整体进行鉴定。首先，鉴定人员站在距牛5~8m的地方，对整个畜体环视一周，确定牛体各部位发育是否匀称。然后站在牛的前面、侧面和后面分别进行观察。从前面观察头部结构、胸和背腰的宽度、肋骨的扩张度和前肢的肢势等。从侧面观察胸部的深度，整个体型、肩及尻的倾斜度、颈、背、腰等部位的长度、乳房的发育情况及各部位是否匀称。从后面观察体躯的容积和尻部发育情况。肉眼观察完毕，必要时再用手触摸牛体，了解其皮肤、皮下脂肪、肌肉、骨筋、毛、角、乳房等发育情况。最后让牛行走，观察四肢动作、肢势与步态及相互间的协调性。

从整体看，肉牛体躯低垂、皮薄骨细，全身肌肉丰满，疏松而匀称。肉牛全身各部具有丰富的肌肉，呈长方形。从前面看，胸宽而深、鬐甲平广、肋骨开张而肌肉丰满，构成前望长方形。上面看，鬐甲宽厚、背腰和尻部广阔，构成上望长方形。从侧面看，颈短而宽、胸和尻深厚，腹背线平行，股后平直，构成侧望长方形。从后看，尻部平广，两腿深厚，构成后望长方形。肉牛体型方正，前后躯较长，全身显得粗短紧凑，皮薄而软，皮下脂肪发达，被毛细密而富有光泽。

从局部看，鬐甲宽厚多肉，与背腰在同一直线上。前胸饱满，突出于两前肢之间。垂肉细软而不太发达，肋骨弯曲度大，肋间隙较窄。两肩与胸部结合良好，无凹陷痕迹，显得丰满多肉。背腰宽广，与鬐甲及尾根在一条直线上，平坦多肉。沿脊柱两侧和背腰肌肉发达，常形成复腰。腹线平直、宽广而丰满、整个中躯呈粗细圆筒形。尻部宽、长、平、直而富于肌肉，忌尖尻或斜尻，两腿宽而深厚，腰角丰满不突出，坐骨端距离宽，厚实多肉。

肉牛体型的线性评定按连续变化顺序打分，按肉用牛评定要求，分为肌肉发达程度、骨骼的粗细和皮肤的厚薄，并对特殊部位挑选后确定，共4类16项，全50分制。所评定的4个系统包括结构、肌肉度、细致度和乳房，其中结构包括头大小、腰平整、尻倾斜度、前肢势、后肢势和系部6项；肉度包括鬐甲部、肩部、胸宽、腰厚、大腿肌肉和风形6项，细致度包括骨骼和皮肤；乳房包括附着延伸和容量、乳头。此外，在肉牛体型线性评定中，常同时记载有品种体型外貌整体评分、公、母、毛色、繁殖记录、饲养条件、鬐甲高度、体斜长和体重。

（3）**肉羊外貌鉴定** 鉴定人员先对羊进行粗略观察，确定羊的品种特征和体格大小，然后，使羊姿势正常，保定鉴定地点平整、光亮，再做总体肉眼观察，观察头部、鬐甲、背腰、体侧、四肢姿势、臀部发育状态，及母羊乳房和公羊睾丸等。各部位鉴定时，鉴定人员两眼平视羊背侧部，先看口齿，头部发育，面额部有无缺点，然后检查毛和肉的性能，在用手触摸检查时，五指伸直，借助指端手感来判定。用手触摸颈部肌肉充实程度，鬐甲至尾基部肌肉、臀和大腿肌肉发育情况、检查胸部的宽、深度和胸围的大小，然后检查腰角距离宽度，腰角至臀端的长度和后躯深度，以此评价产肉性能。

不同生产性能的羊有不同的外貌特征，因而评分标准也不同。均是通过对各部位打分，最后求出总评分来表示评定结果。以肉羊为例：评定时将肉羊外貌划成四大部分，肉用公羊分为整体结构、肥育状态、体躯和四肢，各部分的给分标准分别为25分、25分、30分、20分，合计100分；母羊分为整体结构、体躯、母性特征和四肢，各部分给分标准分别为25分、25分、30分、20分，合计100分。外貌评分具有主观性，鉴定人员要有一定的经验，为提高鉴定的客观性，可结合外貌评定与体尺测量。通过体尺测量（体高、体长、胸围、腹围、管围、十字部高、腰角宽及腿臀围等）后，计算体尺指数（体长指数、体躯指数、胸围指数、骨指数、产肉指数、肥度指数）评定羊的体型。

（4）**乳牛外貌鉴定** 根据牛的生物学特性，通过系统分析研究各部位与生产性能的关系，确定乳牛体型线性评分标准，将与产乳有关的外貌性状分成体躯容积、乳用特征、一般外貌和泌乳系统四个特征性状，每个特征性状包含若干具体性状。根据各性状表现型的分布，将每一性状表现型的两极之间分为 50 等份，一极为 1 分，另一极为 50 分，中间为 25 分。用 1~50 分来衡量描述体型性状从一个极端到另一个极端不同程度的表现状态。线性评分的大小仅代表性状表现的程度，不能直接用数值大小说明性状的优劣，有些性状处在极端为佳，有些性状处在中间状态为好。在线性评分后，根据牛的生物学特性及各性状与生产性能的关系，将线性评分转换为功能分。根据各性状的相对重要性，对每一性状给出一个加权系数，通过加权系数将各功能分总和为百分制，得到牛的总体评分。根据总体评分，确定牛的外貌等级。

母牛在第 1~4 个泌乳期时，每个泌乳期在泌乳第 60~150 天进行鉴定，用最好胎次成绩代表该个体水平。多数的体型性状的线性评分与乳牛的年龄、泌乳阶段和饲养管理水平无明显的关系，但为提高评定的一致性和准确性，最理想的鉴定个体应处在头胎产犊后 90~120d。干乳期、产犊后、疾病期间及 6 岁以上的乳牛不宜作评定对象。

线性评定的性状有主要性状、次要性状和管理性状 3 类。主要性状有体高、胸宽、体深、乳用性、尻角度、尻宽、尻长、后肢侧视、蹄角度、前乳房附着、后乳房高度、后乳房宽度、乳房悬垂、乳房深度、乳头位置共 15 个。次要性状有前躯相对高度、肩、背、阴门角度、后肢位置、后肢后望、动作灵敏度、前乳区伸展状况、前后乳区均衡性、乳头位置侧望、乳头大小、趾、尾根及系部共 14 个。管理性状有行为气质、挤奶速度、乳腺炎抵抗力及繁殖性能 4 个主要管理性状；有乳房水肿、健康状态及产犊难易 3 个次要管理性状。

我国现阶段主要注重鉴别评定体高、胸宽、体深、棱角性、尻角度、尻宽、后肢侧视、蹄角度、前乳房附着、后乳房高度、后乳房宽度、乳房悬垂、乳房深度、乳头位置及乳头长度共 15 个主要性状。

① 体高：体高为 140cm 者属中等评 25 分，低于 130cm 评 1~5 分，高于 150cm 评 45~50 分；在 140cm 基础上每增减 1cm，则线性分增减 2 分。当代乳牛的最佳体高为 145~150cm。

② 胸宽：胸宽反映了母牛保持高产水平和健康状态能力，乳牛胸部宽度用前内裆宽表示（即两前肢内侧的胸底宽度）。前内裆宽低于 15cm，属极端纤弱窄缩的个体评 1~5 分，25cm 属强健结实度中等的个体评 25 分，大于 35cm，属极强健结实的个体评 45~50 分；在 25cm 的基础上每增减 1cm，增减 2 个线性分。当代乳牛的最佳胸宽为棱角鲜明、偏强健结实。从定等给分看，以线性评 30~40 分最佳，胸过宽产量低，胸窄的牛不耐久。

③ 体深：为乳牛体躯最后一根肋骨处腹下沿的深度。体深程度可反映个体能否采食大量粗饲料，以胸深率（即胸深与体高之比）表示。当胸深率为 50% 时属中等，评 25 分，极深的评 45~50 分，极浅的评 1~5 分；在 50% 的基础上

每增减 1%，增减 3 个线性分。此外，体深还需考虑肋骨开张度，最后两肋间不足 3cm 扣 1 分，越过 3cm 加 1 分，以左侧为准。当代乳牛的最佳体深为适度体深。

④ 棱角性（乳用性、清秀度）：主要观察乳牛整体的 3 个三角形是否明显，鬐甲棘突高出肩胛骨的清晰程度。中等程度为头狭长清秀，颈长短适中，能透过皮肤隐约看到胸椎棘突的突起，四肢关节明显，胸侧面可见 2~3 根肋骨，评 25 分，极不清秀的评 1~5 分，极端清秀的评 45~50 分。评定时，鉴定员也可依据第 12、13 肋骨，即最后两肋的间距衡量开张程度，两指半宽为中等程度，三指宽为较好。

⑤ 尻角度：依据腰角与坐骨结节连线与水平线的夹角大小进行线性评分，腰角高于坐骨结节时，所形成的角度为正角度，反之为负角度。尻角度小于 −6°评 1~5 分，+2°评 25 分，大于 10°评 45~50 分；在中间范围内，每增减 1°，增减 2.5 个线性分。当代乳牛的最佳尻角度是腰角稍高于坐骨结节，且两者连线与水平线呈 5°夹角。

⑥ 尻宽：是根据髋宽评分。髋宽在 15cm 以下评 1~5 分，20cm 评 25 分，24cm 以上评 45~50 分；在 20cm 的基础上，每增减 1cm，增减 2 个线性分。当代乳牛的最佳尻宽为尻极宽。

⑦ 后肢侧视：依据侧望牛只后肢关节的弯曲程度进行线性评分。飞节角度大于 155°评 1~5 分，145°时评 25 分，小于 135°时评 45~50 分；在 145°的基础上，每增减 1°，增减 2 个线性分。两极端的乳牛均不具有最佳侧视姿势，当代乳牛的最佳飞节角度为 145°，且偏直一点的乳牛耐用年数长。后肢一侧伤残时，应看健康的一侧。

⑧ 蹄角度：依据蹄侧壁与蹄底的夹角进行评分。蹄角度小于 25°评 1~5 分，45°时评 25 分，大于 65°时评 45~50 分；在 45°的基础上，每增减 1°，增减 1 个线性分。当代乳牛的最佳蹄角度是 55°。蹄的内外角度不一致时，应看外侧的角度。评定时以后肢的蹄角度为主。

⑨ 前乳房附着：依据侧望乳房前缘韧带与腹壁连接附着的角度进行线性评分，角度越大，附着越紧凑。角度小于 90°评 1~5 分，110°时属中等附着，评 25 分，大于 130°评 45~50 分；在 110°~130°范围之内，每增加 1°增加 0.67 个线性分，在 90°~110°范围内，每减少 1°减去 0.44 个线性分。当代乳牛的最佳前乳房附着是连接附着偏于充分紧凑（110°~120°）。乳房损伤或患乳腺炎时，应看不受影响或影响较小的一侧。

⑩ 后乳房高度：根据后乳房附着点（后腿窝连接乳房的转驻点）与飞节和臀端的相对位置而定，即依据后乳房附着点在中心点（臀端与飞节连线的中点）以上或以下的位置进行线性评分。后乳房附着点低于中心点 10cm 以上评

1~5分，与中心点重合评25分，高于中心点10cm以上评45~50分；在与中心点重合的基础上，每增减1cm，增减2个线性分。当代乳牛的最佳后乳房高度是附着点极高。也可根据乳汁分泌组织的顶部到阴门基部的垂直距离进行线性评分。距离为20cm以下评45~50分，30cm评25分，40cm以上评1~5分；在30cm的基础上，每增减1cm线性评分变动2分。

⑪ 后乳房宽度：是影响乳房容积大小的因素之一，根据后乳房左右两附着点间的宽度评分。宽度在7cm以下评1~5分，15cm时评25分，23cm以上评45~50分；在7~23cm范围内，每增减1cm，增减1个线性分。当代乳牛的最佳后乳房宽度是后乳房极宽。刚挤完奶时，可依据乳房皱褶多少，加5~10分。

⑫ 乳房悬垂：根据后乳房底部中隔纵沟的深度评分，即在左右乳房之间的深度。0cm无角度向下松弛呈圆弧评1~5分，中等为深度3cm呈钝角，评25分，6cm以上呈锐角评45~50分；在3cm的基础上每增减1cm，增减6.67个线性分。

⑬ 乳房深度：乳房深度关系到乳房容积大小，从容积上考虑，乳房应有一定的深度，但过深时，乳房容易受伤和感染乳腺炎。乳房深度根据乳房底部与飞节的相对位置评分，低于飞节5cm以上评1~5分，高于飞节5cm评25分，高于飞节15cm以上评45~50分；在高于飞节5cm的基础上，每增加1cm增加2个线性分。目前乳牛的最佳乳房深度为各有适宜深度的乳房，即初产牛应在30分以上，而2~3胎牛以大于25分、4胎以大于2分为好。

⑭ 乳头位置：以前乳头在乳房基部的位置进行评分。它反映了乳头分布的均匀程度，关系到挤奶操作的难易和乳头是否容易发生损伤。乳头越离散，分数越低，极靠外评1~5分，乳头中央分布评25分，极靠内评45~50分。乳头中央分布：把后乳房宽分成三等份，左侧和右侧的两个乳头恰好处于三等分线上。根据后视前乳区乳头的分布进行评分。当代乳牛的最佳乳头位置为乳头分布稍靠得近。

⑮ 乳头长度：长度大于9cm评45~50分，5cm评25分，长度小于3cm评1~5分；变动1.5cm，线性评分变动10分。当代乳牛的最佳乳头长度为6.5~7cm。

(5) 蛋鸡外貌鉴定

① 颜色变化：不产蛋鸡的喙和腿为深黄色。产蛋鸡的喙和腿黄色素逐渐消退，成淡黄色。

② 冠和髯的变化：蛋鸡的冠和肉髯大而丰满，光滑而鲜红。停产母鸡的冠和肉髯萎缩干瘪，粗糙而苍白。

③ 换羽的变化：高产鸡在产蛋一年以后，在第二年晚秋才换羽停产，有的换羽也不停产。应当及时淘汰过早换羽停产的鸡。高产鸡的羽毛，在夏末秋初比低产鸡好看，到秋季则完全相反。高产鸡经过长时间的产蛋后，羽毛残缺不

全，而低产母鸡早已换上新羽，显得漂亮美观，冬天也不产蛋。

④ 体型的变化：未产蛋鸡的肛门小，干燥而紧缩；产蛋鸡的肛门变得宽大，湿润而松弛。产蛋鸡耻骨间（俗称"裆"）距离大而有弹性，可容纳3~4个手指（"三指裆"或"四指裆"），未产蛋鸡耻骨间距离靠得近（裆紧），只能容纳1~2个手指（"一指裆"或"二指裆"）。

⑤ 觅食性：高产鸡很勤快，觅食性很强下架早，进窝晚，四处找食；低产鸡懒惰，早上架，晚下架。

⑥ 产蛋持续性：高产鸡产蛋持续性很强，很少歇窝。低产鸡产1~2个蛋歇1~2d。

⑦ 抱窝性：高产鸡无抱窝性；低产鸡常抱窝，尤其在春末和夏季抱窝次数更多。

（6）肉鸭外貌鉴定

① 种公鸭：体型呈长方形，头大、颈粗、背平直而宽，胸腔宽而略扁平，腿略高而粗，蹼大而厚，两翅不翻，羽毛光洁整齐，生长快，体重符合标准，配种能力强。

② 种母鸭：体型呈梯形，背部宽短，腿稍粗短，羽毛致密光洁，头颈较细，腹部丰满下垂但不托地，耻骨开张，繁殖力强，受精率和孵化率高。

（五）实训思考

1. 绘出实验家畜的外形轮廓图，逐一标出各个部位。
2. 掌握家畜主要体尺的测量，将测量结果写入记录表1-4。

表1-4　　　　　　　　　体尺测量登记表

畜禽号	品种	体高/cm	背高/cm	荐高/cm	体长/cm	胸深/cm	胸宽/cm	胸围/cm	腹围/cm	管围/cm

3. 阐述畜禽的外貌特征和生产性能之间的关系。

实训三　种畜系谱的编制与鉴定

家畜系谱是系统记载祖先情况的一种文件，可确定家畜的来源及它们之间的血统关系，是选种选配的重要参考资料。系谱鉴定是种畜鉴定方法之一，通过系谱鉴定，可初步判断种畜的育种价值。

（一）实训目的

通过实训，掌握横式或竖式系谱的编制方法，初步学会畜群系谱的编制方法。掌握系谱鉴定的方法。

（二）实训准备

已知种畜（牛）资料如表1-5、表1-6所示。

表1-5　　　　　　　　　　种公畜（牛）资料

牛号	品种	父号	母号	体重评定		外形评定	
				年龄/周岁	体重/kg	年龄/周岁	级别
A3	黑白花	—	—	4	910	4	—
A5	黑白花	—	—	5	883	5	—
A13	黑白花	A5	C548	4	955	4	—
A111	黑白花	A13	C954	4	1008	4	特
B17	黑白花	—	—	5	1010	5	特
B57	黑白花	—	—	5	1110	5	特
B53	黑白花	A3	C224	4	970	4	—
P11	黑白花	—	—	4	878	4	—
P31	黑白花	—	—	4	907	4	—
P17	黑白花	—	—	5	1054	5	特
P45	黑白花	—	—	4	1100	4	特
P167	黑白花	P45	R76	5	1069	5	特
P337	黑白花	P17	R58	5	1007	5	特
P451	黑白花	P337	R188	5	1106	5	特

表1-6　　　　　　　　　　种母畜（牛）资料

牛号	品种	父号	母号	泌乳期	泌乳天数	泌乳量/kg	乳脂率/%	标准乳量/kg	外貌等级
C146	黑白花	—	—	1	300	3163	3.3	2862	—
C224	黑白花	—	—	1	315	4613	3.7	4313	—
C524	黑白花	—	—	1	310	5035	3.5	4602	—
C548	黑白花	—	—	1	305	3311	3.5	3063	—
C636	黑白花	B57	C524	1	315	3425	3.4	3117	—
C954	黑白花	B17	C146	1	305	5040	3.4	4586	—
C1018	黑白花	B83	C636	1	305	4396	3.4	4000	—

续表

牛号	品种	父号	母号	泌乳期	泌乳天数	泌乳量/kg	乳脂率/%	标准乳量/kg	外貌等级
J724	黑白花	A111	C1018	1	305	5592	3.6	5257	—
N778	黑白花	P451	R332	1	305	5559	3.6	5226	—
R58	黑白花	—	—	1	305	4703	3.5	4351	—
R64	黑白花	—	—	1	305	4458	3.4	4080	—
R76	黑白花	—	—	1	305	5142	3.4	4679	—
R188	黑白花	P31	R64	1	305	4982	3.5	4609	—
R214	黑白花	P11	R318	1	300	5665	3.5	5298	—
R318	黑白花	—	—	1	305	5313	3.6	4889	—
R332	黑白花	P167	R214	1	310	5532	3.5	5055	—

（三）实训原理与方法

1. 编制系谱

（1）复习横式系谱和竖氏系谱的编制方法。

（2）在系谱记载中，产量和体尺可以简记。如乳牛产乳量2021-Ⅰ-6000，表示母牛在2021年第一个泌乳期产乳量为6000kg，如有体尺资料，记录顺序为"体高—体长—胸围—管围"，在编制系谱时，如果某个祖先无法鉴别，应在规定的位置上划线注销，不留空白。

2. 系谱鉴定

系谱鉴定是在对种畜历史资料查阅和分析的基础上，对该种畜的种用价值做出评估，因此系谱资料的完整性将影响鉴定的质量。系谱鉴定应遵循以下原则。

（1）将两个或多个系谱进行比较，重视近代祖先的品质，亲代影响大于祖代，祖代影响大于曾祖代。

（2）对祖先的评定，以生产力为主做全面鉴定。要注意应以同年龄、同胎资的产量进行比较。

（3）如果系谱中祖先成绩一代比一代好，应给予较高评价。

（4）如果种公畜有后裔鉴定材料，则比其本身的生产性能材料更为重要。

（四）实训提示

指导教师先示范性地讲授系谱编制的要点和注意事项，要求编制的系谱格式编排清晰、规范、整洁。

（五）实训思考

（1）根据所给资料编制 J724 和 N778 号两头母牛的横式系谱。

（2）对 J724 和 N778 号两个系谱进行比较鉴定，写出其种用价值的初步审查结论。

项目二 畜禽性状遗传基础

细胞通过分裂实现增殖，细胞增殖过程中，遗传物质的载体染色体发生动态变化。每个染色体上都携带有一定数量的基因，基因是控制性状的基本遗传单位。掌握畜禽性状的遗传规律，培育具有双亲优良性状的新品种。基于伴性遗传原理，用特定的品种杂交，根据初生雏鸡羽毛特征进行性别鉴定。数量性状是家畜重要的经济性状，用三大遗传参数来描述数量性状的遗传规律。

知识目标

1. 掌握染色体的形态、结构、数目及在细胞分裂中的变化。
2. 理解基因概念的发展、基因与性状表达的关系及转基因动物用途。
3. 掌握分离规律、自由组合规律、基因互作及连锁遗传现象。
4. 掌握性别决定理论、伴性遗传规律及在畜牧生产上的应用。
5. 掌握质量性状的特征和类型，掌握数量性状的特征、遗传方式、遗传机制及遗传参数。

技能目标

1. 学会显微镜下识别细胞分裂的不同时期，能对染色体进行核型分析。
2. 能熟练应用遗传的基本规律解释生产中的遗传现象。
3. 能根据双亲的基因型预测后代可能出现的基因型和表现型，能根据后代的表现型推测双亲可能的基因型。
4. 能区分质量性状和数量性状，能解释数量性状的遗传机理。

必备知识

一、性状遗传的物质基础

（一）染色体

染色体是细胞在有丝分裂或减数分裂过程中，由染色质聚缩而成的棒状结构。染色质是分裂间期细胞内由DNA（脱氧核糖核酸）、组蛋白、非组蛋白及少量RNA（核糖核酸）组成的线性复合结构，是分裂间期细胞遗传物质存在的形式。在真核细胞周期中，遗传物质大部分时间以染色质的形态存在。染色体是遗传物质的载体，绝大部分生物遗传物质主要存在于染色体上，组成染色体的DNA内贮藏着大量的遗传信息。

1. 染色体的形成

在光学显微镜下，处于分裂间期的细胞核，核质一般是均匀一致的，但一经杀死固定，用洋红、苏木精等碱性染料染色处理后，核质则显示出不同的反应，其中易吸收碱性染料、着色深的物质称为染色质。当细胞分裂时，核内细长的染色质逐渐变短变粗，高度螺旋化，形成一定数目和圆柱状的染色体。当细胞分裂结束时，染色体又逐渐恢复呈纤细的网状结构的染色质。因此，染色质和染色体可互相转变，是同一物质在细胞分裂间期和细胞分裂期遗传物质的不同存在形式。

2. 染色体的形态、结构与数目

在细胞有丝分裂的中后期用碱性染料染色，在光学显微镜下观察染色体的形态。

（1）染色体的形态　染色体呈圆柱形，可分为着丝点、次缢痕、随体和核仁组织区四部分。

在染色体上染色较浅的区域，称为着丝粒，是染色体最显著的特征。每条染色体有一个着丝粒。当细胞分裂时，纺锤丝就附着在这个地方，因而着丝粒的功能与细胞分裂时染色体的移动有关。着丝粒位置的不同决定了细胞有丝分裂后期染色体形态的差异，近中着丝粒染色体表现为"L"型，中央着丝粒染色体表现为"V"型；端着丝粒染色体表现为"粒状"，近端着丝粒染色体表现为"棒状"（图2-1）。

着丝粒所在的地方，染色体直径较小，称为主缢痕。着丝粒将染色体分为两条臂，长端称为长臂，短端称为短臂。着丝粒在每条染色体上的位置是恒定的，可根据着丝粒的位置区分不同的染色体。有的染色体还有另一直径较小染色较浅处，称为次缢痕。次缢痕在染色体上的位置和大小也是恒定的，常用于鉴别特定的染色体。有的染色体末端有一圆形或略伸长的突出物，称随体。随体的大小变化较大，有的直径可与染色体直径相等，有的甚至小到难以分辨。但一定染色体所具有的随体，其形态和大小是恒定的。

细胞中某一条或几条染色体与核仁联系处，称为核仁组织区。它与间期细胞核仁的形成密切相关，是许多生物的 rRNA 所在部位。

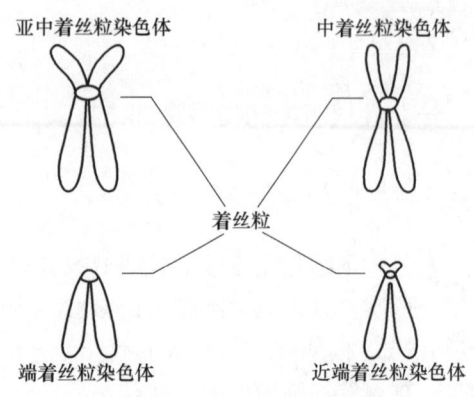

图 2-1 有丝分裂后期染色体的形态

（2）染色体的结构　染色体外有表膜，内有基质。在化学结构上，染色体是由脱氧核糖核酸（DNA）和蛋白质（组蛋白和非组蛋白）组成的复合物，由 DNA 紧密复合到蛋白质中，形成了核蛋白纤丝即染色丝，它是染色体结构的主要基础。每条染色体有两条平行而相互缠绕的染色丝，纵贯于整个染色体。这两条染色丝各自呈小螺旋状而又相互盘旋成大螺旋状。由染色质到染色体的四级结构模型见图 2-2。

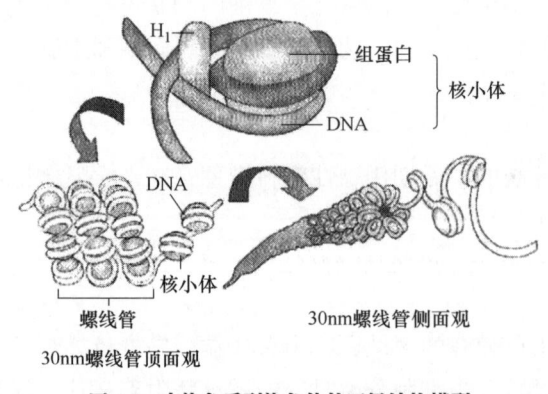

图 2-2　由染色质到染色体的四级结构模型

（3）染色体的数目　每一个物种都有其特定的染色体数目。常见畜禽体细胞染色体数见表 2-1。同种物种的染色体数目是恒定的。绝大多数高等动物都是二倍体（2n），即每个体细胞中有两套同样的染色体，分别来自该个体的两个亲本。来自亲本的每一配子的一套染色体，称为一个染色体组（n）。含有一个染色体组的个体或细胞称为单倍体。在二倍体细胞中染色体都是成对存在的。这种一条来自父方，一条来自母方，大小、形态、结构相同的一对染色体称为同源染色体。在体细胞中，有一对染色体跟性别的决定有关，称为性染色体。除一对性染色体以外的其他染色体，称为常染色体。在哺乳动物中，雌性的两条性染色体的形态、大小均相同，称为 X 染色体；雄性的两条性染色体只有一条与雌性 X 染色体相同，而另一条与 X 染色体存在着很大的差异，称为 Y 染色体。即雄性的性染色体为 XY，雌性的性染色体为 XX。在家禽的性染色体与哺乳动物刚好相反，雄性的体细胞中有两条 Z 性染色体，雌性有一条 Z 性染色体和一条 W 性染色体，即雄性的性染色体为 ZZ、雌性的性染色体为 ZW。

表 2-1　　　　　　　　　常见畜禽体细胞染色体数目

动物	染色体数目	动物	染色体数目
猪	38	犬	78
水牛	48	猫	38
黄牛、牦牛	60	鹌鹑	78
山羊	60	鸡	78
绵羊	54	鸭	80
马	64	鹅	82
驴	62	火鸡	82
兔	44	鸽	80

3. 染色体分析技术

每一物种所含染色体的形态、结构和数目都是一定的，而不同物种之间在染色体形态和数目上都有差异。因此，染色体的形态和数目可反映物种的特征。人们利用染色体分析技术，研究和分析物种之间的关系，鉴定远缘杂种。

（1）染色体组型分析　对某一物种细胞核内所有染色体的长度、长短臂的比率、着丝粒的位置、随体的有无等特征进行分析，称染色体组型分析。在有丝分裂中期，首先对细胞进行特殊的处理、染色并制片，然后进行镜检、显微照相和测微长度，最后把照片上的染色体逐个剪下来配对，按照一定的顺序分组归类贴在纸上（性染色体列于最后），分别予以编号。

染色体组型广泛应用于分析动物染色体数目和结构变异、鉴定染色体来源、研究细胞融合得到的杂种细胞及基因定位中单个染色体的识别等，丰富了人们对染色体进化规律与机制的了解，在动物分类和生物进化研究中也得到广泛的应用。此外，人的染色体组型分析已被应用于肿瘤的临床诊断、预后及药物疗效的观察。通过对羊水中的胎儿脱屑细胞或胎盘绒毛膜细胞的染色体组型分析，有助于胎儿性别的判定和染色体病的产前诊断。

（2）荧光带型分析　染色体组型分析虽很有用，但分析那些染色体数目多、染色体小、形态相似、彼此不易区分物种的染色体组型较困难。20世纪70年代，国外有人首次发现中国大鼠和蚕豆的染色体经荧光染料芥子喹吖因染色后，由于常染色质、异染色质的分布不同，在荧光显微镜下，经紫外线照射，在染色体的一定部位上显示出荧光带型。这种技术在动物上很快得到应用，特别是研究人的染色体，已初步确定了各个染色体的标准带型，以此来研究各种遗传病因。

（3）吉姆萨带型分析　1970年，在动物染色体研究中发现了吉姆萨（Giemsa）分带法。由于各种生物的染色体被染上的带纹不一，因此近年来这种分带技术已应用到染色体分析上，对分析物种之间的亲缘关系、染色体结构变异及远缘杂交的鉴定等起了很大作用。

（二）细胞分裂

细胞是构成生物机体形态结构和生命活动的基本单位。除病毒外，一切生物都是由细胞构成。细胞的增殖是生物体生长、发育、繁殖和遗传的基础，它是通过细胞分裂来实现的。

细胞分裂有无丝、有丝和减数分裂三种形式。无丝分裂又称直接分裂，是一种简单的分裂方式。其分裂过程先是细胞体积增大，然后核延伸，分裂成两部分，细胞质也随之收缩分裂为二。原核细胞如细菌，靠无丝分裂进行繁殖。过去认为无丝分裂在高等生物中是病变、衰老或受伤组织的分裂方式，后来发现在某些专门化组织细胞，如腺细胞、神经细胞及愈伤组织的某些细胞中，无丝分裂也是常见的。真核生物的体细胞靠有丝分裂方式增殖生长；生殖细胞成熟过程采用减数分裂方式。

1. 细胞周期

细胞的生长、分裂有其周期性。通常把细胞从上一次分裂结束到下一次分裂结束所经历的时间，称细胞周期。细胞周期可分为分裂间期和分裂期两个阶段。不同细胞的细胞周期，分裂间期时间远远长于分裂期。

（1）间期　在间期，细胞完成生长过程，主要是DNA的合成，即DNA的复制。间期又分为G1、S、G2三个时期。

① G1期：又称DNA合成前期，是上一次细胞有丝分裂结束至DNA开始复制前的一段时间。主要进行蛋白质、酶类和RNA等大分子的合成，大量贮备物质，细胞生长较快，体积随细胞内物质增多而增大。这个时期所占时间相对较长，约占整个分裂周期的1/2。多数动物细胞从几小时到几周，多为12~24h。

② S期：即DNA合成期，是DNA复制、染色体合成的时期。在开始阶段，DNA合成的强度较大，以后逐渐减小，至结束时DNA含量将加倍。多数动物细胞为6~9h，超过整个细胞周期的1/4。

③ G2期：DNA合成后期，又称细胞分裂前期。细胞的DNA含量已加倍，DNA的合成终止，另外合成一些核糖核酸、组蛋白、非组蛋白等，继续为细胞分裂做准备，所占时间相对短些，一般动物细胞为3~5h。

(2) 分裂期　在 M 期，细胞所完成的主要是分裂，即遗传物质的分配。分裂期一般较短，多数动物细胞在 1h 内完成。动物细胞繁殖一般都是以有丝分裂方式进行的。动物细胞有体细胞、性细胞两类。体细胞的增殖方式是有丝分裂，有性生殖细胞的增殖方式为减数分裂。

2. 有丝分裂

有丝分裂过程本身是一个连续的细胞变化过程。为了便于描述人为的划分为四个时期：前期、中期、后期和末期。

（1）前期　有丝分裂的起始阶段，染色质经过不断的浓缩、螺旋化、折叠和包装，弥漫样分布的线性染色质逐渐变粗变短，形成染色体，由着丝粒连接两条染色单体呈细线状态。同时细胞中心粒复制成两对，在其外周有放射状排列的微管呈芒状，称为星体，星体分别向两极移动，牵拉出纺锤丝，形成纺锤体。染色体进一步短缩变粗，核仁逐渐变小并消失，最后核膜逐渐溶解破裂。

（2）中期　中期是研究染色形态特征和进行染色体计数的最佳时期。核膜破裂消失，染色体进一步凝集浓缩、变短变粗，形成明显的 X 形染色体结构，且染色体逐渐向赤道方向移动。所有的染色体排列到赤道板上，纺锤体呈典型的纺锤样。

（3）后期　每条染色体的着丝粒发生纵裂两条染色单体彼此分离，形成形态和数目相等的子代染色体，并分别由纺锤丝牵引向两极运动。

（4）末期　两套染色体分别抵达两极。染色体在核膜内逐渐解旋伸展形成染色质，核膜、核仁也开始重新装配，形成两个子代细胞核。胞质分裂，在赤道板周围细胞表面凹陷，形成缢缩环；接着肌动蛋白等物质聚集形成收缩环，细胞由原来的圆形逐渐变为椭圆形、哑铃形；最后在收缩环处断开形成两个子细胞。

细胞在有丝分裂过程中，染色体复制一次，细胞分裂一次，遗传物质平均分配到两个子细胞中。每个子细胞的染色体在形态和数目上都与亲代细胞一致。细胞有丝分裂既维持了个体正常生长发育，又保证了物种的遗传稳定性。

3. 减数分裂

减数分裂是一种特殊的更为复杂的有丝分裂方式，是性细胞形成的过程，成熟的性细胞不再进行分裂。减数分裂的主要特征是细胞仅进行一次 DNA 复制，但细胞连续分裂两次，结果使得产生的配子中的染色体数目减半，只含有单倍数的染色体（n）。减数分裂前的间期同有丝分裂间期相似，染色体复制也在 S 期。减数分裂过程分为减数分裂Ⅰ和减数分裂Ⅱ，它们又都可分为前期、中期、后期和末期，减数分裂Ⅰ的 4 个时期分别称为前期Ⅰ、中期Ⅰ、后期Ⅰ和末期Ⅰ，减数分裂Ⅱ的 4 个时期分别称为前期Ⅱ、中期Ⅱ、后期Ⅱ和末期Ⅱ。

(1) 减数第一次分裂

① 前期Ⅰ：是染色体变化较为复杂的时期，根据细胞形态变化又分为细线期、偶线期、粗线期、双线期和终变期五个时期。

a. 细线期。染色体在光学显微镜下呈细长线状，染色体在间期已经复制，每个染色体含有两条染色单体，由着丝粒连接，在光学显微镜下还不能分辨染色单体。

b. 偶线期。染色体形态与细线期差不多。同源染色体的对应部位相互靠拢精确配对，这种现象称为联会。

c. 粗线期。染色体变短变粗，显微镜下清晰可见四分体（即可见4个染色单体，每条染色体的两条染色单体）。同源染色体的非姊妹染色单体间发生交换的时期，导致同源染色体间发生遗传物质重组。

d. 双线期。同源染色体非姊妹染色单体之间由于螺旋卷缩而相互排斥，开始分离，但仍被一两个以至几个交叉联结在一起，这是染色体交换后见到的交叉现象。交叉点上的的非姐妹染色单体还连在一起，并不完全分离，随时间推移，交叉开始远离着丝粒，并向染色体末端移动。

e. 终变期。染色体高度凝缩，姐妹染色单体靠着丝粒连在一起，四分体靠交叉连在一起，由于交叉位置和数目的差异，端化程度不同，使染色体呈"O"形或短棒形。二价体均匀地分布在赤道两侧，是观察染色体形态和数目的最佳时期。核仁开始消失、核膜开始解体。

② 中期Ⅰ：核仁、核膜消失，纺锤体开始形成标志着中期的开始。二价体着丝点由纺锤丝牵引排列在赤道板上，并开始向两极移动。

③ 后期Ⅰ：由于纺锤丝的牵引收缩，二价体中的两条同源染色体分开，随机向两极移动。每条染色体的两个姐妹染色单体仍由一个着丝点连在一起，每一极只有同源染色体中的一条，实现了每一极染色体数目的减半。

④ 末期Ⅰ：核膜、核仁逐渐出现，胞质分裂形成两个子细胞，染色体也不断解旋伸展。也有些物种染色体并不解旋，直接进入下一时期。

(2) 分裂间期　是减数分裂Ⅰ与减数分裂Ⅱ的两次分裂之间的时期。许多动物细胞并不存在这个分裂间期。有些生物即使有分裂间期，时间也相当短暂，而且，在这一时期染色体并不进行复制，分裂间期前后细胞中DNA的含量也没有变化。

(3) 减数第二次分裂　减数第一次分裂所产生的两个子细胞继续进行减数第二次分裂，减数第二次分裂与有丝分裂没有实质区别，分为前、中、后、末四个时期。

细胞在减数分裂过程中，染色体复制一次，细胞分裂了两次，第一次分裂是同源染色体之间彼此分开，第二次分裂是姊妹染色单体之间彼此分开。由一个初级精母细胞（初级卵母细胞）经过连续的两次分裂，形成 4 个精细胞（一个卵细胞和 3 个第二极体），每个精细胞（卵细胞）的染色体数目只有初级精母细胞（初级卵母细胞）的一半。

减数分裂方式在遗传学上具有重要的意义。达到性成熟的动物体首先通过减数分裂，使产生的性细胞染色体数目减半，成为单倍体（n），经过受精结合形成下一代受精卵，恢复成二倍体（$2n$），受精卵经过有丝分裂，发育为一个成年的动物体。如此周而复始循环往复，保证了同一物种子代和亲代间染色体数目的恒定，使物种在世代繁衍过程中具有相对的稳定性。其次，在前期 I 的双线期，一对同源染色体的非姊妹染色单体之间可发生片段的互换，从而使同源染色体上的基因进行重新组合形成具有不同基因的性细胞；一对同源染色体的两个成员在后期 I 彼此分开时，移向细胞哪一极是完全随机的，这样非同源染色体可随机地自由组合在一起进入同一性细胞中。这为生物的变异创造了条件，为人工选择提供了丰富的材料，有利于生物的适应与进化。

（三）基因与性状

1. 基因的概念及发展

基因的概念经历了一个历史发展过程，正在继续发展和逐渐完善。早在 1865 年，孟德尔（Mendel）进行豌豆杂交试验将控制性状的遗传因素，称为遗传因子。1909 年，丹麦遗传学家约翰逊（Johnson）将遗传因子更名为基因，并一直沿用至今。1910 年，美国遗传学家摩尔根（Morgan）通过大量的果蝇细胞遗传学实验，提出了基因位于染色体上并呈线性排列。1926 年，摩尔根发表《基因论》，指出基因"三位一体"的概念，基因是控制性状的功能单位，也是一个突变单位和重组单位。1941 年，比德尔（Beadle）与泰特姆（Tatum）提出"一个基因一个酶"的假说，基因是通过控制酶的合成来控制生物体代谢反应的。后来发现有些酶是由好几个多肽链组成，而每个多肽链是由特定的基因控制的，人们将其修正为"一个基因一条多肽链"。1944 年，阿委瑞（Avery）的肺炎双球菌转化实验首次证实 DNA 是遗传物质，基因的化学本质是 DNA。1966 年，尼伦伯格（Nirenberg）和霍拉纳（Khorana）破译了遗传密码，即核酸链上 3 个相连的核苷酸决定一种氨基酸。至此，人们对基因概念的认识逐渐清晰，认识到基因决定生物的性状，基因的是染色体上有功能的 DNA 片段。

2. 基因与性状表达

生物体的遗传信息以遗传密码的形式编码在 DNA 分子上，表现为特定的核苷酸排列顺序，是产生特异性蛋白质的模板。在细胞分裂过程中，双链 DNA 解链，以每条单链为模板，按照碱基互补配对原则，合成新的互补链。通过这样的 DNA 复制把遗传信息由亲代传递给子代。在子代的个体发育过程中，以

DNA 双链中的一条链为模板，转录成 mRNA 然后根据 mRNA 上的遗传密码翻译成特异的蛋白质，使亲代的性状在子代中得以表现。

(1) 直接控制　在生物的个体发育中，基因的最后产物是结构蛋白或功能蛋白，那么基因的变异可直接影响蛋白质的特性，从而表现出不同的性状。如人类镰刀形红细胞贫血症的血红蛋白是由一个正常血红蛋白基因（Hb^A）的两个不同的突变（Hb^S 或 Hb^C）引起的，即 Hb^A-Hb^S 或 Hb^A-Hb^C。每个血红蛋白分子有 4 条多肽链：两条相同的 α 链，每条 α 链有 141 个氨基酸；两条相同的 β 链，每条 β 链有 146 个氨基酸。对这三种血红蛋白（Hb^A、Hb^S、Hb^C）的氨基酸组成的分析比较发现，三者之间的差异仅在于 β 链的第 6 位上一个氨基酸不同。可看出在人的血红蛋白基因的密码中，仅改变其中一个碱基就可直接引起它的最后产物血红蛋白的性质发生改变，从而引起镰刀形红细胞贫血症。

(2) 间接控制　基因是通过酶的合成来控制代谢过程，间接地影响生物性状的表达，如家兔的皮下脂肪有黄脂和白脂。白脂家兔的基因编码合成分解色素的酶，可分解所吃植物中含有的叶黄素，使其变成没有颜色的物质而排出体外，所以脂肪是白色。黄脂家兔的基因不能合成分解色素的酶，不能分解所吃植物中的叶黄素，这种家兔如果吃了绿色植物或含有叶黄素的植物，黄色物质便沉积在脂肪内，脂肪呈黄色。

（四）转基因动物及用途

1. 转基因动物

转基因技术是把一种生物的某个基因，加以修饰和改造，再转移到另一种生物的细胞里，定向地改造生物的遗传性状，并使之产生可预期的遗传改变，从而改善生物原有的性状或赋予其新的优良性状。转基因技术已广泛应用于生产农作物及疫苗。若将外源目的基因整合到动物染色体基因组内，可生产将外源基因稳定遗传给后代的转基因动物。

2. 转基因动物的用途

利用转生长发育调控基因，提高动物生长发育速度。如带有生长激素的转基因猪，这种猪生长快，体大，饲料利用率高，给养猪业带来丰厚的经济效益。转生长激素基因的鲑鱼的生长速度快，消耗饲料少，受到的污染和体内聚集的有毒物质残留比普通鲑鱼少，肉质更健康。18 个月内可长到长 0.6m，体重 3kg。

通过转基因技术，可改善畜产品的品质（提高肉、蛋、乳的产量和品质）。如在绵羊中，表达了半胱氨酸基因，提高了羊毛的产量。利用转基因技术，研制了含有乳糖分解酶基因的乳牛，造福乳糖不耐症群体。通过转基因技术，可实现动物抗病育种。

通过转基因技术，研制乳腺生物反应器，生产药用蛋白、珍贵蛋白和营养保健蛋白，获得的蛋白具有与天然产品相似的生物活性。如转入人凝血因子基因的转基因乳牛，长大成熟后，在其乳汁中含有大量的人类凝血因子，与人体蛋白具有相同的生物活性，可用于治疗人的血友病。"人乳化"转基因乳牛可生产包含人乳清蛋白和人乳铁蛋白的牛乳。人乳清蛋白和人乳铁蛋白是人母乳中重要的功能成分，具有营养中枢神经、增强人体免疫力、抗菌消炎、维持体内铁的平衡等功能。

通过转基因技术，生产对致癌物、毒物等敏感的转基因动物，有助于对环境危险因素的认识。为毒理实验提供动物模型。如斑马鱼是一种常见的观赏鱼，它身上的条纹通常是黑白相间的。斑马鱼转入水母绿色荧光蛋白基因或珊瑚虫红色荧光蛋白的基因，在紫外线照射下，能够发出绿光或红光。转基因斑马鱼平时不发光，在遇到重金属、毒素时，立即发出荧光来。我们给不同颜色的荧光蛋白基因加上与不同的污染物结合的启动子，就可根据斑马鱼发出的是什么光，而知道水中有什么样的污染物。该方法比用仪器检测更便宜、更快速、更敏感。

通过转基因技术，可为医学实验提供动物模型。如我们知道高血压症是由某种原因造成，可生产一些高血压小鼠，让医生在小鼠身上试用各种疗法。转基因鼠为肥胖症、糖尿病、高血压、癌症等的研究和治疗提供动物模型。

用转基因动物作器官移植的供体，解决器官捐献缺乏的问题。猪作为人类器官移植的供体，在解剖、组织及生理方面与人类最为相近，其器官的大小与人的相仿。器官移植的主要障碍在于免疫排斥，由于免疫排斥使移植器官失去功能。对猪器官的人源化修饰与改造，培育出基本不含"排斥基因"的转基因猪。

二、性状遗传的基本规律

（一）分离定律

遗传学的奠基人孟德尔以严格自花授粉植物豌豆为材料（自然状态下都是纯种）；选择简单而区分明显的花色、种子形状、子叶颜色、豆荚形状、未熟豆荚色、花着生位置、植株高度共 7 对性状进行杂交试验；系统记载各世代中各性状个体数；应用统计方法分析数据，历时 8 年提出了具有一对相对性状的遗传学第一定律，即分离规律。

1. 分离定律的内容

遗传性状由相应的等位基因所控制。等位基因在体细胞中成对存在，一个来自母本，一个来自父本。体细胞中成对的等位基因，虽同一起，但并不融合，各保持其独立性，在配子形成过程中，彼此分离，互不干扰，配子中具有成对基因的一个。

F_1 产生不同配子的数目相等，即 1：1。各种雌雄配子结合是随机的，F_2 中基因型之比为 $1CC：2Cc：1cc$（即 1：2：1），显隐性的个体表型之比为 3：1。

2. 分离定律的应用

明确相对性状间的显隐性关系。家畜育种工作中，必须清楚相对性状的显隐性关系，以便采取适当的育种措施，预见杂交后代各种类型的比例。

判断家畜某种性状是纯合体或杂合体。要选出某些性状是纯合体的种公畜进行良种培育，如需要无角的纯合种公羊，如何判断现有的无角公羊是纯合体或杂合体。若无角是显性，有角是隐性。将待测无角公羊与有角母羊交配，如后代全是无角，此公羊是纯合体，否则就是杂合体。

淘汰有遗传缺陷性状的种畜。遗传缺陷性状大多受隐性基因控制，在杂合体中表现不出来，所以，杂合体就成为携带者在畜群中扩散隐性基因。育种工作中，使用测交法检出携带者并把它淘汰。

（二）自由组合定律

分离定律适用于具有一对相对性状的遗传。动物杂交育种中，经常涉及两对和多对性状的遗传。如甲品种肉质好、但生长速度不快。乙品种肉质一般、但生长速度快。通过甲乙两品种的杂交，育成一个肉质好生长速度又快的新品种。这就要掌握两对和多对性状的遗传规律。孟德尔以豌豆为材料，选用具有两对相对性状（种子形状和子叶颜色）差异的纯合亲本进行杂交，提出遗传学第二定律即自由组合定律，又称独立分配定律。

1. 自由组合定律的内容

控制两对不同性状的两对等位基因，在配子形成过程中的分离和组合，互不干扰，各自独立地分配到配子中去。两对基因杂合状态时，保持其独立性，互不干扰。形成配子时，同一对基因，各自独立分离，不同对基因，则自由组合。

2. 自由组合定律的应用

说明生物界发生变异的原因之一，是多对基因之间的自由组合。按照自由组合规律，在显性作用完全的条件下，亲本间有两对基因差异时，F_2 有 $2^2=4$ 种表现型；亲本间 3 对基因差异时，F_2 有 $2^3=8$ 种表现型；亲本间基因差异对越多，则表现型越丰富，至于基因型就更复杂了。生物中丰富的变异类型，有利于广泛适应不同的自然条件，有利于生物进化。

分离规律的应用完全适应于自由组合规律，且自由组合规律更具有指导意义。

用于培育具有双亲的优良性状，并能稳定遗传的新品种。如猪的一个品种适应性强，但生长慢；另一个品种生长快，但适应性差。让这两个品种杂交，杂交后代中有可能出现生长快、适应性强的新类型。

（三）基因互作

基因互作分基因内互作和基因间互作两种情况。基因内互作是同一位点上等位基因的相互作用，如完全显性、不完全显性或共显性。基因间互作是不同位点非等位基因的相互作用，共同控制同一个性状，如互补作用、累加作用、重叠作用、上位作用和抑制作用。

1. 基因内互作

（1）完全显性　等位基因中，显性基因 A 完全抑制了隐性基因 a 的表现，称为 A 基因对 a 基因的完全显性作用。在完全显性的情况下，杂合体与显性纯合体在表现型上没有区别，F_1 表现与亲本之一完全一样。

（2）不完全显性　等位基因的显性仅仅是部分的、不完全的。包括中间型显性和镶嵌型显性。

① 中间型显性：F_1 表现不同于两个亲本，而是介于双亲性状之间的中间型。如安达鲁西鸡的白羽与黑羽交配，F_1 表现为双亲的中间型蓝羽。卷羽家鸡与正常羽家鸡交配，F_1 表现为双亲的中间型轻度卷羽。垂耳型的猪与立耳型的猪交配，F_1 表现为双亲的中间型半立耳。垂背型的猪与直背型的猪交配，F_1 表现为双亲的中间型中垂背。

② 镶嵌型显性：显性现象来自两个亲本的基因作用，可在不同部位分别表示出非等量的显性，F_1 同时在不同部位表现双亲性状。如白毛短角牛与红毛短角牛交配，F_1 表现为红毛与白毛相互混杂即沙毛。紫花辣椒与白花辣椒杂交，F_1 表现为边缘紫色、中央白色。

（3）共显性　一对等位基因的两个成员在杂合体中，都显示出来，彼此间没有显性和隐性的关系，F_1 同时表现双亲性状。如红细胞碟形的正常人与红细胞镰刀形的贫血病患者婚配，F_1 的红细胞中即有碟形也有镰刀形，这种人平时不表现病症，在缺氧时发病。人的 MN 血型，是由一对基因 L^M 和 L^N 控制。基因型为 $L^M L^M$ 的人，血型表现为 M 型；基因型为 $L^N L^N$ 的人，血型表现为 N 型；基因 L^M 和 L^N 之间没有显隐性之分，基因型为 $L^M L^N$ 的人，血型表现为 MN 型。

2. 基因间互作

某些情况下，一对相对性状并不只受一对基因控制，而是被两对或两对以上的基因所控制，两对或两对以上的非等位基因相互作用，控制同一个性状的表现，称基因间互作。就两对性状而言，符合自由组合规律的 F_2 表现型，呈

9∶3∶3∶1分离。由于两对非等位基因的相互作用控制同一个性状的表现不符合9∶3∶3∶1分离比，如显性互补作用呈9∶7，累加作用呈9∶6∶1，显性上位呈12∶3∶1，隐性上位呈9∶3∶4，重叠作用呈15∶1，显性抑制作用呈13∶3。

（1）显性互补作用　两对独立遗传的显性基因相互作用，出现新性状。当只有一对显性或两对基因都隐性时，则表现为另一种性状。如鸡的胡桃冠形的遗传，豆冠（rrPP）的家鸡与玫瑰冠（RRpp）的家鸡杂交，F_1由于 R 与 P 有互补作用，出现新性状胡桃冠（RrPp），F_1互交，F_2呈9胡桃冠（R_P_）∶7非胡桃冠（3R_pp∶3rrP_∶1rrpp）。

（2）累加作用　两种显性基因同时存在时，产生一种性状。单独存在时，能分别表示相似的性状。两种基因均为隐性时，又表现为另一种性状。F_2产生9∶6∶1的比例。如杜洛克猪的毛色遗传，某系棕色杜洛克（AAbb）与另一系棕色杜洛克（aaBB）杂交，F_1呈红色（AaBb），F_1互交，F_2呈9红（A_B_）∶6棕（3A_bb+3aaB）∶1白（aabb）。

（3）重叠作用　两对基因的显性作用是相同的，只要有一个显性基因存在，该性状就能表现。两对基因均为隐性纯合时，性状才不被表现。F_2产生15∶1的比例。例如猪的阴囊疝的遗传，正常母猪（$H_1H_1H_2H_2$）与阴囊疝公猪（$h_1h_1h_2h_2$）杂交或正常公猪（$H_1H_1H_2H_2$）与外表正常母猪（$h_1h_1h_2h_2$）杂交，F_1表现正常（$H_1h_1H_2h_2$），F_1互交，F_2呈15正常（$9H_1\_H_2\_+3H_1\_h_2h_2+3h_1h_1H_2\_$）∶1阴囊疝（$h_1h_1h_2h_2$）。

（4）上位作用　两对基因共同影响一对相对性状，其中一对基因能够抑制另一对基因的表现。

显性上位是起抑制作用的基因是显性基因，F_2的分离比例为12∶3∶1。如犬的毛色。白色犬（BBII）与褐色犬（bbii）杂交，F_1呈白色（BbIi），F_1互交，F_2呈12白色（9B_I_和3bbI_）∶3黑色（B_ii）∶1褐色（bbii）。显性白色基因（I）对显性黑色基因（B）有上位性作用，显性基因（I）能阻止任何色素的形成，当 I 基因存在时，无论是具有 B 基因，还是 b 基因，狗的毛色都呈白色。

隐性上位是两对互作的基因中，其中一对隐性基因对另一对基因起上位作用，F_2的分离比例为9∶3∶4。如家兔毛色，灰色兔（CCGG）与白色兔（ccgg）杂交，F_1呈灰色（CcGg），F_1互交，F_2呈9灰（C_G_）∶3黑（C_gg）∶4白（3ccG_和1ccgg）。隐性上位基因 c 纯合时，能抑制非等位基因 G 和 g 的表现。隐性基因 cc 能阻止任何色素的形成。只要 cc 基因存在，即使其他基因存在，也不能呈色，而表现白色。没有基因 cc，基因 G 控制灰色性状，基因 g 控制黑色性状。

(5) 显性抑制作用 两对独立遗传的基因中,其中一对显性基因,本身并不控制性状的表现,但对另一对基因的表达有抑制作用。F_2 的分离比例为 13∶3。如家鸡羽色,白羽莱杭鸡(*IICC*)与白羽温德鸡(*iicc*)杂交,F_1 呈白羽(*IiCc*),F_1 互交,F_2 呈 13 白色羽(9 *I_C_* + 3 *I_cc* + 1 *iicc*)∶3 有色羽(*iiC_*)。基因 *C* 控制有色羽毛,*I* 基因为抑制基因,当 *I* 基因存在时,*C* 基因不能起作用;*I_C_* 和 *I_cc* 基因型都是白羽毛。*iicc* 也是白羽毛,只有 *I* 基因不存在时,*C* 基因才决定有色羽毛。

(四)连锁互换定律

美国遗传学家摩尔根以果蝇(繁殖快、容易饲养)为遗传试验材料,提出了经典的遗传学第三定律即基因的连锁互换定律。连锁互换定律:处在同一染色体上的两个或多个基因,连锁在一起传入子代的频率大于重新组合的频率。重组类型的产生,由于配子形成时,同源染色体的非姊妹染色单体间发生了局部交换。

1. 完全连锁

同一条染色体上的不同基因,连在一起不相分离的现象,称为完全连锁。完全连锁的特点是后代只表现亲本类型,完全连锁现象非常罕见,代表生物有雄果蝇、雌家蚕。

果蝇灰身 *B* 对黑身 *b* 是显性,长翅 *V* 对残翅 *v* 是显性,灰身长翅果蝇的灰身基因和长翅基因位于同一染色体上,黑身残翅果蝇的黑身基因和残翅基因位于同一染色体上,灰身长翅(*BBVV*)与黑身残翅(*bbvv*)杂交,F_1 为灰身长翅(*BbVv*),选 F_1 灰身长翅(*BbVv*)的雄果蝇与黑身残翅(*bbvv*)的雌果蝇测交,灰身长翅(*BbVv*)的雄果蝇,位于同一染色体上的两个基因(*B* 和 *V*、*b* 和 *v*)不分离,连在一起随着生殖细胞传递下去,测交后代呈 1 灰身长翅(*BbVv*)∶1 黑身残翅(*bbvv*)。

2. 不完全连锁

连锁的非等位基因,在形成配子的过程中发生了交换的现象,称为不完全连锁。不完全连锁代表生物有雌果蝇、家鸡。

果蝇灰身长翅(*BBVV*)与黑身残翅(*bbvv*)杂交,F_1 为灰身长翅(*BbVv*),选 F_1 灰身长翅(*BbVv*)的雌果蝇与黑身残翅(*bbvv*)的雄果蝇测交,测交后代呈 42% 灰身长翅(*BbVv*)∶8% 灰身残翅(*Bbvv*)∶8% 黑身长翅(*bbVv*)∶42% 黑身残翅(*bbvv*)。F_1 雌果蝇,位于同一条染色体上的两个基因大都是连锁遗传,产生两种亲本型配子 *BV* 和 *bv* 特别多,小部分因交叉互换,产生两种重组型配子 *Bv* 和 *bV*。

3. 互换率

互换率是指重组合的配子数占总配子数的百分率，又称重组值。重组值的大小在 0~50% 变动，重组值 = 0，是完全连锁；重组值 = 50%，是自由组合即完全交换；0<重组值<50%，是不完全连锁。相邻两基因间发生互换的机会与基因间距离有关：基因间距离越大，互换的机会也越大，连锁性越弱。

4. 连锁互换定律的应用

理论上，把基因定位于染色体上，明确各染色体上基因的位置和距离；说明某些结果不能独立分配的原因，发展了孟德尔定律，使性状遗传规律更为完善。

实践上，可利用连锁性状作为间接选择的依据，提高选择结果。如大麦抗秆锈病基因与抗散黑穗病基因紧密连锁，可一举两得。如不利的性状和有利的性状连锁在一起，就要采取措施，设法打破基因连锁（如辐射、化学诱变、远缘杂交等），进行基因互换，让人们所要求的基因连锁在一起，培育出优良品种。在杂交育种时，为得到理想类型，必须考虑有关性状的连锁强度，以便安排育种群体：交换值大，重组型多，选择机会大，育种群体小；交换值小，重组型少，选择机会小，育种群体大。

（五）性别决定与伴性遗传

1. 性别决定

性别是动物中最容易区别的性状。性别决定的方式有性染色体、染色体倍数、基因、环境等，性染色体决定性别是性别决定的主要方式。

（1）性染色体类型　动物的性染色体类型常见的有 XY、ZW、XO 和 ZO 四种类型。

XY 型，雌性是一对形态相同的性染色体，用 XX 表示；雄性是形态和大小不同的两条染色体，用 XY 表示。代表生物有包括人类在内的全部哺乳动物、果蝇、某些两栖类、硬骨鱼类等。

ZW 型，性别决定方式刚好与 XY 型相反，雌性为异型性染色体，用 ZW 表示；雄性为同型性染色体，用 ZZ 表示。代表生物有家禽（如鸡、火鸡、鸭、鹅等）和鸟类、鳞翅目昆虫等。

XO 型和 ZO 型，在 XO 型中，雌性是 XX；雄性只有一条 X 染色体，没有 Y 染色体，用 XO 代表。在 ZO 型中，雌性只有一条 Z 染色体，用 ZO 表示；雄性有两条性染色体，用 ZZ 表示。许多昆虫属于这两种类型。

（2）性别分化　性别分化是指受精卵在性别决定的基础上，进行雄性或雌性性状分化和发育的过程。但性别的分化和发育受机体内外环境条件的影响，当环境条件符合正常性别分化的要求时，就会按照遗传基础所规定的方向分化为正常的雄体和雌体;若不符合正常性别分化的要求,性别分化就会受到影响,从而偏离遗传基础所规定的性别分化的方向。

如激素对性别分化的影响,当母牛怀孕双胎且两个胎儿性别不同时,雄性能正常发育为有生育能力的公牛,由于胎盘绒毛膜的血管沟通,雄性的睾丸发育得早,产生的雄性激素通过绒毛膜血管流向雌性胎儿,从而影响了雌性胎儿的性腺分化,使性别趋向间性,失去了生育能力,外形有雄性表现,即自由马丁牛是很像雄性的雌牛。成年母鸡体内只有左侧的卵巢输卵管发育,母鸡卵巢受结核杆菌侵袭,或发生囊肿而退化,就不能产生足够的激素,这时右侧未分化的生殖系统不再受到激素的抑制,诱发留有痕迹的精巢发育并且分泌出雄性激素,从而表现出公鸡的啼鸣。

2. 伴性遗传

(1) 伴性遗传 控制性状的基因位于性染色体上,遗传上总是和性别相关联,这种现象称为伴性遗传。表示方法先写出性染色体,在性染色体上的右上角,用同一字母的大小写分别表示显性基因和隐性基因。伴性遗传有如下特点:性状分离比与性别相关,两性间的分离比数不同;正反交结果不同,表现为交叉遗传。

(2) 伴性遗传的应用 生产上常用翻肛法和仪器鉴别法鉴定初生雏鸡的性别。也可利用伴性遗传原理,用特定的品种杂交,根据初生雏鸡羽毛特征进行性别鉴定,准确率达99%以上。鸡的性染色体构型是 ZW 型,公鸡为 ZZ 型,母鸡为 ZW 型。在鸡的 Z 染色体上有丰富的伴性基因——芦花羽色基因、金银羽色基因、快慢羽基因等。在育种中被用来进行初生雏鸡的自别雌雄。

鸡的芦花羽色受性染色体上一对基因 (B 和 b) 控制,具伴性遗传规律。芦花羽 (B) 对非芦花羽 (b) 为显性。用芦花母鸡和非芦花(洛岛红)公鸡杂交,在 F_1 雏鸡中,凡是绒羽为芦花羽毛(黑色绒毛,头顶上有不规则的乳白色或黄色斑点)的为公鸡,全身黑色绒毛或背部有条斑的为母鸡(图2-3)。

$$P \quad Z^bZ^b(♂) \times Z^BW(♀)$$
$$(非芦花) \quad (芦花)$$
$$F_1 \quad Z^BZ^b(♂) \quad Z^bW(♀)$$
$$(芦花) \quad (非芦花)$$

图2-3 鸡的芦花羽色自别雌雄

鸡的金银羽色受性染色体上一对基因 (S 和 s) 控制,具伴性遗传规律。银色羽 (S) 对金色羽 (s) 为显性。褐壳蛋鸡商品代目前几乎全都利用伴性基因金、银色羽基因 (s/S) 来自别雌雄,凡绒羽为白色或银灰色的为公鸡,绒羽为金色的为母鸡(图2-4)。

家鸡的翅膀上面有主翼羽,在主翼羽的上面覆盖的一层称覆主翼羽。快羽和慢羽是根据雏鸡主翼羽和覆主翼羽的相对长度而定。鸡的羽速生长快慢受性染色体上一对基因 (K 和 k) 控制,具伴性遗传规律。慢羽 (K) 对快羽 (k) 为显性。白壳蛋鸡利用快慢羽基因 (k/K) 来自别雌雄,慢羽的为公鸡,快羽的为母鸡（图 2-5）。

$$P \quad Z^S Z^s (♂) \times Z^S W(♀)$$
$$\quad \text{（金色）} \quad \text{（银色）}$$
$$\downarrow$$
$$F_1 \quad Z^S Z^s(♂) \quad Z^s W(♀)$$
$$\quad \text{（银色）} \quad \text{（金色）}$$

$$P \quad Z^k Z^k(♂) \times Z^K W(♀)$$
$$\quad \text{（快羽）} \quad \text{（慢羽）}$$
$$\downarrow$$
$$F_1 \quad Z^K Z^k(♂) \quad Z^k W(♀)$$
$$\quad \text{（慢羽）} \quad \text{（快羽）}$$

图 2-4 褐壳蛋鸡的金银羽色自别雌雄   **图 2-5 白壳蛋鸡的羽速基因自别雌雄**

三、性状的遗传

掌握畜禽性状的遗传规律，是家畜育种工作的前提。畜禽的性状是基因和环境共同作用的结果，将畜禽性状分为可用文字描述的质量性状和可度量的数量性状。

（一）质量性状的遗传

质量性状中有些是重要的经济性状，特别是毛皮用畜禽。遗传缺陷的剔除，品种特征如毛色、角形的均一，遗传标记如血型、酶型、蛋白类型的利用，都涉及质量性状的选择改良。质量性状对育种工作具有重要的科学意义。

（二）质量性状的特征

质量性状由单个或少数几个基因决定；遗传效应稳定，性状不受或很少受环境因素的影响；表型变异不连续，呈间断性，各变异类型间存在明显界限，能直接描述；遗传关系简单，服从三大遗传定律。

（三）质量性状的类型

（1）表征性状　动物许多外貌特征，如毛色或羽色、角的有无、鸡的冠型、皮肤颜色和蛋壳颜色等，均是典型的质量性状。这类性状在育种中的作用主要是反映品种（系）的特征，并为选育新品系提供依据。

（2）血型　家畜的血型遗传符合孟德尔遗传规律，是稳定遗传的质量性状。检出存在红细胞表面的各种抗原并将其分型，用免疫方法和用电泳法进行分类。根据血型鉴定结果，确定种畜的系谱关系或不同个体间的亲缘关系；血型分析可预防新生畜溶血病，准确判断发病原因，防止幼畜死亡；利用血型选择抗病品系，如鸡的 B 血型与白血病、马立克病、白痢等抗病性有关，选择 B 血型的个体，可增加后代的抗病能力。

（3）遗传缺陷　遗传缺陷是对动物生产危害性很大的一类质量性状。在各种家畜中都存在，主要源于隐性有害基因。隐性有害基因的纯合体均表现出明显的症状；有的表现为形态学、解剖学或组织学上的缺陷；有的表现出生理学上的代谢功能障碍；有的免疫力低，易感染某些疾病；严重的遗传缺陷可导致妊娠期胎儿死亡或出生后不久死亡。

(4) 伴性性状　在性染色体上，除了决定性别的基因外，还携带着一些控制性状的基因。由性染色体非同源部分携带的基因所决定的性状称伴性性状，这些性状的遗传与性别有关。迄今发现的伴性性状均是质量性状，利用伴性遗传的原理，可培育雌雄自别品系，大大提高性别鉴定工作的效率和准确性。

（四）数量性状的遗传

数量性状是由微效多基因控制，遗传关系复杂，性状很大程度上受环境因素影响，表型变异连续，各变异类型间无明显区别，不能直接加以描述，只能用数字度量其变异特性的性状。畜禽大部分的经济性状都属于数量性状，如产毛量、产肉量、背膘厚、产乳量、乳脂率、产蛋量、日增重、饲料转化率、产仔数等。

1. 数量性状的特征

(1) 变异呈连续性　用数字表示数量性状的表型值，其变异是连续的，一般表现为正态分布，中间类型的个体数较多，而趋向两极的个体数少，呈钟形。大部分数量性状的频数分布都接近于正态分布，在群体较小时呈偏态分布。

(2) 杂种一代往往表现出两个亲本的中间类型　数量性状的杂种一代往往表现出两个亲本的中间类型，表现部分显性、无显性或超显性。

(3) 易受环境影响　数量性状易受环境的影响而发生变异，这种变异是不遗传的。表型差异既有微效多基因不同所致，又由环境差异引起，这两种差异混在一起不容易区分。

(4) 控制性状的基因数目多　数量性状受多个基因位点上的基因影响，每个基因的效应微小，但作用是累加的。

2. 数量性状的遗传方式

(1) 中间型遗传　中间型遗传是数量性状最常见的遗传方式。两个不同品种杂交，杂种一代的平均表型值介于两亲本的平均表型值之间。群体足够大时，个体性状的表现呈正态分布。子二代的平均表型值与子一代平均表型值相近，但变异范围比子一代的大。把这些变异数值按大小排列，其中类似双亲的只占少数，基本上组成以平均数为中心的正态分布。

(2) 杂种优势　两个遗传组成不同的亲本杂交，子一代在生产性能、繁殖力、抗病力和生活力等方面都超过双亲的平均值。但子二代的平均值向两亲本的平均值回归，杂种优势下降，以后各代杂种优势逐渐趋于消失。

(3) 越亲遗传　两个品种或品系杂交，一代杂种表现为中间类型，而在以后世代中，可能会出现超过原始亲本的个体。如有两个品种的鸡，一种是新汉夏鸡，体格很大，另一种是西氏赖特观赏鸡，体格很小，这两个品种杂交，杂种一代的体格表现为中间型，介于这两个亲本之间，而杂种二代或三代的变异扩大了，在二代或三代中会产生出小于原始西氏赖特鸡亲本的个体和大于原始新汉夏鸡亲本的个体。由此可培育出更大或更小类型的品种。

3. 数量性状的遗传机制

(1) 多基因假说解释了中间型遗传　数量性状是由微效多基因控制。多基因中的每一对基因对性状表现型所产生的效应是微小的。微效基因的效应是累加的。如小麦籽粒颜色试验（表2-2），深红色的小麦品种和白色品种杂交，F_1 呈中等红色的种子，F_2 中15/16呈红色（深红、中深红、中红、浅红），1/16呈白色。小麦粒色由两对基因 R_1（r_1）和 R_2（r_2）决定。这两对基因的作用是累加的，R 对 r 并不是简单的显性关系，红的程度取决于 R 基因的数目。有些性状存在主效基因。

控制数量性状的等位基因之间一般没有明显的显隐性关系。多基因有多效性，多基因一方面对某一数量性状起微效作用，另一方面对其他性状起修饰作用。如牛的毛色花斑是由一对隐性基因所控制的，但花斑的大小则是受一组修饰基因影响。

多基因与主效基因都处在细胞核的染色体上，具有分离、重组、连锁和交换行为。

表 2-2　小麦籽粒颜色试验

P	红粒 $R_1R_1R_2R_2$	× ↓		白粒 $r_1r_1r_2r_2$	
F_1		红粒 $R_1r_1R_2r_2$			
F_2		↓⊗			
表现型类别	红色				白色
	深红	中深红	中红	淡红	
表现型比例	1	4	6	4	1
红粒有效基因数	4R	3R	2R	1R	0R
基因型	$1R_1R_1R_2R_2$	$2R_1R_1R_2r_2$ $2R_1r_1R_2R_2$	$1R_1R_1r_2r_2$ $4R_1r_1R_2r_2$ $1r_1r_1R_2R_2$	$2R_1r_1r_2r_2$ $2r_1r_1R_2r_2$	$1r_1r_1r_2r_2$
红粒：白粒			15：1		

（2）杂种优势是显性和超显性共同作用的结果 显性假说强调双亲间非等位基因的互作。显性基因多为对生长发育有利的基因，对生长发育有害的基因多为隐性基因。显性基因对隐性基因有抑制和掩盖作用，使隐性基因的不利作用难以表现。决定数量性状的微效多基因间具有累加作用，杂合体表现出双亲优越（显性基因在杂种群中会产生累加效应，若两亲本各有部分不同的显性基因，其杂交后代可出现显性基因的累加效应）。非等位基因的互作，会使一个性状受到抑制或增强，这种促进作用可因杂交而表现出杂种优势。如 5 对基因有差别的两个亲本杂交，假设每对隐性基因（aa）对性状发育的作用值为 1，每对显性基因（AA）和杂合基因（Aa）所产生的作用值都为 2。两个亲本杂交产生杂种优势表示如下：

P 　　　　　$AAbbCCDDee$ × $aaBBccddEE$
　　　　　　（2+1+2+2+1=8）　（1+2+1+1+2=7）
　　　　　　　　　　　↓
F_1 　　　　　　$AaBbCcDdEe$
　　　　　　（2+2+2+2+2=10）

超显性假说强调双亲间等位基因之间的互作。杂种优势是等位基因间相互作用的结果，产生杂种优势所涉及的等位基因之间没有显隐性的关系，具有不同作用的一对等位基因，在生理上相互刺激，基因在杂合状态时，它们分别以不同的方式影响代谢，可提供更多的发育途径和更多的生理生化多样性，两者结合在一起使杂合子比任何一种纯合子在生活力和适应性上都更优越。设一对等位基因 A、a，则有 $Aa>AA$ 和 $Aa>aa$。如一对等位基因 a_1 和 a_2，分别指导合成同一种酶，但各基因指导合成的酶在代谢功能上有不同特点：a_1 基因合成的酶活性强，但不稳定。a_2 基因合成的酶活性弱，但稳定。a_1a_1 纯合体，只有前一种酶。a_2a_2 纯合体，只有后一种酶。它们的代谢强度都不高，a_1a_2 杂合体，同时具有两种酶。既有活性强的、又有稳定的，代谢强度高于两个亲本。假设每种基因对性状的作用值都是 1，纯合体（a_1a_1、a_2a_2）都只有一种基因，作用值都是 1。杂合体（a_1a_2）有两种基因，作用值是 2。设两个亲本有 5 对基因的差异，杂交后产生杂种优势表示如下：

P 　　　$a_1a_1b_1b_1c_1c_1d_1d_1e_1e_1$ × $a_2a_2b_2b_2c_2c_2d_2d_2e_2e_2$
　　　　（1+1+1+1+1=5）　　（1+1+1+1+1=5）
　　　　　　　　　　　↓
F_1 　　　　　　$a_1a_2b_1b_2c_1c_2d_1d_2e_1e_2$
　　　　　　（2+2+2+2+2=10）

显性假说和超显性假说从不同的侧重点解释杂种优势，显性假说强调显性基因的累加和互补作用，而超显性假说则强调异质结合的等位基因之间的互作。这两种假说在解释杂种优势现象时是相辅相成的，不是对立的。不同情况下，不同效应起主导作用。关于杂种优势的遗传解释还有很多假说，人类还没有最终揭示杂种优势的秘密。

（3）越亲遗传是基因分离和重组的结果　如有两个猪的品种，其体长的基因型是纯合的，决定猪的体长基因中，A 的加性效应为 15cm，a 的加性效应为 8cm，等位基因无显隐性关系，则有：

P　　$A_1A_1A_2A_2a_3a_3$（76cm）　×　$a_1a_1a_2a_2A_3A_3$（62cm）

↓

F_1　　　　　　$A_1a_1A_2a_2A_3a_3$

↓

F_2　　$A_1A_1A_2A_2A_3A_3$（90cm）　　　$a_1a_1a_2a_2a_3a_3$（48cm）

4. 数量性状的遗传参数

研究数量性状遗传时，为了说明某种性状的特性以及不同性状之间的表型关系，常用到畜群个体表型值的平均数、标准差、相关系数等，统称表型参数。以这些表型参数为基础，运用生物统计的方法估算与家畜育种密切相关的参数，这些统计参数称为遗传参数。常用的遗传参数有即遗传力、重复力和遗传相关，其中遗传力是最常用、最重要的基本遗传参数。

（1）遗传力

① 遗传力的概念：遗传力是群体中各数量性状受遗传因素影响的程度，包括广义遗传力和狭义遗传力。

一个数量性状的表型值就是动物生产中所度量或观察到的数值。任何一个数量性状的表现都是由遗传和环境共同作用的结果。P（数量性状的表型值）=G（个体的遗传效应即基因型值）+E（环境效应），V_P（表型方差即总方差）=V_G（遗传方差即基因型方差）+V_E（环境方差），广义遗传力是遗传方差 V_G 占表型总方差 V_P 的比值。

G（个体的遗传效应）=A（基因的加性效应）+D（基因的显性效应）+I（基因的上位效应）。A（基因的加性效应）为许多基因效应的总和，是可遗传并能加以固定的部分，也称育种值。D（基因的显性效应）为等位基因之间相互作用产生的显性效应，即杂种优势，它随基因在不同世代中的分离和重组而发生变化，不能真实遗传。I（基因的上位效应）为非等位基因之间相互作用产生的效应，不能真实遗传。V_P（表型方差即总方差）= V_A（基因加性方差）+V_D（基因显性方差）+V_I（基因上位性方差）+V_E（环境方差）。狭义遗传力是基因的加性方差 V_A 占表型总方差 V_P 的比值，表示性状的变异能够遗传给后代的能力。

② 遗传力的基本变化趋势：与机体构成有关的性状具有较高的遗传力，如

初生重、乳脂率、体长、脊椎骨数、瘦肉率、蛋重、断乳后的增重、成年活重、胴体品质等。

与生长发育有关的性状具有中等大小的遗传力，如日增重、饲料利用率等。

与繁殖性能有关的性状具有较低的遗传力，如产仔数、仔初生重、仔哺乳期内增重、受胎率、头胎产犊年龄、胎间距等。

畜禽主要数量性状遗传力的估计值（表 2-3），0.5 以上者为高遗传力，0.2 以下者为低遗传力。遗传力的估计值只是说明对后代群体的某性状的变异，遗传与环境两类原因影响的相对重要性，并不是性状能遗传给后代个体的绝对值。如有一个鸡群平均蛋质量为 60g，蛋质量遗传力为 0.6（60%），不是说平均蛋质量 60g 中，只有 60%（36g）能遗传给后代，而是指蛋质量的变异部分，有 60% 来自遗传原因，其余是由环境条件造成。

表 2-3　　　　　　　　　畜禽主要数量性状遗传力的估计值

家畜种类	性状	遗传力
乳牛	产乳量	0.20~0.30
	乳脂率	0.50~0.60
	乳蛋白率	0.45~0.55
	乳腺炎抗病力	0.10~0.40
肉牛	胴体等级	0.35~0.45
	初生重	0.35~0.40
	断乳重	0.25~0.30
猪	产仔数	0.05~0.15
	断乳窝重	0.10~0.20
	饲料转化率	0.30~0.50
	眼肌面积	0.40~0.50
鸡	产蛋数	0.25
	开产日龄	0.20~0.50
	繁殖率	0.05~0.15
羊	剪毛量	0.30~0.60
	产羔数	0.10~0.30

③ 遗传力的应用：

估计种畜的育种值：育种值是表型值中能真实遗传给后代的部分，可利用性状的遗传力来估计育种值，根据育种值的高低选留种畜。

确定繁育方法：遗传力高的性状，上下代的相关大，通过对亲代的选择可在子代得到较大的反应，适宜用纯繁来提高。如鸡的日增重遗传力较高，通过纯繁选择可提高这个性状。遗传力低的性状，杂种优势较明显，通过杂交引入优良基因来改进。

确定选择方法：遗传力中等以上的性状，可采用个体表型选择。遗传力低的性状，可采用均数选择的方法。因为个体随机环境偏差在均数中相互抵消，平均表型值接近平均育种值。如鸡的产蛋量遗传进展很快，主要采用家系选择（根据家系均值进行选择）。

应用于综合选择指数的制定：在制定多个性状同时选择的综合指数时，必须用到遗传力这个参数。

（2）重复力　如绵羊的剪毛量、乳牛的产乳量、猪的产仔数等，在家畜一生中可以进行多次度量。

① 重复力的概念：重复力是在同一个体，同一数量性状，多次度量值间的重复程度。一般来说，度量的次数越多、越能反映个体真实的生产性能。

② 重复力的应用：可用于验证遗传力估计的正确性。如果遗传力估计高于同一性状的重复力估计值，说明遗传力估计有误。重复力是同一性状遗传力的上限。

确定性状需要度量的次数。重复力高的性状，各次度量值间相关程度强，需几次度量就可正确估计个体生产性能。重复力低的性状，需多次度量才能对个体生产性能做出正确的估计。估计畜禽个体最大可能生产力。通过重复力，可从家畜早期生产记录资料，估计其一生可能达到的最大生产力，在早期评定品质优劣，确定去留。

（3）遗传相关

① 遗传相关的概念：遗传相关是不同数量性状之间由于遗传原因导致的相关程度。性状间的表型相关同样可分为遗传相关和环境相关两部分。表型相关（r_P）是群体中各个体两性状间的相关。遗传相关（r_A）是两个性状基因型值（即育种值）之间的相关。环境相关（r_E）是两个性状的环境效应之间的相关。性状间的表型相关≠遗传相关+环境相关。

如果两性状遗传力低，则表型相关主要取决于环境相关。如果两性状遗传力高，则表型相关主要取决于遗传相关。如母鸡体重和产蛋量的关系：r_A = -0.16，r_E = 0.18，r_P = 0.09。从遗传学角度，母鸡体重大，则产蛋量少，表现为负相关。从环境角度看，如饲养条件好，体重大的母鸡产蛋量高，表现为正相关。因此，估计出性状间的遗传相关，可使我们透过性状表型相关这一表面现象，看到实质上的遗传关系，提高育种工作效率。从育种角度看，重要的是遗传相关，只有这部分是遗传的。

② 遗传相关的应用：进行间接选择：利用两性状间的遗传相关，选择容易度量的性状，间接选择不易度量的性状。如利用猪的日增重与饲料利用率两性状间的强遗传相关，利用易于测定的性状（猪的日增重），间接选择工作烦琐的性状（饲料利用率），从而选择日增重大的猪留种。利用高遗传力性状与低遗传力性状的遗传相关进行间接选择。通过选择遗传力较高的性状，来改进遗

传力较低的性状。

主要性状无法度量：有些性状受性别限制不能表现出来，但该性别对其后代此性状的表现影响很大。如乳牛中公牛对其女儿的产乳量影响很大，通过间接选择，选出具有高产乳潜力的公牛作种用。

活体难度量的性状：如与屠宰相关的性状（如屠宰率、瘦肉率），选种时，活体不能度量，找与它们有强遗传相关的性状进行选择。利用背膘厚与瘦肉率之间的强负相关，用背膘仪测定背膘厚，来评定猪的瘦肉率。

晚生性状的早期选择：有些经济性状在家畜幼年时，需要早期进行选择（如鸡的 500 日龄产蛋量、小母牛的产乳潜力、小仔猪的育肥性能）。生产中，寻找本身遗传力高且与经济性状高度遗传相关的早期性状。如鸡的适时开产日龄、300 日龄产蛋量都与 500 日龄产蛋量呈正相关。仔猪的出生重、断奶重与育肥性能呈正相关。

比较不同环境下的选择效果：同一品种在不同的环境条件下，品种的优良性状的表现会有差别，将不同环境下两性状的表现视为不同的性状，求出遗传相关后，提出正确推广和改进的措施指标。如在条件优良的种畜场选育的优良品种，推广到条件差的生产场时，如何保持其优良特性。

可用于制定综合选择指数：在制定一个合理的综合选择指数时，要研究性状间的遗传相关。如猪胴体长与背膘厚是负相关，日增重与瘦肉率是正相关。向着加长胴体、提高日增重、提高瘦肉率而减少膘厚的方向进行综合选育是可行的。

四、生产性能测定

生产性能是家畜最经济、最有效的生产畜产品的能力。生产性能测定是对家畜个体具有特定经济价值的某一性状的表型值进行评定的一种育种措施。生产性能测定所得的表型值是组织生产、饲养家畜及评定生产的依据，可作为选留种畜的指标，是育种工作的基础。

（一）性能测定的基本形式

从不同的角度出发，性能测定可分为测定站和场内测定、个体、同胞和后裔测定及大群和抽样测定等几种基本形式。

根据测定场地划分为测定站测定和场内测定，测定站测定是将待测的畜禽集中在一个专门的性能测定站、并在一定时间内进行性能测定；场内测定是直接在各个畜牧场内进行性能测定。测定站测定的优点是被测畜群个体间的差异主要是遗传差异，相同的环境条件、测量工具和测量人员等，控制了环境条件的变异；测定结果客观性强；可对需要特殊测量设备或较高技术要求的性状进行测量，如体细胞数测定、氟烷敏感基因测定等。测定站测定的缺点是测定运输及检测费用成本高、测定规模有限，易传播疾病。场内测定的优缺点刚好与测定站测定相反。目前需要特殊设备和有测定难度的性状，如酮体品质、体细胞数、采食量等采用测定站测定。随着最优线性无偏估计法（BLUP）方法的广泛应用及人工授精技术的普及，场内测定逐渐替代测定站测定。目前，常规生产性状采用场内测定。

根据测定对象与要进行遗传评定的个体间的亲缘关系分为个体、同胞和后裔测定。三种测定方式侧重点不同，遗传力较高的性状采用个体测定，如日增重。多胎畜禽如猪、鸡有较多全半同胞采用同胞测定。影响较大的种公畜，如乳用种公牛采用后裔测定。生产中应同时利用一切可利用的信息，尽量将三种测定方式结合起来使用。

根据性能测定的目的分为大群测定和抽样测定，大群测定是对种畜群中所有符合条件的个体都进行测定。从而为个体遗传评定提供信息。抽样测定是从参加测定的每个品种（系）中随机抽取一定数量的个体，在相同环境中进行性能测定。用于评定杂交组合的生产性能，以筛选最佳杂交组合用于商品生产。

（二）不同家畜的生产性能测定

在实际实施生产性能测定的过程中，不同经济类型的畜禽所侧重的测定性状是不一样的。其中，肉用家畜的生产性能测定主要包括生长性能、胴体性状、肉质性状和繁殖性能等，乳用家畜强调产乳性能的测定，毛用家畜侧重产毛性能和毛品质的测定，蛋用家禽偏重产蛋性能的测定。

1. 肉用家畜的生产性能测定

肉用家畜主要是指猪、肉牛、肉羊等以产肉为主的家畜，广义上也包括肉鸡、肉鸭等肉用型家禽。在测定性状的选择上强调对生长性能、产肉性能、胴体性状与肉质性状等的测定，各种肉用家畜在测定方法上大致相似，只是在某些具体指标上的侧重点略有不同。

猪的生产性能测定一般分场内测定和测定站测定。场内性能测定是遗传改良体系中最关键的组成部分，主要测定生长性能和繁殖性能。测定站测定的目的则主要是在相同环境条件下比较来自不同种群的种猪，以增加不同群体间的可比性和遗传联系，提高国家或地区性遗传评估的准确性。此外，测定站还负责组织对胴体组成性状、肉质性状、日增重和饲料转化率等需要特殊设备或实施特殊处理的性状进行测定。

（1）生长性能与胴体组成性能的活体测定　生长性能与胴体组成性能是猪性能测定的重要组成部分，也是衡量猪经济价值的最重要指标。胴体组成必须在屠宰后对胴体进行分割才能准确测定，但屠宰测定需耗费大量人力物力，且屠宰会导致个体种用价值丧失，故长期以来都是通过对测定个体的同胞、半同胞或其他亲缘个体进行屠宰来实现间接评定，但测定的准确性和测定规模却受到了影响。随着现代超声波技术的发展，可通过对一些与胴体组成有较高遗传相关的辅助性状的测定而实现对胴体组成性状的活体测定。在性能测定过程中通常同时对这两类性能进行测定。

供测猪的选择与分群：生长肥育性能测定以未去势母猪为供测猪；每头公猪后裔中，选择4头供肥育性能测定，测定期内4头后裔合圈饲养；供测猪应在同一分娩季节中选择，日龄和体重接近，供测猪应发育正常健康。

测定时间：待测定仔猪在20~30kg体重以内进入为期1周的测定预饲期，使其适应测定的饲养管理方式和环境条件。待平均体重达到30kg左右（但不能超过35kg）时开始正式测定。整个测定期内采用固定的测定日粮和饲养管理方式。达到75~115kg目标体重范围后测定结束。

测定性状：

① 达到目标体重的日龄：目标体重即标准的屠宰体重，根据各国的实际情况，标准测不一样。加拿大为100kg，美国为113.47kg，德国为105kg。中国为100kg。在实际实施过程中，当猪活体重在75~115kg（最好在80~105kg以内）范围内时对其进行称量，并记录称量时的日龄。再根据实际测定的活体重和测定日龄估计出达100kg标准体重时的日龄。

$$校正体重达100kg日龄 = 实测日龄 - \frac{实际体重 - 目标体重}{CF} \quad (2\text{-}1)$$

式中 CF——校正因子。

$$公猪 CF = (实际体重/称量日龄) \times 1.826040 \quad (2\text{-}2)$$

$$母猪 CF = (实际体重/称量日龄) \times 1.714615 \quad (2\text{-}3)$$

② 目标体重活体背膘厚：测定猪达目标体重时的背膘厚，一般75~115kg测定猪活体重的同时测定100kg体重活体背膘厚（据需要也可测达50kg体重活体背膘厚）。A超测定：以A超测定胸腰椎结合处左右各一点及腰荐椎结合处左右各一点距背中线5cm处的活体背腰厚（单位：mm），以上述4点的平均值表示活体膘厚。B超测定：以B超扫描测定倒数第3、第4肋骨间距离背中线5cm处的活体背膘厚（单位：mm）。

对实际测得的活体背膘厚再按式（2-4）根据实际测定日龄计算出达100kg标准体重时的背膘厚：

$$校正背膘厚 = 实际背膘厚 \times \frac{A}{A + B \times (实测体重 - 100)} \quad (2\text{-}4)$$

③ 平均日增重：计算测定期内的平均日增重。

$$平均日增重(ADG) = \frac{测定结束时的体重 - 测定开始时的体重}{测定天数} \quad (2\text{-}5)$$

④ 采食量：一头猪在测定期内的总采食量。

⑤ 饲料转换率（Feed Conversion Rate，FCR）：30~100kg 期间每单位增重所消耗的饲料量，计算公式：

$$FCR = 测定期采食量/测定期增重 \tag{2-6}$$

饲料转换率的测定过程需耗费大量人力和物力，采用法国 ACEMA 电子识别自动记料测试系统可实现自动测定。

对以上性状的测定可在场内进行，也可在测定站进行。

（2）胴体品质的屠宰测定　胴体品质测定是对测定个体进行的屠宰后测定，主要包括胴体组成和肉质性状的测定。由于屠宰测定需要特殊的测定设备且花费巨大，故通常在测定站测定。

① 供测猪的选择：肥育测定猪体重达 100kg 时屠宰，测定其胴体性状；每头公猪后裔的屠宰数不少于 2 头；供测猪活重达 100kg 时，停食 24h（停料不停水）后屠宰。

② 测定性状：

a. 宰前活重。供试猪在屠宰前停食 24h（停料不停水）后的空腹体重。

b. 胴体重。屠宰放血后去除头（沿两耳根后缘及下颌第一条自然横褶切下头部）、蹄（前蹄在腕关节处，后蹄在跗关节切下）、尾（贴肛门切断）和内脏（保留板油和肾脏）后，称量的躯体（也可只用左半胴体）质量。

c. 屠宰率。胴体重占宰前活重的百分比。

$$屠宰率 = (胴体重/宰前活重) \times 100\% \tag{2-7}$$

d. 胴体长。将左半胴体用挂钩钩入跗关节将胴体倒挂，测量从耻骨联合前缘中点至第一颈椎前缘中点的长度，称胴体长；从耻骨联合前缘中点至第一肋骨与胸骨结合处前缘的直线长度，称胴体斜长。

e. 膘厚与皮厚。用游标卡尺测量肩部皮下脂肪最厚处、胸腰椎结合处、腰荐椎结合处的脂肪层厚度和皮厚度。用上述 3 点的平均值或在第 6、第 7 肋间测定的脂肪层厚度和皮厚度表示猪膘厚和皮厚。

f. 眼肌面积。将左半胴体以自然姿势状态置于平台上，在胸腰椎结合处切断背最长肌（注意防止肌肉变形），再用硫酸纸描出眼肌轮廓，用求积仪、图像仪或坐标纸计算眼肌面积。在大规模测定时也可用游标卡尺测量背最长肌横断面的最高和最宽处。用式（2-8）计算：

$$眼肌面积(cm^2) = 眼肌长(cm) \times 眼肌宽(cm) \times 0.7 \tag{2-8}$$

也可在测定活体背膘厚的同时，利用 B 超扫描测定同一部位的眼肌面积。

g. 腿臀比例。将左半胴体在自然姿势状态下沿腰荐椎结合处垂直切下腿臀部，腿臀重占胴体重的百分比。

$$腿臀比例 = (腿臀重/胴体重) \times 100\% \tag{2-9}$$

h. 胴体瘦肉率。将剥去板油和肾脏的左半胴体，分离为瘦肉、脂肪、皮、骨 4 种成分。瘦肉重占 4 种成分总重的百分比称胴体瘦肉率。同时还可测定出脂肪率、皮率和骨率。为简化现场操作，根据测定目的，皮脂可不再分离，合并为皮脂重。

$$胴体瘦肉率=\frac{瘦肉重}{瘦肉重+脂肪重+皮重+骨重}\times 100\% \qquad (2-10)$$

i. 分割肉比例。将剥去板油和肾脏的左半胴体，置于平台上，切割并分离成 4 部分，即颈背肉（Ⅰ号肉）、前腿肉（Ⅱ号肉）、大排肉（Ⅲ号肉）、后腿肉（Ⅵ号肉）。切割方法如下：第一刀从第 6、第 7 肋间垂直斩下颈背（Ⅰ号肉）和前腿（Ⅱ号肉）；第二刀从腰荐椎结合处垂直斩下腿臀部分（Ⅳ号肉）；第三刀从距椎骨 4~6cm 处（保持眼肌完整）与背中线平行斩下脊背部分（Ⅲ号肉）。剩余的肋部、腹部和兼部肉为等外级肉。等外级肉中的瘦肉，不计入瘦肉重计算分割肉比例。剥离时，每一部分都先剥成皮脂和骨肉两部分，再将骨肉分离成骨和瘦肉。现场测定时，胴体瘦肉率与分割肉比例的测定可结合进行。

$$分割肉比例=\frac{m_\text{Ⅰ}+m_\text{Ⅱ}+m_\text{Ⅲ}+m_\text{Ⅳ}}{m_\text{Ⅰ}+m_\text{Ⅱ}+m_\text{Ⅲ}+m_\text{Ⅳ}+等外肉皮骨肉脂总重}\times 100\% \qquad (2-11)$$

（3）肉质性状的测定　凡屠宰猪只，均进行肌肉常规肉质测定，测定的项目和方法如下。

① 肌肉颜色（肉色）：采样部位：最后胸椎处背最长肌。评定条件：用屠宰后 1h 内（最好在 45min 以内）新鲜肉样，在室内正常光照下进行目测评定。评定标准：按肉色评分标准图，采用 5 分制评定肉色：1 分为灰白色；2 分为微红色；3 分为鲜红色；4 分为深红色；5 分为暗红色。评分时如出现介于两个等级之间的情况，可评 0.5 分。正常肉色为 3~4 分，1~2 分为（白肌肉）PSE 肉，5 分为黑干肉（DFD 肉）。

② 肌肉大理石纹：一块肌肉范围内，肌肉脂肪（可见脂肪）的分布情况，是评定肌肉中脂肪含量和分布情况的指标。取样部位：最后胸椎至第一腰椎间背最长肌。评定条件：将肉样在 4℃ 条件下冷藏 24h 后，切出断面进行目测评定。评分标准：按大理石纹评分标准图采用 5 分制评定。1 分为痕量分布；2 分为微量分布；3 分为少量分布；4 分为适量分布；5 分为过量分布。评分时如出现介于两个等级之间的情况，可评 0.5 分。

③ 肌肉 pH：取样部位：最后胸椎处背最长肌。测定时间：宰杀停止呼吸后 45min 内测定的 pH，记作 pH_1；在 4℃ 条件下冷却保存 24h 后测定的 pH，记作 pH_2。测定方法如下。

酸度计直接测定：将电极直接插入背最长肌中心部位测定。在测定前酸度计应严格按仪器使用说明正确调试，测定中注意保持电极清洁。测定后用 pH 为 7 的蒸馏水冲洗电极。

间接测定：取中心部位肉样 10g 捣碎，加入 pH 为 7 的蒸馏水 100mL，浸泡 30min，用 pH 为 5~7 范围的试纸（分度值为 0.2）测试浸泡液的 pH。

④ 肌肉系水力：是肌肉受到外力作用时，保持其原有水分的能力。现场可通过测定滴水损失来间接反映系水力。取样部位：第 2、第 3 腰椎处最背长肌。测定时间：屠宰后 2h 内测定。滴水损失测定方法：取第 2、第 3 腰椎处背最长肌，修整呈长 5cm、宽 3cm、厚 2cm 的长方形肉条，在感应量为 0.01g 的天平上称量 m_1，然后用铁丝钩住肉样一端，使肌纤维垂直向下，装入充气的塑料袋中（肉样不与袋壁接触），扎紧袋口，挂于冰箱中，在 4℃ 条件下贮存 24h 后取出称量 m_2。

$$滴水损失 = \frac{m_1 - m_2}{m_1} \times 100\% \tag{2-12}$$

⑤ 肌内脂肪含量：

a. 采样部位。第 3~5 腰椎处背最长肌中心部采样 100~200g。

b. 采样时间。宰后 2h 以内。如不能立即分析应将样品装入塑料袋内，置于冰箱中冷冻备用。

c. 测定方法。索氏浸提法。

除上述性状外，对肉质性状的测定还包括嫩度（以剪切力衡量）、适口性、风味等性状。由于此类性状的测定主观性较强，故很少进行。

(4) 繁殖性能的测定　由于遗传力较低，繁殖性状的测定通常要大规模进行才有意义。故在现行测定方案中，对繁殖性能的测定工作只能在场内进行。在繁殖性能测定过程中，要求保持完整的产仔记录，特别强调以下性状。

① 总产仔数：出生时同窝所产仔猪总数，包括死胎、木乃伊和畸形胎。

② 活产仔数：出生 24h 后同窝中存活的仔猪数，包括衰弱和即将死亡的仔猪。

③ 21 天窝重：同窝存活仔猪到 21 日龄时的全窝重量，包括寄养进来的仔猪在内，但寄养出去的仔猪重量不计在内。寄养必须在 3d 内完成，且必须注明寄养情况。21 天窝重是反映母猪哺乳能力的主要指标。有时使用断乳窝重，其测定方法与 21 天窝重相似，但选用断乳时的全窝重量作为评定指标。

④ 断乳仔猪数：也称育成仔猪数，指断乳时同窝中仍然存活的仔猪数。

⑤ 产仔间隔：母猪前、后两胎产仔日期间隔的天数。也可通过计算年产胎次数来衡量。

⑥ 初产日龄：母猪头胎产仔时的日龄。

除上述性状外，在对繁殖性状传统的选择中还比较重视利用年限。此外，对产仔中的异常情况如死胎数、木乃伊胎和畸形胎数等也应该完整记录。

2. 乳用家畜生产性能测定

乳用家畜主要是指乳牛、乳山羊等以产乳为主的家畜，在测定性状时强调产乳性能、挤奶能力、生长发育性能与产肉性能 4 个方面。在测定过程中，通常强调对产乳量、乳成分（如乳脂、乳蛋白等）含量等产乳性能指标；排乳速度、前后房指数等挤奶能力指标；特定生长阶段的体重、饲料报酬等生长发育性能指标的测定。此外，还测定乳用家畜的次级性状如繁殖性状、抗病性状、使用年限等有较高经济价值但遗传力较低或难以测定的性状。重点强调如配妊时间、情期受胎率等繁殖性状；乳腺炎抵抗力等抗病性状等次级性状的测定。各种乳用家畜在测定方法上大致相似。

3. 毛用家畜生产性能测定

毛用家畜主要指绵羊、长毛兔等以产毛为主的家畜，在测定性状时强调产毛量、毛品质、生长发育性能等。在实际测定过程中强调对剪毛量、毛长、毛细度、毛密度、净毛率、毛均匀度等性状指标的测定。各种毛用家畜在测定方法上大致相似。

4. 蛋用家禽生产性能测定

对蛋用家禽进行生产性能测定过程中，重点强调对产蛋性能、蛋品质、生长发育性能等方面的测定。通常包括产蛋数、单位时间内产蛋总重、单个蛋重、料蛋比等产蛋性能；蛋壳强度、蛋壳颜色、蛋白形状、蛋中血斑和肉斑含量等品质性状。此外，有时也需考虑孵化率等与繁殖相关的指标。

项目三　畜禽选配与杂交利用

选配是根据育种目标和生产需要，有计划地选择合适的公母畜进行配种。虽然通过选种选出的都是优秀的种畜，但它们的后代不一定都是优秀的。所以，要想获得优良的后代，不仅要加强选种工作，而且必须做好选配工作，即有意识地组织优良的公母畜进行配种，才能达到预期的效果。

知识目标

1. 能够制订可行的种畜选配方案。
2. 会运用相应的育种手段实施选配。
3. 能够对选配效果进行准确的评价。

技能目标

1. 了解畜禽选配的实施过程，能熟练掌握个体近交系数的计算方法。
2. 掌握畜禽杂交改良的基本方法，会进行杂种优势率的计算，能独立进行杂交改良方案的设计。

必备知识

一、畜禽选配

在畜牧生产中，优良的种畜不一定都能产生优良的后代，因为后代的优劣不仅取决于双亲的品质，而且还取决于它们配对是否适宜。因此，要获得理想的后代，要同时做好选种和选配工作。

(一)选配的概念和意义

选配在家畜育种工作中意义重大。选配是选种工作的继续，是对动物的配对加以人工控制，使优秀个体获得更多的交配机会，并使优良基因更好地重新组合，促进动物的改良和提高。选配能创造必要的变异，为培育新的理想型创造条件。选配可以稳定遗传性，使理想的性状固定下来。选配能把握变异的方向，加强性状变异。具体来说，选配在家畜育种工作中的作用如下。

1. 能创造新的变异，为培育新的理想型创造条件

在任何情况下，交配双方的遗传基础是不可能完全相同的，而它们的仔畜则是父母双方遗传基础重新组合的结果，必然会产生新的变异。因此，为了某种育种目的而选择相应的公畜和母畜交配，就会产生所需要的变异，可能创造出新的理想类型。

2. 能稳定遗传，固定理想性状

选择遗传性状相似的公母畜交配，其所生后代的遗传基础通常与其父母出入不大。因此，在若干代中均连续选择性状特征相似的公母畜交配，则该性状的遗传基因逐代纯合，最后这些理想性状被固定下来。

3. 能控制变异方向，加强性状的选育

当畜群中出现某种有益变异时，可以将具有该变异的优良公母畜选出，然后通过选配强化该变异。经过若干代的选种、选配和培育，有益变异可在畜群中更加突出，最终形成该畜群独具的特点，扩大成为一个新的类群。

4. 控制近交

细致地做好选配工作，可使畜群防止被迫近交。即使近交，选配也可使近交系数的增量控制在较低水平。

(二)选种和选配的关系

选种和选配是畜禽繁殖改良的重要环节，彼此之间既相互联系又相互促进。选种是选配的基础，不通过选种，就没有符合要求的优良种畜，也就无法进行选配。而选种的效果又必须通过合理的选配才能在后代中得到保持。同时，选配所得的后代又为进一步选种提供更加丰富的材料。选种和选配是交替进行的，只有把选种和选配结合起来才能不断产生理想的畜禽个体。

(三)选配的种类

根据交配对象的不同，选配方式有个体选配和种群选配两种。在个体选配中，按品质不同，分为同质选配和异质选配两种，按亲缘关系远近不同分为近交和远交两种。在种群选配中，按种群特性不同可分为纯种繁育、杂交繁育和

品系繁育三类（图3-1）。

1. 个体选配

以家畜个体为单位的选配方式，主要是考虑与配个体之间的品质和亲缘关系选配。

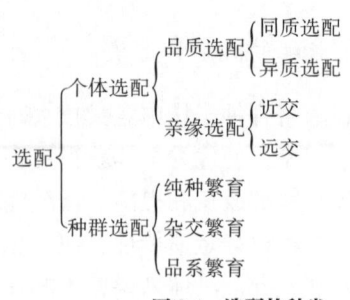

图3-1 选配的种类

（1）品质选配　品质选配又称表型选配，是种考虑双方品质（如体型、生物学特性、生产性能、遗传品质、估计育种值等）异同的一种方法。品质选配分为同质选配和异质选配两种。

① 同质选配：即选择性状相同、性能表现相似或育种值相似的优秀公母畜来配种，以期获得与亲代品质相似的优秀后代。同质选配的主要作用是使亲本的优良性状稳定的遗传给后代，使优良性状得以保持，并使群体中优良个体数量得到增加。

在育种实践中，同质选配主要用于下列几种情况：为了保持种畜有价值的性状，增加群体中纯合基因型的频率，可采用同质选配；当杂交育种到一定阶段，群体中出现了理想类型，通过同质交配使其纯合固定下来并扩大其在群体中的数量；为了巩固和发展某些性状，必须针对这些性状进行同质选配。如牛群中可以对体格高大的公牛、母牛同质选配，以得到更多的"体格高大"的个体，逐步在牛群中保持和发展这一性状。长期使用同质选配也可能产生一些不良影响，如种群的变异性相对减小，在使用同质选配促进优良基因纯合的同时，也有可能提高有害基因同质结合的频率，把双亲的缺点固定下来，导致后代适应性、生活力和生产水平等有所下降。因此，实行同质选配时，要严格淘汰有遗传缺陷的个体，提高同质选配的效果。

同质选配的效果取决于：基因型的判断准确与否。因为表现型好的优良个体，不一定都是纯合的，如果是杂合体，性状不能稳定遗传，后代性状就会发生分离，甚至还会出现不理想的后代。因此，如能准确判断基因型，根据纯合基因型选配，则会收到好的效果。选配双方的同质程度，越同质者，选配效果越好。同质选配所持续的时间，连续继代进行，可加强其效果。

② 异质选配：异质选配指表型不同的公母畜之间的选配。异质选配有两种情况：一种是选用具有不同优良性状的公母畜交配，以期获得兼有双亲不同优点的后代。另一种是选择相同性状但优劣程度不同的公母畜交配，即以优改劣，以期后代有较大的改进和提高，这是一种可以用来改良许多性状的有效选配方法。

异质选配的遗传效应。在前一种情况下主要是结合双亲的优良性状，丰富后代的遗传基础，并增强后代体质结实性，提高后代的适应性、生活力和繁殖力。在后一种情况下，则是改良不良性状并提高其水平，相应减少致使该性状不良表现的不良基因频率和基因型频率。

异质选配的作用在于通过基因重组，综合双亲的优点以提高后代的品质，从而丰富群体中优良性状的遗传基础，创造新类型。异质选配常用于品种培育的初期，以获得理想的个体，或用于处于停滞状态的群体使其得到改良。在育种实践中，同质选配与异质选配往往是结合进行的。一般在育种初期，多采用异质选配。当在杂种后代中出现理想类型后转为同质选配，这样可以加快育种的进程。在育种实践当中，异质选配主要用于下列几种情况。

以好改坏，以优改劣。如有些高产母畜，仅在某一性状上表现不好，就可以选一头在所有性状上均表现好并在这个性状上特别优异的公畜与之交配，以便在后代中改进这一性状。选用某一品质优良的种公畜与品质较差或者一般的母畜交配，达到以优改劣，提高后代品质的目的，又称改良选配。

综合双亲的优良特性，提高下一代的适应性和生产性能。选择具有不同优异性状的公母畜交配，获得兼有双亲优良品质的后代。如选毛长的与毛密的羊相配，选产乳量高的与乳脂率高的牛相配，选产毛量高的母羊与毛长的公羊交配，以获得产毛量高而且毛长的个体。

丰富后代的遗传基础，并为创造新的遗传类型奠定基础。有时由于基因的连锁和性状间的负相关等，而使双亲的优良性状不一定都能很好地结合在一起。为了保证异质选配的效果，必须严格选种并考虑性状的遗传规律与遗传相关。

同质选配与异质选配是相对的。与配家畜之间，可能在某些方面是同质的，而在另一些方面是异质的。即使是相同的性状，其表现程度也存在差异。如有母猪乳头多，但腹大背凹，选一头乳头多、背腰平直的公猪与之交配，以期获得乳头多、背腰比较平直的后代。乳头多这一性状而言是同质选配（如果乳头数相等，当然更是同质选配），背腰则是异质选配。因此，同质选配与异质选配是不能截然分开的，且只有将这两种方法密切配合、交替使用，才能不断提高和巩固整个畜群的品质。

（2）亲缘选配　亲缘选配即考虑交配双方亲缘关系远近的一种选配。亲缘交配，简称"亲交""近交"。有亲缘关系的家畜个体间的交配。如果交配双方共同祖先的总代数在六代以内称为近交。如果超过六代称为非亲缘交配，也称远交。近交有利也有害，一般在商品生产场不宜采用近交，而在育种场为了某种育种目的，可采用近交。

① 近交的概念：近交程度最大的是父女、母子和全同胞的交配，其次是半同胞、祖孙、叔侄、姑侄、堂兄妹、表兄妹之间的交配。一头家畜是不是近交个体，主要看它的系谱中父母双方有没有共同的祖先。共同祖先个数越多，出

现代数越近,则近交程度越大。一般用近交系数衡量和表示近交程度。近交系数就是某一个体由于近交而造成相同等位基因的比率,或者说使后代基因纯合的百分率。不同近交类型的近交系数如表3-1所示。

表3-1　　　　　　　　　不同近交类型的近交系数

近交类型	一代						二代		
	表兄妹堂兄妹	姑侄（叔侄）	半兄妹	祖孙	全兄妹	父女（母子）	半兄妹	全兄妹	父女（母子）
近交系数/%	6.25	12.5	12.5	12.5	25	25	21.87	37.5	37.5

② 近交的遗传效应:近交是一把双刃剑,既有不利的一面,也有其有利的一面。近交主要有下列几种用途。

a. 固定优良性状。近交可以使后代群体中纯合基因型频率增加,增加程度与近交程度成正比。在个体基因纯合的同时,群体被分化成各具特点的纯合类型,可以利用近交固定优良性状。

b. 降低群体均值。数量性状的基因型值是由基因的加性效应值和非加性效应值组成的,非加性效应值主要存在于杂合体。近交使群体中杂合体减少,群体的非加性效应值也随之减少,非加性效应值控制的性状就会发生退化,降低群体均值。

c. 暴露有害基因。决定有害性状的基因大多为隐性基因,在非近交情况下不易显现。近交既可使优良基因纯合固定,也能使有害基因纯合固定,从而使隐性有害基因暴露。此时应及时将带有害性状的个体淘汰,降低群体中有害基因的频率。

d. 提高畜群的同质性。近交使基因纯合的另结果是造成畜群分化,但经过选择,可达到畜群提纯的目的。

③ 近交程度的分析:在育种工作中,衡量和表示近交程度大小可通过个体近交系数、群体近交系数和亲缘系数等方法确定。其中近交程度最大的是父女、母子和全同胞交配,其次是半同胞、祖孙、叔侄、姑侄、堂兄妹、表兄妹之间的交配。

a. 个体近交系数计算法。近交程度分析,通常进行个体近交系数的计算,所谓近交系数,是指通过近交使后代基因基本纯合的百分率。近交系数的计算:

$$F_X = \sum \left[\left(\frac{1}{2}\right)^{n_1+n_2+1} (1+F_A) \right] \tag{3-1}$$

式中　F_X——个体 X 的近交系数;

n_1——一个亲本到共同祖先的世代数;

n_2——另一个亲本到共同祖先的世代数;

F_A——共同祖先本身的近交系数；

Σ——个体 X 的父母所有共同祖先的全部计算值之和。

若共同祖先全为非近交个体时，则 $F_A=0$，式（3-1）可简化为：

$$F_X = \Sigma \left(\frac{1}{2}\right)^{n_1+n_2+1} \tag{3-2}$$

[例]

半同胞交配后代的近交系数：

$$F_X = \left(\frac{1}{2}\right)^{1+1+1} = \frac{1}{8} = 12.5\%$$

全同胞交配后代的近交系数：

$$F_X = \left(\frac{1}{2}\right)^{1+1+1} + \left(\frac{1}{2}\right)^{1+1+1} = 25\%$$

亲子交配后代的近交系数：

$$F_X = \left(\frac{1}{2}\right)^{1+0+1} = 25\%$$

b. 畜群近交系数的计算。当需要估计畜群的平均近交程度，此时可根据具体情况选用下列方法。

当畜群较小时，可先求出每个个体的近交系数，再计算其平均值。当畜群很大时，则可用随机抽样的方法，抽取一定数量的家畜，逐个计算近交系数。然后用样本平均数来代表畜群的平均近交系数。

对于长期不再引进种畜的闭锁畜群，其畜群近交系数可采用下列公式进行估计。当近交系数增量不变时，其公式为：

$$F_t = 1-(1-\Delta F)^t \tag{3-3}$$

当每代近交系数增量有变化时，其公式为：

$$F_t = \Delta F + (1-\Delta F) \times F_{t-1} \tag{3-4}$$

式中　F_t——t 世代时畜群近交系数；

　　　F_{t-1}——$t-1$ 世代时畜群近交系数；

　　　t——世代数；

　　　ΔF——每进展一个世代的畜群近交系数增量。

当各家系随机留种时：

$$\Delta F = 1/8N_S + 1/8N_D \tag{3-5}$$

式中　ΔF——畜群平均近交系数的每代增量；

　　　N_S——每代参加配种的公畜数；

　　　N_D——每代参加配种的母畜数。

c. 亲缘系数的计算。近交系数的大小取决于双亲间的亲缘程度，而亲缘程度则用亲缘系数 R_{SD} 表示。两者的区别在于近交系数是说明 X 本身是由什么程度近交产生的个体，而 R_{SD} 则说明 S 与 D 两个亲缘个体间的遗传上的相关程度，即具有相同等位基因的概率。

亲缘关系有两种：一种是直系亲属，即祖先与后代的关系。另一种是旁系亲属，即那些既不是祖先又不是后代的亲属关系。

直系亲属间的亲缘系数：在品系繁育中，需要计算个体与系祖间的亲缘系数，其公式为：

$$R_{XA} = \Sigma \left(\frac{1}{2}\right)^N \sqrt{\frac{1+F_A}{1+F_X}} \tag{3-6}$$

式中　R_{XA}——个体 X 与 A 之间的亲缘系数；

　　　N——个体 X 到祖先 A 的世代数；

　　　F_A——祖先 A 的近交系数；

　　　F_X——个体 X 的近交系数；

　　　Σ——个体 X 到祖先 A 的所有通路的计算值之总和。

旁系亲属间的亲缘系数，其计算公式为：

$$R_{SD} = \frac{\Sigma\left[\left(\frac{1}{2}\right)^N (1+F_A)\right]}{\sqrt{(1+F_S)(1+F_D)}} \tag{3-7}$$

式中　R_{SD}——个体 S 和 D 之间的亲缘系数；

　　　N——个体 S 和 D 分别到共同祖先代数之和，即等于 n_1+n_2；

　　　F_S——个体 S 的近交系数；

　　　F_D——个体 D 的近交系数；

　　　F_A——各共同祖先 A 的近交系数；

　　　Σ——个体 S 和 D 通过共同祖先 A 的所有通路计算值之总和。

如果个体 S、D 和祖先 A 都不是近交个体，则公式可简化为：

$$R_{SD} = \Sigma \left(\frac{1}{2}\right)^N \tag{3-8}$$

[例]

全同胞间的亲缘系数：

$$R_{SD} = \frac{\left[\left(\frac{1}{2}\right)^2 + \left(\frac{1}{2}\right)^2\right](1+0)}{\sqrt{(1+0)(1+0)}} = \frac{1}{2} = 0.5 = 2F_X$$

半同胞间的亲缘系数：

$$R_{SD} = \frac{\left(\frac{1}{2}\right)^2 (1+0)}{\sqrt{(1+0)(1+0)}} = \frac{1}{4} = 0.25 = 2F_X$$

亲子间的亲缘系数：

$$R_{XA} = \Sigma \left(\frac{1}{2}\right)^N \sqrt{\frac{1+F_A}{1+F_X}} = \left(\frac{1}{2}\right)^1 \sqrt{\frac{1+0}{1+0}} = 0.5 \quad X \longleftarrow A$$

④ 近交衰退及其防止：

a. 近交衰退的现象。所谓近交衰退，是指由于近交，家畜的繁殖性能及与适应性有关的各性状都有不同程度的下降。具体表现为繁殖力减退、适应性差、体质变弱、生长较慢、生产力降低等。

b. 近交衰退的原因。对于近交衰退的原因，不同的学说有不同的解释。基因学说认为，近交使基因纯合，基因的非加性效应减小，平时为显性基因所掩盖起来的有害基因得以发挥作用，因而产生近交衰退现象。生活力学说认为，近交时由于两性细胞差异小，故其后代的生活力弱。

c. 影响近交衰退的因素。影响近交衰退的主要因素如下。

近交程度和类型：不同程度和类型的近交，其衰退现象的表现程度不同。近交程度越高，所生子女的近交系数越高，其衰退现象的表现可能越严重。

连续近交的世代数：连续近交与不连续近交相比，其衰退现象可能更严重，连续近交的世代数越多，其衰退现象越严重。

家畜种类：这与家畜的神经类型和体格大小有关。一般来说，神经敏感类型的家畜（如马）比迟钝的家畜（如绵羊）的衰退现象要严重。小家畜（如兔）由于世代间隔较短，繁殖周期快，近交的不良后果累积较快，因而衰退表现较明显。

生产力类型：肉用家畜对近交的耐受程度高于乳用和役用家畜。这可能是由于肉畜的体力消耗较少，在较高饲养水平条件下可以缓和近交不良影响的缘故。

品种：遗传纯度较差的品种，由于群体中杂合子频率较高，故近交衰退比较严重。那些经过长期育成的品种，由于已经排除了一部分有害基因，故而近交衰退较轻。

个体：这与个体的遗传纯度和体质结实性有关。杂种个体的遗传纯度较差，呈杂合状态而具有杂种优势，虽在适应性等方面可在一定程度上抵消近交的不良影响，但生产力的全群平均值显著下降。近交个体的遗传纯度较高，呈纯合状态，对近交衰退的耐受性较高。体质结实健康的家畜，其近交的危害较小。

性别：在同样的近交程度下，母畜对后代的不良影响较公畜大，这主要是由于母体对后代除遗传影响外还有其母体效应。

性状：近交的衰退现象因性状而异。一般来说，遗传力低的性状，如繁殖性能等，它们在杂交时其杂种优势表现明显，而在近交时其衰退严重。遗传力高的性状，如胴体品质、毛长、乳脂率等，它们在杂交时杂种优势不明显，而在近交时其衰退也不显著。

饲养管理：良好的饲养管理，在一定程度上可以缓和近交衰退现象。

d. 近交衰退的防止。为了防止近交衰退的出现，除了正确运用近交，严格掌握近交程度和时间以外，还应采取以下措施。

严格淘汰：只有实行严格淘汰才不至于出现明显衰退。严格淘汰的实质是及时将分化出来的不良隐性纯合个体从群体中筛除，将不衰退的优良个体留作种用。此措施最好能结合后裔测定，用后裔测定优良的公母畜近交，更能达到预期效果。

血缘更新：在自群繁育一段时间后，难免都有不同程度的血缘关系，为防止不良影响，此时应考虑引进一些同品种、同类型、无亲缘关系的种畜或冷冻精液来进行血缘更新。血缘更新对于商品场和般繁殖群来说尤为重要，所谓"三年一换种"和"异地选公，本地选母"都强调了这个意思。但在商品场和一般繁殖群中定期更换种公畜，则不一定要考虑同质性。

加强饲养管理：近交个体所产仔畜种用价值一般较高，但生活力较差，表现为对饲养条件要求较高。如果饲养条件能满足它们的要求，则暂时不会或很少会表现出近交带来的不利影响，如果饲养管理条件不能满足它们的要求，则近交不利影响可能会立即在各性状中表现出来。如果饲养管理条件恶劣，直接影响生长发育，则遗传和环境的不良影响将导致更严重的衰退。

做好选配工作：尽量多选公畜为种用，并细致地做好选配工作。即使发生近交，也可使近交系数的增量控制在一定水平。实践证明，如果每代近交系数的增量维持在3%~4%，即使持续若干代，也不致出现显著的不良结果。

e. 近交的具体运用。近交是获得稳定遗传性的一种高效方法，但在具体应用时应注意以下几点。

必须有明确的近交目的：近交只适宜在育种场培育新品种和新品系（包括近交系），为了固定理想型和提高种群纯度时采用，而且近交双方只能是经过鉴定的性状优秀，体质健壮的家畜。另外，还要及时分析近交效果，适可而止，原则上要求尽可能达到基因纯合，但同时又不要超越可能出现的衰退界限。

灵活运用各种近交形式：不同的近交形式其效果不同，可根据具体情况灵活运用。如为了使优良母畜的遗传占优势，可采用母子、祖母与孙子交配的形式；如为了固定公畜的遗传优势，可采用父女、祖父与孙女这种连续与一个优良公畜回交的形式；如为了使父母双方共同的优良品质在后代中再度出现，为了更大范围地扩大某一优良祖先的影响，在某一公畜死后为继续保持其优良遗传性时，则可用同胞、半同胞或堂（表）兄妹等同代交配。

控制近交的速度和时间：近交速度的快慢与育种群的质量以及亲本的遗传品质有关。一般来说，可采取先慢后快的办法，缓慢地提高近交程度，以便及时淘汰携带有害基因的个体。如美国明尼苏达一号猪的育成，便是先慢后快的典型。但近交方式应根据实际情况灵活运用，有时也可先快后慢，因为刚杂交以后，杂种对近交的耐受能力较强，可用较高程度的近交，让所有不良隐性基因都急速纯化暴露，然后立即转入较低程度的近交，以便近交衰退的过度累积，如梅山猪新品系培育就采用这种方法。

近交时间的长短：原则是达到目的而停止，及时转为程度较轻的中亲交配或远交。如近交程度很高而又长期连续使用，则有可能造成严重损失。

严格选种：近交必须与选种密切配合才能取得成效，单纯的近交收不到预期的效果。严格选种包括两方面的内容：一是必须选择基本同质的优秀公母畜近交，此时近交才能发挥它固有的作用；二是严格选择近交后代，即严格淘汰不良变异的近交后代，使有害和不良基因频率下降甚至消灭。所谓淘汰只是不再留作近交之用，只要没有严重缺陷，完全可以继续繁殖，甚至继续留作种用。

2. 种群选配

种群选配是根据与配双方种群的异同而进行的选配，主要考虑与配双方所属种群的特性以及性状的异同、在后代中可能产生的作用。所谓种群，是指同一时间生活在一定自然区域内，同种生物的所有个体。种群中的个体并不是机械地集合在一起，而是彼此可以交配，并通过繁殖将各自的基因传给可育后代。种群是进化的基本单位，同一种群的所有生物共用一个基因库。根据与配双方所属种群的异同，又可分为下述三类。

（1）纯种繁育 纯种繁育是同种群内的选配，即选择相同种群的个体进行交配，其目的在于获得纯种，简称纯繁。所谓纯种，是指家畜本身及其祖先都属于同一种群，而且都具有该种群所特有的形态特征和生产性能。级进到四代以上的高血杂种，只要特征特性和改良种群基本相同，也可当作纯种。

由于长期在同一种群范围内用来源相近、体质、外形、生产力及其他性状都相似的家畜进行同质选配，会必造成基因的相对纯合，形成的种群就有可能有较高的遗传稳定性。通过种群内的选种选配，可以提高种群的品质。因此，纯繁的作用有两个：一是可以巩固遗传性，使种群固有的优良品质得以稳定保持，并迅速增加同类型优良个体的数量；二是可以使种群水平不断稳步上升。

（2）杂交繁育 杂交繁育是不同种群间的交配，即选择不同种群的个体进行交配，其目的在于获得杂种，简称杂交。杂交可以使基因和性状重新组合，使原来不在一个群体中的基因集中到一个群体中，使原来在不同种群个体身上表现的性状集中到同一类群或个体上。杂交还可能产生杂种优势，即杂交所产生的后代在生活力、适应性、抗逆性、生长势及生产力等诸多方面，表现在一定程度上优于其亲本纯繁群体的现象。

杂交后代的基因型往往是杂合子，其遗传基础不稳定，故杂种一般不作种用。但也不能一概而论，不同种群在某些特定性状上的基因型也有相同的可能，如新疆细毛羊与东北细毛羊，其羊毛细度相同、毛色都是白色，这两个品种杂交，其后代在羊毛细度和白色方面的基因型未必就是杂合子。杂交具有较多的新变异，有利于选择。杂交有时还能起改良作用，能迅速提高低产种群的生产性能，甚至改变生产力方向。因此，杂交繁育在畜牧业实践中具有重要的地位。

杂交的分类主要有以下三种：

① 按杂交种群关系远近分：按杂交双方种群关系远近，可将杂交分为系间杂交、品种间杂交、种间杂交和属间杂交。

② 按杂交目的分：按杂交目的不同，可将杂交分为经济杂交、引入杂交、改良杂交和育成杂交。杂交目的有时也可以产生改变，特别是经济杂交、改良杂交，常有转变为引入杂交的情况。

③ 按杂交方式分：按杂交方式的不同，可将杂交分为简单杂交、复杂杂交、级进杂交、轮回杂交和双杂交。杂交方式和目的有一定联系，但不完全一致。一般经济杂交的方式最多，育成杂交可采用多种方式，但应注意避免轮回杂交。

(3) 品系繁育　品系繁育是较为常用的育种技术。品系概念一般指来源于同一头卓越的系祖，并且有与系祖类似的体质和生产力的种用高产畜群，同时这些畜禽必须符合该品种的基本特征。品系既是纯繁品种内的结构单位，也可单独存在，作为杂交育种以及杂种优势利用的亲本。

（四）选配的实施

1. 选配的原则

制订选配计划并做好选配工作，应注意以下原则：

(1) 根据育种目标进行综合考虑　育种要有明确的目标，各项具体工作均应根据育种目标进行。为此，选配不仅应考虑选配个体的品质和亲缘关系，还必须考虑与配个体所求属的种群对它们后代的影响。在分析个体和种群特性的基础上，提升其优良品质并克服其缺点。

(2) 选择亲和力强的家畜交配　在对过去交配结果具体分析的基础上，找出产生过优良后代的选配组合，不但要继续维持，而且还要增选具有相应品质的母畜与之交配。

(3) 公畜等级高于母畜　因公畜具有带动和改进整个畜群的作用，而且选留数量少，故其等级和质量都应高于母畜。对特级公畜应充分使用，二级、三级公畜则只能控制使用，最低限度也要同等级使用，绝不能公畜等级低于母畜等级。

（4）具有相同缺点或相反缺点者不能配种　选配中绝不能使具有相同缺点（如毛短与毛短）或相反缺点（如凹背与凸背）的公母畜交配，以免加重缺点的发展。

（5）控制近交　近交只能控制在育种群中必要时使用。在一般繁殖群中，非近交是种普遍而又长期使用的方法。为此，同公畜在一个种群的使用年限不能过长，应做好种畜交换和血缘更新工作。

（6）搞好品质选配　优秀公母畜一般均应进行同质选配，以便在后代中巩固其优良品质。一般只有品质欠优的母有或为了特殊的育种目的才采用异质选配。对已改良到一定程度的畜群，不能用本地公畜或低代杂种公畜来配种，以免改良配种失败。

2. 选配前的准备工作

制订选配计划，必须事先做好准备工作，主要包括以下几个方面。

（1）深入了解整个畜群和品种的基本情况　其基本情况包括系谱结构、形成历史、畜群现有水平和需要改进提高的性状。为此，应分析畜群的历史和品种形成的过程，并对畜群进行普遍鉴定。

（2）认真分析以往的交配结果　查清每一头母畜与哪些公畜交配曾产生过优良的后代、与哪些公畜交配效果不好，以便总结经验。对于已经产生良好效果的交配组合，则采用"重复选配"的方法，即重复选定同一公母畜组合配种。对于还未交配过更未产生过后代的初配母畜，可分析其全同胞姐妹或半同胞姐妹与哪种类型的公畜交配已产生良好效果，不妨也用这样的公畜与这些初配母畜试配，以便找出较好的交配组合作为今后选配的依据。

（3）全面分析即将参加配种公母畜的基本资料　参加配种公母畜的基本资料包括其系谱、个体品质和后裔鉴定材料，找出每一头家畜要保持的优点、要克服的缺点、要提高的品质。后裔测定材料可直接为选配提供依据，找出最好的交配组合。

进行上述准备工作时，可采用下述具体方法。

① 分析交配双方的优缺点：将母畜每一头或每群（按其父畜分群）列成表，分析其优缺点，根据这些优缺点选配最恰当的公畜。

② 绘制畜群系谱图：畜群系谱可使整个畜群的亲缘关系一目了然，以便分析个体之间的亲缘关系，从而避免盲目近交。

③ 分析系、族间的亲和力：从畜群系谱可追溯各个体所属系、族，然后比较不同系、族后代的选配效果，以判断不同系、族间亲和力的大小。

3. 拟订选配计划

（1）选配计划　又称选配方案。选配计划没有固定的格式，一般应包括每头公畜和与配母畜号（或母畜群别）及其选配目的、选配原则、亲缘关系、选配方法、预期效果等。

（2）选配方法　有个体选配和群体选配两类。个体选配是在逐头分析的基础上选定与配公畜，牛、马等大家畜及各畜种的核心群母畜，一般采用此形式。群体选配又分两种，一种是等级选配，即按公母畜的等级进行选配。这是因为同等级的家畜有共同的特点，不同等级的家畜有不同的特点。例如，细毛羊中一级羊体大、毛长毛密，二级羊则有体小、毛短的共同缺点，为了工作方便，一般以等级群体为单位进行选配，这实际上等于按个体特性进行选配。另一种是在某些小家畜品系繁育中的"随机交配"，即在选定的公母畜群间进行随机结合。群体选配的优点是简单易行，只要公畜挑选得当，就能取得良好效果，因为畜群质量的改进在很大程度上取决于公畜。

在制订选配计划时，应充分利用优秀公畜的作用，使用经鉴定的公畜，在执行过程中如发生公畜精液品质变劣或伤残死亡等情况，可及时更换与配公畜。选配计划执行后，在下次配种季节到来之前，应具体分析上次选配效果，按"好的维持，坏的重选"的原则，对上次选配计划进行修订。表3-2所示为牛的选配计划表。

表 3-2　　　　　　　　　　牛的选配计划表

母牛				与配公牛				亲缘关系	选配目的
牛号	品种	等级	特点	牛号	品种	等级	特点		

二、畜禽杂交利用

杂交是指不同种群（种、品种、品系或品群）之间的公母畜的交配。杂交技术的运用在我国有着悠久的历史。中国古代的动物杂交不仅运用于马、驴之间，还运用于其他动物的育种，如牦牛和黄牛的杂交、番鸭和麻鸭的杂交以及家蚕雌雄之间的杂交等。

杂交的遗传效应与近交的遗传效应相反，不同的杂交方法和杂交方式会产生不同的杂交效果。概括地说，杂交有以下几方面的用途：一是可综合双亲本的性状，育成新品种；二是改良家畜的生产方向；三是产生杂种优势，提高生产力。

(一) 杂交改良

许多地方品种历史悠久，适应性强，对饲养管理条件要求较高，但生产性能低或者其畜产品的种类、质量等不能满足市场需求。提高其生产性能的最简便的方法就是用优良的外来品种与之杂交，一般称之为杂交改良。根据杂交的次数或代数，以及外来基因所占的比例，杂交改良大致上分为引入杂交和级进杂交两类。这种杂交的范围一般以畜群为单位，而不是以整个品种为对象。

1. 引入杂交

引入杂交又称导入杂交，是以原有品种为主，在保留原有品种基本品质的前提下，通过导入另一品种基因成分来克服和改进原有品种个别缺点的杂交方法。

(1) 引入杂交的方法　引入杂交一般选用与原有品种基本上同质，需要导入优良品质方面表现突出的品种作为父本，而以原有品种作为母本，杂交后代再与原有品种回交，使导入品种基因成分占25%，进行横交固定（杂种自群繁育）。如果原有品种品质尚不能完全保持，也可再与原有品种回交，使后代含导入品种基因成分占12.5%，以后在这些后代间横交固定。引入杂交示意图如图 3-2 所示，毛用兔引入杂交示意图如图 3-3 所示。

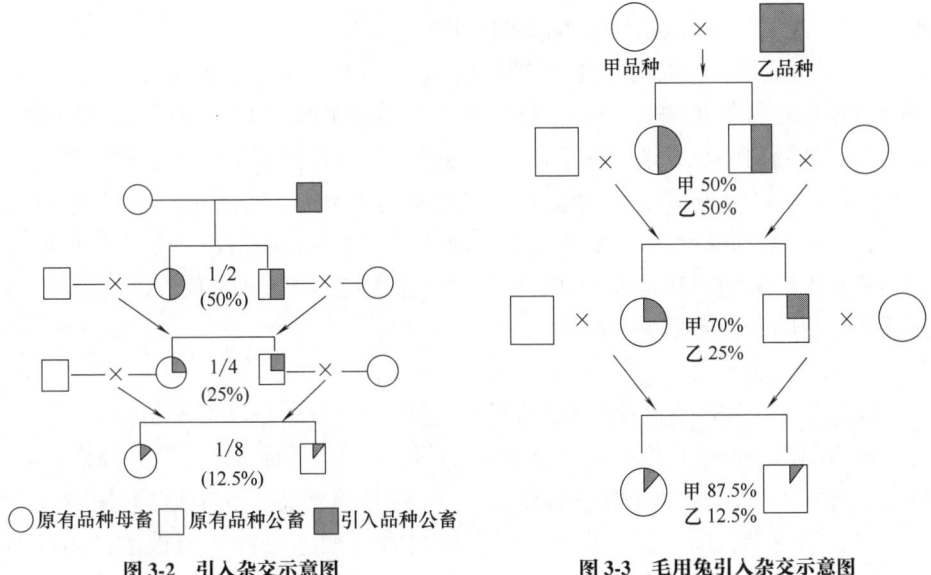

图 3-2　引入杂交示意图　　　　图 3-3　毛用兔引入杂交示意图

(2) 引入杂交的适用范围

① 用本品种选育难以改进的个别性状：原有品种基本上符合要求，但还存在个别性状需要改进，用本品种选育又难以奏效时，可考虑采用引入杂交。例

如，荣昌猪用长白猪进行引入杂交，可改进其体型和四肢软弱的缺点。

② 只需要加强或改善畜种的生产力：不改变畜种的生产方向，只需要加强或改善其生产力。如一个基本符合要求的瘦肉型猪群体，由于体格过小而且产肉量低时，可以选用一个大型的瘦肉型猪品种进行引入杂交。

(3) 引入杂交的注意事项

① 亲本的选择：引入品种必须与原有品种基本同质，生产方向基本相同。引入品种的公畜（也可引入母畜）必须严格进行选择，要求具有针对原来品种缺陷的显著优点，而且这一优点能够稳定遗传，引入公畜最好经过后裔测定。

② 加强亲本及杂种的培育：引入杂交需选用优良母畜与引入品种公畜杂交一次，所产杂种后代又将与原来品种进行回交。因此，一方面要对亲本和杂种加强选育，进行严格的选种和细致的选配，防止在几代以后退回到原来的水平。另一方面要提供必需的培育条件，创造有利于引入品种优良性状表现的饲养管理条件，保证引入杂交的成功。

③ 引入外血量要适当：采用引入杂交时，坚持以原有品种为主，一般引入外血的量不超过 1/8~1/4，引入外血量过多，不利于保持原来品种的特性。如原来品种与引入品种在主要生产性状及特性方面差异不大，在回交一代（含 25%外血）后就可暂时在引血群内横交。如差异过大，则应在回交二代（含 12.5%外血）后进行横交。在引血群内选出所需要的纯合子作种畜，然后用以提高整个品种，单纯依靠外血难以巩固所需要的性状。

④ 限定范围：必要时在地方品种的选育过程中可采用引入杂交，但应注意杂交只宜在育种场内进行，切忌在良种产区普遍推行，以免造成地方良种混杂。在育种场内一般只进行少量杂交，还要保留一定规模的地方良种纯繁，供回交时使用。为了试验，也可引入少量外来母畜作改良者。引入母畜进行杂交，有两个明显的特点：一是母畜影响面比较小，在试验阶段对整个品种或畜群不致有大的影响；二是由于有些性状受母本影响大，这样的引入杂交有可能使某些性状的改进效果更好。

2. 级进杂交

级进杂交又称改造杂交或吸收杂交。这种杂交方法是以引入品种为主，原有品种为辅的一种改良性杂交。级进杂交是提高本地畜种生产力的一种最普遍、最有效的方法，当原有品种需要做较大改造或生产方向需要根本改变时使用。

(1) 级进杂交的方法　以改良品种的公畜（引入品种）与被改良品种的母畜交配，产生的杂种母畜连续与改良品种的不同公畜交配（杂种公畜不留种），直到获得理想的类群再进行自群繁育，如图3-4所示。一代杂种含改良品种的基因成分为 50%，二代为 75%，三代为 87.5%，以此类推，四代以上杂种通称高代杂种。改造杂交在我国畜禽育种中应用较早，尤其在粗毛羊改为细毛羊、役用牛改为乳用牛和肉用牛方面获得了显著成效。

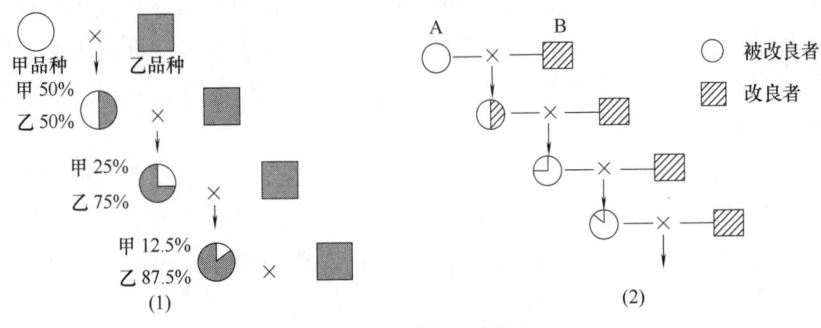

图 3-4 级进杂交示意图

(2) 级进杂交的适用范围

① 改造生产性能低的品种：当原有品种生产性能低，可用级进杂交方法提高其生产性能。例如，我国黄牛耐粗饲、适应性强，但是产乳量低，为了提高产乳量，我国北方大部分地区利用荷斯坦牛改良当地黄牛。

② 改变畜群的生产方向：如役用牛改成乳用牛、粗毛羊改成细毛羊，都可采用这种杂交方法。如在黄牛向乳用方向改良的过程中，不少地方用级进杂交已获得成功。

③ 经济有效地获得大量"纯种"家畜：应用优良纯种公畜改良当地家畜，经过4~5代级进杂交后，杂种在体质、外形上和生产性能上都已非常接近"纯种"。有些国家将这些高"血统"杂种登记为"纯种"。这种获取"纯种"的改良途径，节省了购买纯种家畜的费用。

④ 获得大量适应性强且生产力高的家畜：在条件比较艰苦又不能很快培育具备优良的生产性能家畜的地方，可以用生产性能良好的家畜作为改良品种，与能适应当地条件但生产力差的品种进行级进杂交。如果改良代数适当，杂种表现为适应性强且生产力高。

(3) 级进杂交的注意事项

① 明确改良的具体目标：进行级进杂交前，必须有明确的目标。根据目的不同，制订具体的杂交方案，避免盲目杂交。

② 选好改良品种和个体：改良品种的选择与改良效果息息相关。选择时要认真考虑地区条件及地区需要，在此基础上根据各品种的特性和特点做好判断。适宜的改良品种必须是该地区需要、有发展前途的、生产力高的品种。改良用畜无论公母都必须有较高的生产性能，能满足畜牧业发展需要。同时，还要特别注意其对当地自然条件的适应性。因为随着级进代数的提高，外来品种基因成分不断增加，适应性的问题会越来越突出。

③ 杂交代数要适当：级进没有固定的模式，不是代数越高越好。随着杂交代数的增加，杂种优势逐代减弱，一般级进 2~3 代即可。过高代数还会使杂种后代的生活力、适应性下降。只要体形外貌、生产性能基本接近用来改造的品种就可以进行固定。原有品种应当有一定比例的基因成分，这对适应性、抗病力和耐粗饲有好处。

④ 加强对杂种的培育与选择：级进杂交中要注意饲养管理条件的改善，随着级进代数的增加，生产性能的不断提高，培育条件要相应改善，一般要求饲养管理水平也应相应提高。同时，对杂种后代要严格选择，淘汰性能低下及遗传性不稳定的个体。

3. 育成杂交

（1）目的及适用范围 以育成新品种为目的杂交方法称为育成杂交。只用两个品种参加的育成杂交称作简单的育成杂交。用三个或更多的品种参加的育成杂交称作复杂育成杂交。育成杂交的创造性主要表现在综合参与杂交品种的优点，创造新的类群。如果本地品种具有某种优点，又无别的品种可以代替或需要把几个品种的优点结合起来育成新品种，便可采用育成杂交的方法。

（2）育成杂交的方法 育成杂交没有固定的杂交模式，它可以根据育种目标的要求，采用级进杂交，或者多品种交叉杂交等，以达到育成新品种目的。例如，我国新疆毛肉兼用细毛羊采用四个品种，经过复杂育成杂交育成。新淮猪是用大约克夏猪和淮猪进行正反杂交育成的。

（二）杂交育种

利用两个或两个以上的品种进行杂交培新品种的杂交方法称为杂交育种，又称为创造性杂交。

1. 杂交育种及其步骤

（1）确定育种目标和方案 建立明确的育种目标非常必要，没有育种目标会使育种工作效率降低、时间延长、成本升高。应在掌握国内外进展，调查分析当地自然条件、市场走向以及品种资源情况的基础上，确定选育新品种（或品系）主要目标性状所要达到的指标以及杂交用的亲本，初步确定杂交代数和每个参与杂交的亲本在新品种血缘中所占的比例等。

（2）杂交创新阶段 这一阶段是采用杂交手段，实现基因重组，扩大遗传变异，通过测定、选择和选配，创造出具有杂交亲本优点的新的理想型杂种群。此阶段的工作除了选定杂交品种或品系外，每个品种或品系中与配个体的选择、选配方案的制订，杂交组合的确定等都直接关系到理想后代能否出现。由于杂交需要进行若干代，所采用的杂交方法如引入杂交或级进杂交，要视具体情况而定。理想个体一旦出现，就应该用同样的方法生产更多的个体，在保证符合品种要求的条件下，使理想个体的数量达到满足继续进行育种的要求。

（3）自繁固定阶段　这一阶段从杂种自群繁殖起至稳定遗传为止。此阶段要求停止杂交，进行理想杂种群内的自群繁育（或称横交，即杂种群内理想型个体的相互交配），以期使目标基因纯合和目标性状稳定遗传，主要采用同型交配方法，有选择性地采用近交。对于个别理想型杂种公畜，为迅速巩固其优良特性并使其特性能传递给后代，甚至可连续进行父女交配或兄妹交配。例如，乌克兰草原白猪是世界上快速培育新品种的典型之一，是对种猪极其严格的挑选和较高度的近交成果。在选择理想型杂种准备自群繁殖的过程中，对具有某一重要优点且相当突出的个体，可考虑围绕其建立品系。这一阶段，以固定优良性状、稳定遗传特性为主要目标，横交固定一般在育种场内进行。

（4）扩群提高阶段　前阶段虽然培育了理想型群体或品系，但是数量较少，没有达到成为一个品种的最低标准。因此，这个阶段应大量繁殖已固定的理想型畜群，增加其数量和扩大分布范围，着手培育新品系，建立品种整体结构和提高品种质量，这是建成新品种必备条件。在横交固定阶段已建立的品系应予以扩大。还可利用品系间杂交，使后代获得更多的优良特性，进一步提高品种的质量。为了加速新品种的培育和提高新品种的质量，还应继续做好性状测定、选种、选配以及饲养管理等一系列工作。不过这一阶段的选配有着鲜明的特点，那就是不再强调同质选配，而且开始转入非近交。

2. 杂交育种的方法分类

杂交育种没有固定的杂交模式，可以根据育种目标的要求，采用级进杂交、多品种交叉杂交等方法，以达到育成新品种的目的。

（1）按照育种所用的品种数量分类

①简单育成杂交：指只用2个品种进行杂交来培育新品种。这种育种方法成本低、简单易行，而且新品种的培育时间较短。采用这种方法，一是要求选用的2个品种遗传基础要清楚，要包含所有新品种的育种目标性状，优点能互补；二是在培育前需要设计杂交培育方案。杂交方式、培育条件、工作进度、预计目标等都要有一个完整的设计方案。

②复杂育成杂交：如果根据育种目标的要求，选择2个品种仍然满足不了要求时，可以多用1~2个甚至更多品种，这种用3个以上的品种杂交培育新品种的方法，称为复杂杂交育种。所用品种多的好处在于杂交后代的遗传基础丰富，可综合多个品种的优良特性。但杂交所用的品种越多，后代的遗传基础越复杂，需要的培育时间往往相对越长。在运用的品种较多时，由于各品种在育成新品种时的作用各不相等，其所占比重和作用必然有主次之分。所以不仅应根据每个品种的性状或特点，确定父本或母本，进行个体的严格选择，还要认真推敲先用哪两个品种，后用哪一个或哪几个品种。因为后用的品种对新品种

的遗传影响和作用相对较大。通过这种育种方法已培育出不少新品种，如新疆毛肉兼用细毛羊（中国育成的第一个绵羊新品种）、东北毛肉兼用细毛羊（中国育成的第二个绵羊新品种）、内蒙古毛肉兼用细毛羊和北京黑猪等品种，都是由 3 个以上品种杂交培育出来的。

（2）根据育种目标分类

① 改变家畜主要用途的杂交育种：随着社会的发展，许多原有的畜禽品种已不能满足要求，这时就有必要改变现有品种的主要用途或育种目标。例如，把毛质欠佳，满足不了纺织需要的肉用、兼用型绵羊或细毛羊杂交，通过杂交育种，培育细毛羊或半细毛羊。

② 提高生产性能的杂交育种：培育高生产力水平的畜禽新品种，对畜牧业生产的发展有重要意义。因此，提高生产能力的杂交育种，在不少地方都有开展。如北京黑猪、新淮猪、黑白花乳牛和草原红牛的培育等都是具体的例证。

③ 提高适应性和抗病力的杂交育种：许多著名的畜禽、家禽品种都有最适宜生活和发挥最好生产潜力的自然环境条件，当把这些品种引入到环境条件不同的地区时，要求这些品种对新环境有一定的耐受能力。有必要培育具有适应性和抗病力强的品种。我国幅员辽阔，自然资源条件各异，如青藏高原的低压高寒、南方等地的高温多雨，有必要培育抗逆性品种。

（3）根据育种工作的基础分类

① 在现有杂种群基础上的杂交育种：用外来品种与原始品种或地方品种杂交，然后以杂种畜禽为基础，培育一个兼有当地品种和引入品种优点的新品种。这种育种方法就属于在杂交改良基础上开展的杂交育种。在杂交改良基础上培育新品种，我国早有先例，如三河牛、三河马等就都是在杂交改良基础上培育的。

② 有计划从头开始的杂交育种：培育畜禽新品种是畜牧业生产的一项基本工作。为了保证进度和质量，一般应在工作开始前，根据国民经济的需要、当地的自然条件和基础畜禽的特点进行细致地分析和研究，然后以现代遗传育种理论为指导，制订出目的明确、方法可行、措施有力和组织周密的育种计划。有计划的杂交育种可使工作少走弯路，有利于培育出高质量的新品种。中国美利奴羊就是有计划从头开始的杂交育种产物。从 1972 年开始，以澳大利亚美利奴羊为父系，波尔华斯羊、新疆细毛羊和军垦细毛羊为母系，进行有计划地育成杂交，1985 年 12 月经鉴定验收，正式命名为"中国美利奴羊"。

（三）杂种优势利用

1. 杂种优势的表现

杂种优势是指杂种后代（子一代）在生活力、生长发育和生产性能等方面的表现优于亲本纯繁群体。如某一良种羊群体平均体重为40kg，本地羊群体平均体重为30kg。两者杂交后产生的杂种群体平均体重为36kg，杂种后代表现出了优势。杂种优势已广泛应用于肉鸡、蛋鸡、猪、肉羊、肉牛生产，但杂种并不是在所有性状方面都表现优势，有时也会出现不良的效应。杂种能否获得优势，其表现程度如何，主要取决于杂交用的亲本群体重和杂交组合是否恰当。如果亲本缺少优良基因、双亲本群体的异质性很小或不具备发挥杂种优势的饲养管理条件等，都不能产生理想的杂种优势。

2. 杂交优势产生的理论基础

一般认为，杂种优势是与基因的非加性效应有关。目前，对产生杂种优势的机制有几种学说，即显性学说、超显性学说、上位学说和遗传平衡学说。显性学说认为，杂种优势是由于双亲的显性基因在杂种中起互补作用，显性基因遮盖了不良基因的作用结果。超显性学说则认为，杂种优势是等位基因的异质状态优于纯合状态，等位基因相互作用可超过任一杂交亲本，从而产生超显性效应。上位学说强调的是非等位基因间的相互作用，有时表现为显性上位，有时表现为隐性上位。遗传平衡学说则认为，在基因型不同的个体间杂交时，杂种后代性状将具有不同比率的遗传平衡，其大小与亲本相比将出现增高或减小的变化。

关于杂种优势遗传原理，这几种学说都各自从不同角度解释了杂种优势现象。分子遗传学的研究对基因有了新的认识，发现基因间的作用相当复杂，难以明确区分显性、超显性、上位等各种效应。

实践证明，杂种优势现象极其复杂。不同性状有不同的杂种优势率，即使同一性状在不同试验或生产条件下也可能有不同的杂种优势率。采用的杂交方式不同，参与杂交的种群及组合的不同，杂种优势大小有明显的差异。

3. 杂种优势利用的方法和步骤

杂种优势利用必须有计划、有步骤地开展。杂种优势利用既包括对杂交亲本的选优和提纯，又包括对杂交组合的筛选。杂交优势既有杂交又有纯繁，它是一整套综合措施。

（1）杂交亲本的选优与提纯　对杂交的亲本种群的选优和提纯，是杂种优势利用工作的两个基本环节。只有当杂交亲本具有优质高产的遗传基因，能产生明显的显性效应和上位效应，杂种才能显示出杂种优势。

"选优"就是通过对亲本种群的选择，使亲本群体高产基因的频率尽可能增加。"提纯"就是通过选择和近交使得亲本群体在主要性状上纯合基因型频率尽可能扩大，个体间差异尽可能缩小。选优与提纯是相辅相成、同步进行的。只有增加了优良基因的频率，才可能使优良基因组合成优质基因型，使种群中纯合子的频率尽可能增多。故杂种优势的利用必须在纯繁基础上进行，亲本越纯，杂交亲本双方的基因频率差异越大，配合力测定的误差越小，所得的杂种生产性能越高。

选优和提纯的较好方法是品系繁育，用群体品系或近交系建立配套品系，再经配合力测定，筛选最优组合推广应用。用品系繁育方法选优和提纯的优点在于，品系比品种数量小，便于控制，能较快完成选优和提纯，有利于缩短培育时间。

（2）杂交亲本的选择

① 母本的选择：要选择本地区数量多、分布广、适应性强的品种或品系作为母本。良好的母本应具有繁殖力强、母性好、泌乳力强等特点。母畜不宜选用大型品种，体格大的个体对营养的维持需求量大，饲料报酬低。

② 父本的选择：首先要选择生长速度快、饲料利用率高、胴体品质好的品种或品系作为父本。其次要考虑适应性和种畜来源问题，一般父本多选择外来优良品种。

（3）杂交效果的预估　不同杂交组合的杂交效果差异较大，在做配合力测定之前，可以根据种群的来源和种群的生产类型作预测和分析，对明显不合要求的杂交组合可不做杂交试验。

一般情况下，分布地区距离较远、来源差别较大、类型特征不同的品种间或品系间杂交，可获得明显的杂种优势。长期与外界隔离的封闭畜群，用作杂交亲本，可获得较大杂种优势。

（4）配合力测定　配合力是指种群通过杂交能够获得杂种优势的程度，即杂交效果的大小。用分析法判断种群间的杂种优势，情况较复杂，除非有较多的实际经验，否则不易做出准确的判断。在这种情况下，最好通过杂交试验，进行配合力测定，筛选出最优杂交组合。在做配合力测定之前，最好是在种群经过 2~3 代的选优和提纯以后进行。因为在种群比较整齐一致的情况下所测得的配合力才准确。

配合力按基因的遗传效应分为两种：一般配合力和特殊配合力。

① 一般配合力：指的是一个种群与其他各种群杂交所能获得的平均值。如果一个品种与其他各品种杂交经常能够获得较好的效果，那么它的一般配合力就好。如我国荣昌猪与许多品种猪杂交效果很好，说明它的一般配合力好。一般配合力的遗传基础是基因的加性效应。因为显性效应和上位效应值在各杂交组合中有正有负，在平均值中已互相抵消。

② 特殊配合力：指两个特定种群之间杂交所能获得超过一般配合力的杂种优势。它的遗传基础是基因的非加性效应，即显性效应和上位效应。一般杂交试验进行配合力测定，主要测定特殊配合力。为便于理解两种配合力的概念，可用图 3-5 加以说明。

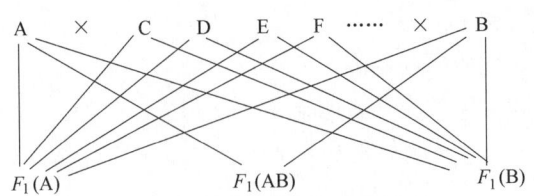

图 3-5　两种配合力的概念示意图

根据图 3-5，A、B 两种群的特殊配合力为：

$$F_{1(AB)} = \frac{F_{1(A)} + F_{2(B)}}{2} \tag{3-9}$$

一般配合力反映了杂交亲本间群体平均育种值的高低，遗传力高的性状，一般配合力都高。遗传力低的性状，一般配合力都不易提高。一般配合力主要依靠纯繁选育来提高。特殊配合力反映了杂种群体平均基因型值与亲本群体平均育种值之差，其提高主要依靠杂交组合选择。遗传力高的性状，各组合的特殊配合力差异不会太大。反之，遗传力低的性状，特殊配合力可以有很大的差异。一般杂交试验，主要测定两个杂交亲本群体的特殊配合力。

进行配合力测定应注意以下几点：

应当有合理的试验设计，试验应突出主要性状的测定，饲养管理要规范和营养水平要充分，并有严格的记录。

杂交试验应当设立亲本对照组，试验组和对照组应当在相同的饲养管理条件下。

不必每个组合都做正交和反交试验。有条件的地区，可以集中在同年度、相同季节内进行，以减少年度和季节造成的偏差，提高测定的准确性。

（5）杂种优势的度量　杂种优势表示的是一个特定杂交组合的特殊配合力，杂种优势的大小，一般以杂种优势值来表示，即：

$$H = \overline{F_1} - \overline{P} \tag{3-10}$$

式中　H——杂种优势值；

$\overline{F_1}$——一代杂种平均值；

$\overline{P}$——两亲本群体纯繁时的平均值。

为了便于多性状间相互比较，杂种优势值常用相对值来表示，即杂种优势率，其计算公式为：

$$H = \frac{\overline{F_1} - \overline{P}}{\overline{P}} \times 100\% \tag{3-11}$$

（6）杂种优势产生的关键

① 是否对亲本群体选育提纯。

② 亲本群基因频率的差异。

③ 亲本是否含优质高产基因。

④ 显性效应和上位效应是否明显。

[**例**] 某一次杂交试验结果如表3-3所示，计算断乳窝重的杂种优势率。

表3-3　　　　　　　　约克夏猪与金华猪杂交试验结果

组别	窝重/kg	平均窝产仔数/个	平均断乳窝重/kg
约×金	12	10.00	129.00
约×约	17	8.20	122.50
金×金	17	10.41	106.75

根据杂种优势率计算公式得：

$$H = \frac{\overline{F_1} - \overline{P}}{\overline{P}} \times 100\%$$

$$= \frac{129 - \frac{1}{2}(122.5 + 106.75)}{\frac{1}{2}(122.5 + 106.75)} \times 100\%$$

$$= \frac{129 - 114.64}{114.64} \times 100\%$$

$$= 12.5\%$$

（7）建立专门化品系和杂交繁育体系　所谓专门化品系就是优点专一、专作父本或母本的品系。利用专门化品系杂交可以获得显著的杂种优势。例如，在肉牛生产中，建立生长快、饲料利用率高的父本品系，通过杂交试验，确定最优杂交组合，能获得理想效果。

杂交繁育体系的建设工作非常重要。目前，建立的杂交繁育体系有三级杂交繁育体系和四级杂交繁育体系。三级杂交繁育体系即建立育种场、一般繁殖场和商品场，如图3-6所示。育种场的主要任务是选育和培育杂交亲本，一般繁殖场主要进行纯种繁殖，为商品场提供父母本，商品场主要进行杂交生产商品家畜。四级杂交繁育体系是在三级杂交繁育体系的基础上加建一级杂种母本

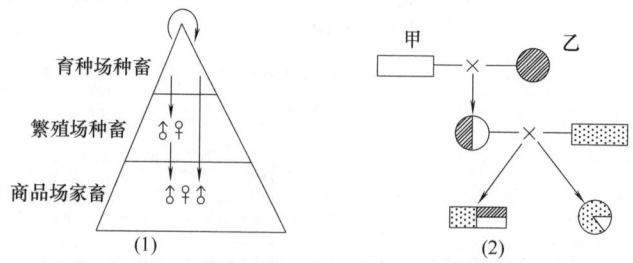

图3-6　畜禽三级繁育体系示意图（箭头表示种畜输送途径）

繁殖场，开展三品种杂交的地区要建立四级杂交繁育体系。

4. 杂交方式

由于杂交的目的不同，其方法也各异。但就杂交的性质来看，其实质是通过杂交使各个亲本种群的基因组合在一起，形成新的有利的基因型。根据用途的不同，可以把杂交方法分为以下几种。

（1）二元杂交 二元杂交又称简单的经济杂交或单杂交。二元杂交（图3-7）就是用2个不同品种（或品系）杂交，产生一代杂种公母畜全部作经济利用，不留种，基础父母群始终保持纯种状态。

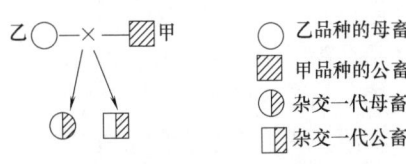

图3-7 二元杂交模式图

这种杂交方法简单易行，特别是在选择杂交组合时较为简单，只需做一次配合力测定，而且杂种优势明显。通常以当地品种为母本，只需引进一个外来品种作为父本。养猪业中的"公猪良种化、母猪本地化、肉猪杂种一代化"就是用的这种杂交方式。这种杂交方式的缺点是不能充分利用繁殖性能方面的杂种优势，繁殖的母畜都是纯种，杂种一代直接用于商品，其繁殖性能方面的杂种优势没有机会表现出来，纯种母本需求量大、成本高。

（2）三元杂交 三元杂交又称三品种杂交。三元杂交（图3-8）就是先用2个品种杂交产生具有杂种优势的母本，再与第3个品种的公畜杂交，产生的三品种杂种全部供经济利用。

三元杂交的优点主要表现为在一般情况下其杂种优势要超过单杂交。首先，在整个杂交体系下，三元杂种母畜在繁殖性能方面的杂种优势可以得到利用，二元杂种母畜对三元杂交的母体效应也不同于纯种。其次，三元杂种集合了3个品种的差异和3个品种的互补效应，因而单个数量性状上的杂种优势可能更大。最后，母本用杂交代的母畜，从而可以在相当大的程度上减少纯繁母本以节约开支，提高效益，可弥补二元杂交的不足。

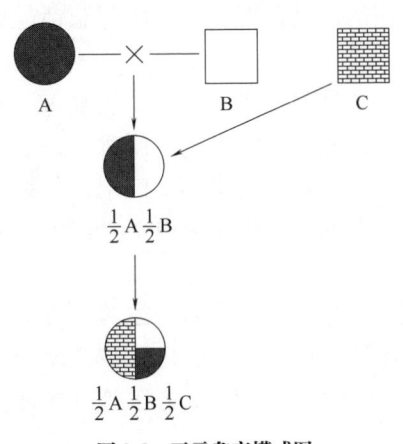

图3-8 三元杂交模式图

三元杂交的缺点是需要有3个繁殖场分别饲养3个纯种，要进行2次杂交试验才能确定最佳杂交组合，因而三元杂交的组织和技术工作都比较复杂，成本也较高。

（3）双杂交 双杂交又称四元杂交，即用4个品种或品系分别两两杂交，获得一级杂种，再在两种杂种间进行第二级杂交，所得杂种全部用作商品畜禽，这种方法称双杂交。

双杂交最初用于生产杂交玉米，在畜牧业中主要用于养鸡生产。鸡的双杂交基本方法是先用高度近交建立近交系，再进行近交系间配合力测定，选择适于作父本和母本的单杂交系，然后再进行单杂交系间的杂交。选定了杂交组合后分两级生产杂交鸡，第一级是生产单杂交鸡，第二级是生产双杂交商品鸡，如图3-9所示。

实践证明，双杂交的杂种比单杂交杂种具有更强的杂种优势，双杂交的商品畜禽生命力强，生产性能高，经济效益显著。该方法极大地促进了肉用畜禽的发展。

双杂交的优点：①遗传基础更广泛，有更多的显性优良基因相互作用的机会，容易获得更大的杂种优势；②除利用杂种母畜的优势外，还充分利用了杂种公畜的优

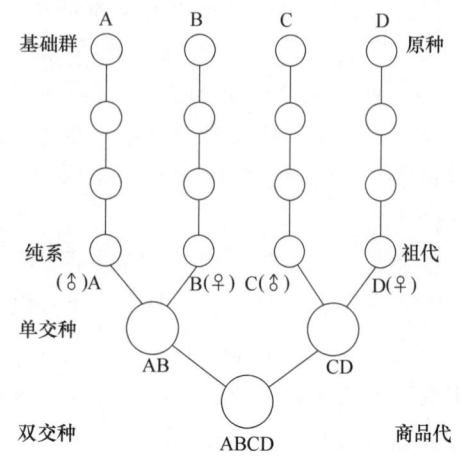

图3-9 鸡近交系双杂交示意图

势，这种优势主要表现为配种能力强，可以少养多配并延长使用年限；③由于大量利用杂种繁殖，可少养纯种，降低生产成本；④杂种一代，除作二级杂交用的父本和母本外，其余杂种完全可作育肥用的商品畜群，杂种的育肥性能要比纯种好。

双杂交方法的不足是这种杂交方式涉及4个种群，组织工作比较复杂。要保持4个近交系在大型动物中有相当大的难度，而在家禽生产中同时保持4个纯种群则比较容易，因而在养鸡业中被广泛应用。在现代蛋鸡生产中，所采用的品种多为双杂交种，因而一般要建立4种类型的繁育场，而肉猪生产中则采用纯系配套杂交。

（4）轮回杂交　轮回杂交又称轮替杂交、交替杂交。指两个或两个以上不同种群进行杂交，每代杂种后代大部分作为商品利用，只用优良母畜依序轮流再与亲本品种公畜回交，以便在每代杂种后代中继续保持和充分利用杂种优势。如图3-10和图3-11所示。

这种杂交方法的优点：①除第一次杂交外，母畜始终都是杂种，有利于充分利用繁殖性能方面的杂种优势；②对于单胎家畜，繁殖用母畜需要较多，杂种母畜也需用于繁殖，采用这种杂交方式最为合适，因为二元杂交不利用杂种母畜繁殖，三元杂交也需要经常用纯种杂交以产生新的杂种母畜，对于繁殖力

低的家畜，特别是大家畜均不适宜；③这种杂交方式只需要每代引入少量纯种公畜或利用配种站的种公畜，而不需要维持几个纯繁群；④由于每代交配双方都有相当大的差异，因此始终能产生一定的杂种优势。

图 3-10　二元轮回杂交示意图　　　图 3-11　三元轮回杂交示意图

轮回杂交的缺点：①每代都需要变换公畜，即使发现杂交效果好的公畜也不能继续使用。公畜在使用一个配种期后，需淘汰或闲置几年，下一个轮回才能使用，因此可能造成较大浪费。克服的办法是使用人工授精或者几个畜场联合使用公畜；②配合力测定较难，特别是在第一轮回的杂交期间，相应的配合力测定必须在每代杂交之前，但此时相应的杂种母畜还未产生，为了进行配合力的测定，就必须先生产少数供测定用的该类型杂种母畜。

5. 制定杂交改良方案的基本原则

组织开展杂交改良工作，首先必须制订科学合理的杂交改良方案，应遵守以下原则。

（1）明确改良目标　改良目标要符合社会经济发展的需要，要能满足人民生活水平的需求。如黄牛改良目标是向肉用或乳用方向发展。

（2）选择适宜的杂交改良方法　要根据选用品种的多少及改良目标确定适宜的杂交改良方法。

（3）慎重选择杂交亲本，筛选最佳杂交组合　杂交亲本的母本一般选地方品种，父本一般选择引进优良品种。

（4）建立杂交繁育体系　可根据需要建立三级或四级杂交繁育体系。

（5）加强对试验示范推广工作的指导　开展杂交改良工作涉及许多养殖户的利益，推广工作应由点到面逐步进行，并要加强对推广工作的技术指导。

思考与练习

1. 名词解释

同质选配、异质选配、近交、近交衰退、杂交、杂种优势、二元杂交、三元杂交、一般配合力、特殊配合力、轮回杂交、导入杂交、级进杂交

2. 简答题

(1) 什么是选配？选配的作用有哪些？

(2) 近交有何遗传效应和用途？如何防止近交衰退？

(3) 杂交改良有哪些方法？各种方法使用时应注意什么问题？

(4) 如何计算杂种优势率？简述杂种优势利用的主要技术措施。

3. 查阅相关资料，以生产杜长大三元育肥猪为例写出三元杂交过程。

实操训练

实训一 杂交改良方案的设计

（一）实训目的

1. 能根据本地畜牧业生产中的实际情况，设计畜禽杂交改良方案。

2. 掌握引入杂交、级进杂交、育成杂交等杂交改良方法的应用和方案设计。

（二）实训准备

本地现有主要畜禽品种的特性材料，包括形态特征、生产性能、繁殖方式、种群现状等。

（三）方法步骤

1. 确定育种目标

根据本地区各种畜禽的品种区域规划和市场需求，提出育种目标。

2. 选择杂交改良方法

根据本地区主要畜禽品种的性能特点，选择杂交改良方法。在选择杂交品种时，应对亲本品种进行认真的分析，分别加以权衡。查阅一些有关它们杂交效果和生产性能的资料，进行小规模杂交试验，然后做出选择。

3. 拟定杂交改良方案

针对不同品种的选育要求，初步拟定杂交改良方案。

（四）实训提示

杂交改良方案的设计涉及知识面广，要有针对性地选择当地杂交改良典型案例进行教学。本次实训的重点在于如何根据当地品种的特性和选育要求，选择适当的杂交改良方法。

（五）实训作业

以当地畜禽品种特性为依据，按照杂交改良方案的基本原则，设计一个适于当地畜牧业生产的畜禽杂交改良方案。

实训二　杂种优势的计算

（一）实训目的

不同杂交组合，可能获得不同的杂种优势。同一杂交组合中，不同的生产性状可获得的杂种优势不同。通过本试验要学会根据杂交试验结果计算各项性状杂种优势率。

（二）实训准备

提前收集一批家畜杂交试验的数据。

（三）方法步骤

1. 两品种杂交杂种优势率的计算

（1）求出杂交试验中亲本纯繁组的平均值。

$$\bar{P}=A+\frac{B}{2} \tag{3-12}$$

式中　$\bar{P}$——亲本平均值；

A、B——杂交亲本的值。

（2）求出杂种该性状的平均值 $\bar{F}$。

2. 多个品种杂交的杂种优势率计算

（1）计算三元杂交亲本平均值，即3个品种的加权平均值。设 A、B 为第一杂交亲本值，C 为终端杂交亲本值。

$$\bar{P}=1/4(A+B)+1/2C \tag{3-13}$$

（2）求三品种杂交的杂种优势率。

（3）将双亲平均值和杂种平均值代入公式计算杂种优势率：

$$H=\frac{\bar{F_1}-\bar{P}}{\bar{P}}\times 100\%$$

（四）实训作业

按照以下杂交试验结果，计算内江猪×本地猪，巴克夏猪×本地猪，内江猪×(巴克夏猪×本地猪)，3个杂交组合的杂种日增重优势率。不同杂交组合试验结果如表 3-4 所示。

表 3-4　　　　　　　　　不同杂交组合试验结果

品种		数量/头	始重/kg	末重/kg	平均日增重/g	每增重 1kg 消耗饲料量/kg
父	母					
本地	本地	6	5.10	75.45	180.50	6.45
内江	内江	4	9.62	77.15	225.10	6.05
巴克夏	巴克夏	4	5.69	75.85	258.85	4.51
内江	本地	2	4.85	76.25	252.28	4.29
巴克夏	本地	5	6.53	76.42	245.23	5.50
内江	巴本	4	9.81	76.63	278.41	4.09

项目四　人工授精

人工授精技术是对公畜精液进行人工采集，并对精液品质进行检查、稀释后又重新输入发情母畜生殖道内，代替自然交配的过程，该技术可以提高母畜的受胎率及产仔数。人工授精和自然交配相比，节省人力、物力和财力，提高了优良种畜的利用率，加速了品种改良，提高养殖经济效益。同时可防止疾病传播，且配种不受空间、时间和公母畜个体差异的限制。

知识目标

1. 认识和了解畜禽的生殖器官组成、形态结构特点。
2. 能够针对不同养殖环境，制定以人工授精为核心的畜禽配种方案。
3. 能够对公畜禽进行精液采集、品质检查、稀释和保存处理。
4. 能够针对不同品种母畜发情症状进行鉴别，确定最佳输精时间。对畜禽进行适时输精和效果评价。

技能目标

1. 掌握不同畜禽生殖器官的特点，熟悉两性主要生殖器官的生理功能。
2. 熟悉输精器械洗涤和消毒，掌握假阴道的安装与采精。
3. 了解和掌握精液品质鉴定的方法及步骤。
4. 掌握精液保存的常规方法，熟悉精液的稀释与配制，掌握冷冻精液的制作与液氮罐的使用方法及注意事项。掌握发情鉴定和人工授精的基本方法。

必备知识

一、畜禽的生殖器官

（一）公畜的生殖器官和机能

公畜的生殖器官主要由睾丸、附睾、输精管、副性腺（包括精囊腺体、前列腺、尿道球腺)、尿生殖道、阴茎、阴囊、包皮组成,如图4-1所示。

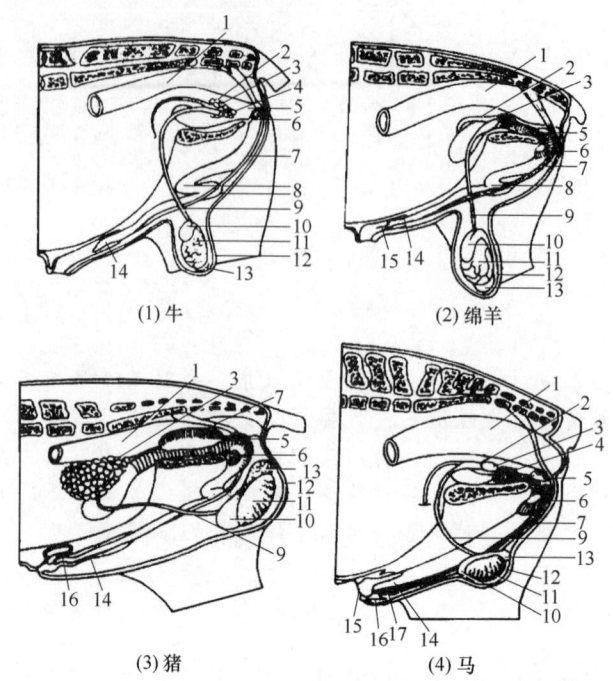

1—直肠　2—壶腹　3—精囊腺　4—前列腺　5—尿道球腺　6—左阴茎脚　7—阴茎缩肌
8—S状弯曲　9—输精管　10—附睾头　11—睾丸　12—阴囊　13—附睾尾
14—阴茎游离端　15—尿道突起　16—外包皮　17—内包皮

图4-1　公畜的生殖器官剖面示意图

1. 睾丸

(1) 形态位置及组织构造

① 形态位置:睾丸是公畜重要的生殖腺体,为长卵圆形,不同品种家畜睾丸位置、大小和重量差别较大。猪、绵羊和山羊的睾丸相对较大。正常情况下公畜的2个睾丸大小相同,牛、马的左侧稍大于右侧。成年公畜的睾丸位于阴囊中,左、右各一,表面光滑。胎儿发育到一定时期,睾丸才由腹腔下降到阴囊内。各种家畜的睾丸质量如表4-1所示。

表4-1　　　　　各种家畜睾丸质量比较表

畜种	2个睾丸质量		左右睾丸大小差别
	绝对质量/g	占体重百分比/%	
牛	550~650	0.08~0.09	左侧稍大
马	550~650	0.09~0.13	左侧稍大
猪	900~1000	0.34~0.38	无固定区别

续表

畜种	2个睾丸质量		左右睾丸大小差别
	绝对质量/g	占体重百分比/%	
绵羊	400~500	0.57~0.70	无固定区别
山羊	150	0.37	无固定区别
狗	30	0.32	无固定区别
家兔	5~7	0.02~0.03	无固定区别

② 组织构造：睾丸的最外层由浆膜覆盖，其下为致密结缔组织构成的白膜，在睾丸实质部纵轴方向有一结缔组织索状结构，形成睾丸纵隔，由纵隔向四周发出许多放射状结缔组织小梁伸向白膜称为中隔，将睾丸实质分成许多锥形小叶，其尖端朝向中央，基部朝向表面，形似玉米。每个小叶内含2~3条曲精细管，管径0.1~0.3mm。曲精细管在各小叶的尖端各自汇合成为直精细管，穿入睾丸纵隔结缔组织内，形成弯曲的导管网称为睾丸网，最后在睾丸网的一端又汇成10~15条睾丸输出管，穿过白膜，形成附睾头。精细管的管壁由外向内由基膜、基膜外胶原纤维和肌样细胞组成的界膜与复层生殖上皮构成，生精小管之间的结缔组织（CT）为睾丸间质，分布有能分泌雄性激素的间质细胞。

(2) 睾丸的生理功能

① 产生精子：精细管内的生精细胞经多次分裂最后形成精子。精子随精细管输出，经直精细管、睾丸网、睾丸输出管而到附睾。公牛平均日产精子数1300万~1900万个；公羊2400万~2700万个；公猪2400万~3100万个；公马1930万~2230万个。

② 分泌雄激素：间质细胞分泌的雄激素可激发公畜的性欲和性行为、刺激第二性征、刺激阴茎和副性腺的发育、维持精子的发生。

③ 产生睾丸液：曲细精管和睾丸网可产生大量的睾丸液，其含有较高的钙、钠等离子成分及少量蛋白质，睾丸液有助于精子的移动。

(3) 精子的发生　精子在睾丸的曲细精管中产生。睾丸的整体功能受到下丘脑-脑垂体内分泌腺体的影响。精子在睾丸内形成的全过程称为精子的发生，包括精细胞生成和精子形成两个阶段。

① 精细胞生成：公畜在胚胎时精细管无管腔，只有性原细胞和未分化细胞。出生后性原细胞经增殖形成精原细胞，未分化细胞形成支持细胞。精原细胞经过有丝分裂，在理论上得到16个初级精母细胞，1个初级精母细胞经过二次分裂，变成4个精细胞。

② 精子形成：精细胞中细胞核是精子头的主要部分，高尔基体形成精子的顶体，中心小体形成精子尾，线粒体聚集在中段形成线粒体鞘。成形的精子最终与支持细胞分离进入精细管管腔。此时，精子的颈部仍有部分原生质在细胞

外形成原生质滴，至此精子的发生完成。整个精子发生过程约需2个月，如表4-2所示。

表4-2　　　　　　　　　各种动物精子发生周期

畜种	精子发生周期/d	通过附睾时间/d
猪	44~45	9~12
牛	60	10
绵羊	49~50	13~15
马	50	8~11

2. 附睾

（1）形态位置　附睾位于睾丸的附缘，附睾是一个由曲折、细小的管子构成的器官，一端连接输精管，另一端连接睾丸的曲细精管，主要包括输出小管和附睾管，分头、体、尾三部分。输出管汇集成一条较粗而弯曲的附睾管，构成附睾体。在睾丸的远端，附睾体延续并转为附睾尾，最后逐渐过渡为输精管。

（2）功能

① 精子成熟的场所：从睾丸精细管生成的精子，刚进入附睾头时，其形态尚未发育完全，颈部常有原生质滴存在，此时精子没有受精能力或受精能力偏低。精子的成熟与附睾的物理及化学特性有关，精子通过附睾管时，附睾管分泌的磷脂质和蛋白质包被在精子表面，形成质膜保护精子，防止精子凝集，抵抗外界不良环境的影响。

② 精子储存的场所：附睾可以长时间储存精子，一般认为在附睾内储存的精子，经60d后仍具有受精能力。如果储存过久，畸形及死亡精子数增加。附睾管上皮的分泌物能提供精子发育所需要的养分，附睾内环境呈弱酸性，渗透压高，温度较低，这些因素可使精子处于休眠状态，减少能量消耗，为精子的长期储存创造条件。

③ 附睾管的吸收作用：附睾头和附睾体的上皮细胞具有吸收功能，来自睾丸的稀薄精子悬浮液通过附睾管时，其中的水分被上皮细胞所吸收，因而到附睾尾时精子浓度升高，每微升精液含精子400万个以上。

④ 附睾管的运输作用：来自睾丸的精子借助于附睾管纤毛上皮的活动和管壁平滑肌的收缩可将精子悬浮液从附睾头运送到附睾尾。精子通过附睾管的时间：牛为10d，绵羊为13~15d，猪为9~12d，马为8~11d。

3. 输精管

输精管是附睾管的直接延续，管壁较厚，肌层比较发达，而管腔细小，与通向睾丸的血管、淋巴管、神经等构成精索，经腹股沟管进入腹腔，折转入骨盆腔，并在膀胱的背部变粗形成输精管壶腹（猪无壶腹部）。壶腹末端与精囊腺的排泄管共同开口于尿生殖道起始部背侧的射精孔。

4. 副性腺

（1）构成　副性腺包括精囊腺、前列腺和尿道球腺，如图4-2所示。

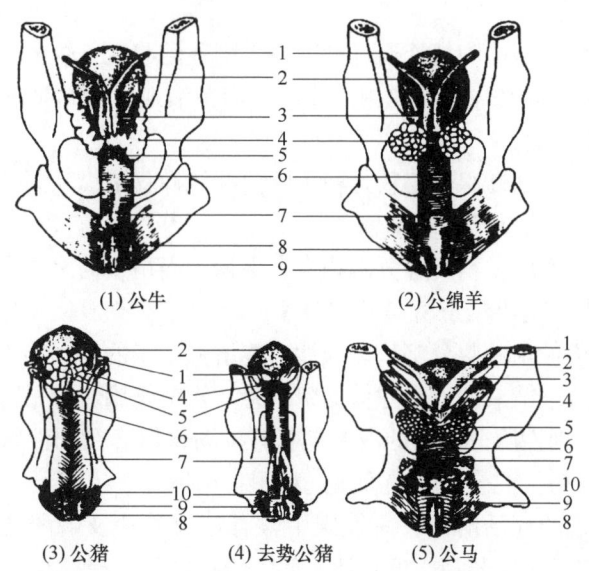

(1) 公牛　　(2) 公绵羊

(3) 公猪　　(4) 去势公猪　　(5) 公马

1—输精管　2—膀胱　3—输精管壶腹　4—精囊腺　5—前列腺　6—尿生殖道骨盆部
7—尿道球腺　8—阴茎缩肌　9—球海绵体肌　10—坐骨海绵体肌

图4-2　各种家畜的副性腺（盆骨背面图）

① 精囊腺：精囊腺成对，位于输精管末端外侧。牛、羊、猪的精囊腺是致密的分叶腺，腺体组织中央有一致密的腔。精囊腺的排泄管和输精管开口于精阜形成射精孔。精囊腺的分泌物为弱碱性的黄白色胶状液体，含有丰富的果糖，具有稀释精子的作用。猪的精囊腺液在阴道内形成栓塞，防止精液倒流，增加了生殖细胞的受精机会。

② 前列腺：前列腺分为体部和扩散部。前列腺大部分存在于尿生殖道壁内，形成扩散部，小部分位于尿生殖道壁外。整个前列腺外面包有较厚的致密的结缔组织被膜，其中含有丰富的平滑肌纤维。被膜中的结缔组织将腺体实质分为许多小叶。前列腺为复管状腺，有许多排泄管开口于精阜两侧。牛、猪前列腺分为体部和扩散部，羊的仅有扩散部，马的前列腺位于尿道的背面。前列腺幼龄时小，性成熟时大，老龄逐渐退缩。

③ 尿道球腺：尿道球腺成对，位于尿生殖道骨盆部末端的背侧，被球海绵体肌覆盖。尿道球腺表面为含有横纹肌的致密结缔组织被膜，被膜中的结缔组

织将腺体实质分为许多小叶,叶间结缔组织内含有平滑肌和横纹肌。猪的尿道球腺体积最大,马次之,牛、羊最小。尿道球腺的分泌物由黏液性和蛋白样液组成,参与精液的形成,具有冲洗湿润尿道的作用。

(2)功能 副性腺的分泌物是精清的主要成分,其生理机能主要包括以下几个方面。

① 冲洗尿生殖道,为精液通过做准备:阴茎勃起时,主要是尿道球腺分泌物先排出,它可以冲洗尿生殖道内的尿液,为精液通过创造适宜的环境,以免精子受到尿液的危害。

② 稀释精子:副性腺分泌物是精子的内源性稀释剂。从附睾排出的精子与副性腺分泌物混合后精子即被稀释。

③ 提供营养物质:精囊腺分泌物含有果糖,当精子与之混合时,果糖很快扩散入精细胞内,提供精子所需要的能量。

④ 活化精子:副性腺分泌物偏碱性,能增强精子的运动能力。

⑤ 运送精液:精液的射出除借助附睾管、输精管副性腺平滑肌及尿生殖道肌肉的收缩外,副性腺分泌物的液流也起着推动作用。在副性腺管壁收缩排出的腺体分泌物与精子混合时,随即运送精子排出体外。

⑥ 延长精子的存活时间:副性腺中含有柠檬酸盐及磷酸盐,具有缓冲作用,可以保护精子,延长精子的存活时间,维持精子的授精能力。

⑦ 防止精液倒流:有些家畜的副性腺分泌物有部分或全部凝固现象,在自然交配时可防止精液倒流。

5. 尿生殖道和外生殖道

(1)尿生殖道 雄性动物的尿道兼有排精作用,是尿液和精液的共同通道,称尿生殖道。可以分为骨盆部和阴茎部(海绵体部)两部分。尿生殖道壁包括黏膜、海绵体层、肌层和外膜。

(2)阴茎和包皮 阴茎为公畜的交配器官,具有排尿功能,可分为阴茎头(龟头)、阴茎体和阴茎根三部分。包皮的作用是容纳和保护阴茎。家畜种类不同,其龟头的形态也不同(图4-3)。

(二)公禽的生殖器官和机能

公禽的生殖器官主要由睾丸、附睾、输精管和阴茎(或交配器)构成(图4-4)。与家畜及其他哺乳动物相比,公禽的睾丸位于腹腔内,没有副性腺,阴茎不发达或发育不全。

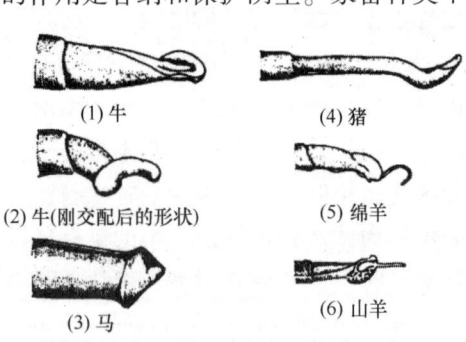

(1)牛 (4)猪
(2)牛(刚交配后的形状) (5)绵羊
(3)马 (6)山羊

图4-3 各种公畜龟头的形状

1. 睾丸

（1）形态位置及组织构造　公禽有一对睾丸，呈卵圆形，始终位于腹腔内，肾脏的前下方，周围与胸腹气囊相连接，利于睾丸的温度调节。睾丸的组织结构简化，睾丸内无纵隔，不形成小叶，直接由曲精细管、精管网、输出管构成。雏禽睾丸很小，只有米粒或黄豆大小。成年公禽睾丸可以达到鹌鹑蛋大小，呈乳白色。在自然条件下，成年公鸡在春季性机能特别旺盛，睾丸增大，精细管变粗，精子大量形成。当性机能减退时，则又变小。

（2）生理功能　睾丸的生理功能是产生精子，分泌雄性激素，维持雄禽的生殖活动。

（3）精子的发生与成熟

① 精子的发生：公禽精子的发生过程与哺乳动物基本相同，需经过4个阶段，即精原细胞、初级精母细胞、次级精母细胞和精细胞。精子的发育因品种而异，一般在20周龄，大多数公鸡的精细管内都可

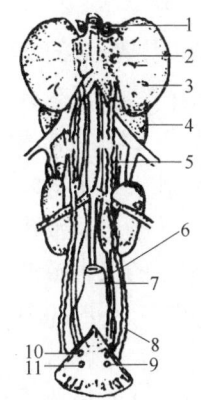

1—肾上腺　2—附睾区
3—睾丸　4—肾脏
5—输精管　6—输尿管
7—直肠　8—输精管扩大部　9—射精管口
10—泄殖腔　11—输尿管口

图4-4　公畜的生殖器官

见到精细胞或精子。公禽产生具有受精能力的精子的时期称为性成熟。有些早熟品种如来航鸡、北京鸭，约20周龄达到性成熟。早熟的来航公鸡在10~12周龄便可采集到精液。鸡冠、肉垂等是家禽的第二性征，受雄性激素的影响。鸡冠生长与睾丸的发育密切相关，因此，鸡冠的发育程度是判断公禽性成熟的重要标志。

② 精子的成熟：睾丸产生的精子只有通过附睾才能完成形态和生理上的成熟，获得运动和受精的能力。精子自睾丸经输精管到泄殖腔只需24h，精子成熟所需要的时间比家畜短得多。

2. 附睾

家畜的睾丸输出管穿出白膜形成发达的附睾，而家禽的附睾不明显，仅由睾丸输出管构成，附睾管不发达。附睾管也是精子初步发育成熟、储存和分泌精清的场所。

3. 输精管

输精管连接接附睾管，最后开口于泄殖腔的两侧，并向泄殖腔内突出。家禽没有集中的副性腺，稀释精子并提供营养的精清主要来源于精子通过的管道（如睾丸管、附睾管、输精管的上皮细胞）及泄殖腔上的血管体和淋巴褶，所以家禽的精液浓度大而量小。输精管是精子进一步成熟储存的场所，分泌精清，也是精子输出的管道。

4. 阴茎

阴茎是公禽的交配器官，不同公禽的阴茎形态和构造差异较大。公鸡没有真正的阴茎，只有退化的交配器，在肛门的腹侧缘有3个并起的突起，称阴茎体。孵出24h 的雏鸡肉眼可看到阴茎体，可鉴别雏鸡的雌雄。公鸡的交配器由输精管乳头、阴茎体、淋巴褶和泄殖孔组成。交配时，左、右阴茎体合拢形成纵沟，并翻出泄殖孔，精液从输精管乳头直接流入纵沟而排出体外，此纵沟相当于家畜的尿生殖道。

公鸭和公鹅的阴茎较发达，平时套缩在泄殖腔内。勃起时阴茎充血，从泄殖腔翻出，呈螺旋形锥状体，表面有螺旋形输精沟。交配时输精沟闭合成管状，精液从合拢的输精沟射出。

（三）母畜的生殖器官和机能

母畜的生殖器官主要由卵巢、输卵管、子宫、阴道、尿生殖前庭、阴唇和阴蒂组成。其中卵巢、输卵管、子宫和阴道为内生殖器官，尿生殖前庭、阴唇、阴蒂为外生殖器官，如图4-5所示。

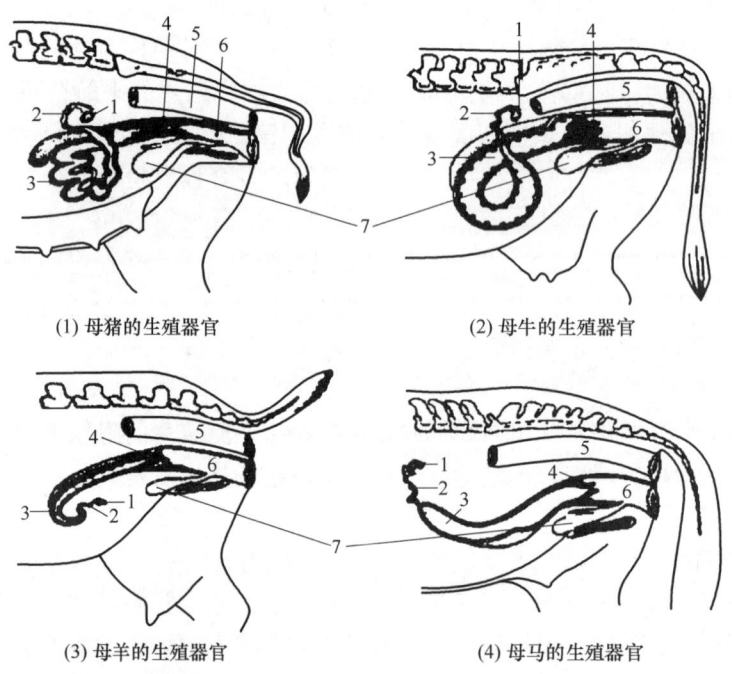

(1) 母猪的生殖器官　　(2) 母牛的生殖器官

(3) 母羊的生殖器官　　(4) 母马的生殖器官

1—卵巢　2—输卵管　3—子宫角　4—子宫颈　5—直肠　6—阴道　7—膀胱

图4-5　母畜的生殖器官

1. 卵巢

(1) 卵巢的形态位置及组织构造　卵巢是一对重要的生殖腺，位于腹腔或骨盆腔，其形态和位置因畜种、年龄、生理状态而异。

① 形态位置：卵巢是产生卵子和分泌雌性激素的器官，呈卵圆形或圆形，借卵巢系膜悬挂于肾后方的腰下部或骨盆腔附近。卵巢分两缘、两端和两面。卵巢背侧与卵巢系膜相连，称卵巢系膜缘，系膜缘有神经、血管、淋巴管出入卵巢，该处称卵巢门。卵巢腹侧为游离缘。前端与输卵管伞相接称输卵管端。后端借卵巢固有韧带与子宫角相连称子宫端。输卵管系膜和卵巢固有韧带之间形成卵巢囊，卵巢位于其中。牛卵巢的形状为扁椭圆形，附着在卵巢系膜上，其附着缘上的卵巢门、血管、神经即由此出入。猪卵巢的形状和体积因年龄不同而有很大的变化。初生仔猪的卵巢类似肾脏，一般是左侧稍大。接近初情期时，卵巢增大，表面出现许多卵泡，形似桑葚。初情期开始后，卵巢上的卵泡，红体或黄体突出于卵巢表面。

② 卵巢的组织构造：卵巢的结构依动物的种类、年龄等不同而有所差异，其组织结构如图4-6所示。

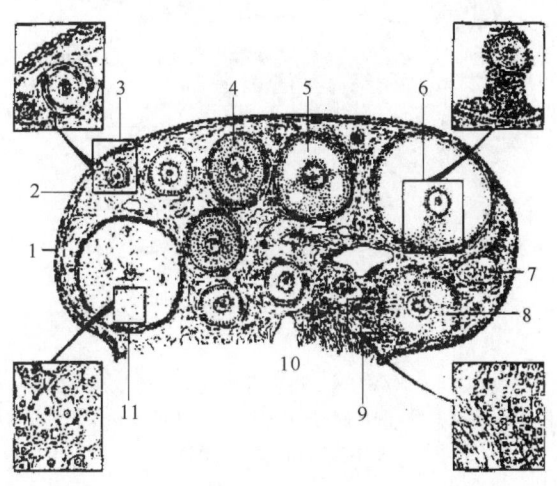

1—生殖上皮　2—白膜　3—初级卵泡　4—次级卵泡　5—生长卵泡　6—成熟卵泡
7—白体（旧的黄体）　8—闭锁卵泡　9—间质细胞　10—卵巢门　11—黄体

图4-6　卵巢组织结构模式图

卵巢的表层为一单层的生殖上皮，其下由致密的结缔组织构成的白膜，白膜下为卵巢实质，它分为皮质部和髓质部。皮质部在髓质部的外周，两者无明显的界限，其基质都是结缔组织。皮质部内含有许多不同发育阶段的卵泡或处在不同发育和退化阶段的黄体，皮质的结缔组织内含有血管、神经等。髓质部内含有丰富的弹性纤维、神经、淋巴管等。

(2) 卵巢的生理机能

① 卵泡发育和排卵：卵巢皮质部分布着许多原始卵泡，经过初级卵泡、次级卵泡、生长卵泡、成熟卵泡等阶段，最终有部分卵泡发育成熟，破裂排出卵细胞，原卵泡腔处便形成黄体。

② 分泌雌激素和孕酮：在卵泡发育过程中，包围在卵细胞外的两层卵巢皮质基质细胞形成卵泡膜。卵泡膜分为内膜和外膜，其中内膜和颗粒细胞可分泌雌激素，雌激素是导致母畜发情的直接因素。排卵后形成的黄体可分泌孕酮，是维持妊娠所必需的激素。

(3) 卵泡生长和成熟　母畜在性成熟后，卵巢上出现周期性的卵泡发育和排卵。卵泡发育分为原始卵泡、初级卵泡、次级卵泡、生长卵泡和成熟卵泡5个阶段。卵泡发育模式如图4-7所示。由于卵泡液不断增加，卵泡腔扩大，卵母细胞被卵泡细胞所包围，形成半岛状的卵丘，其余卵泡细胞贴于卵泡腔周围成为颗粒细胞。卵泡膜分为内、外两层，内膜有血管分布并参与激素的合成。

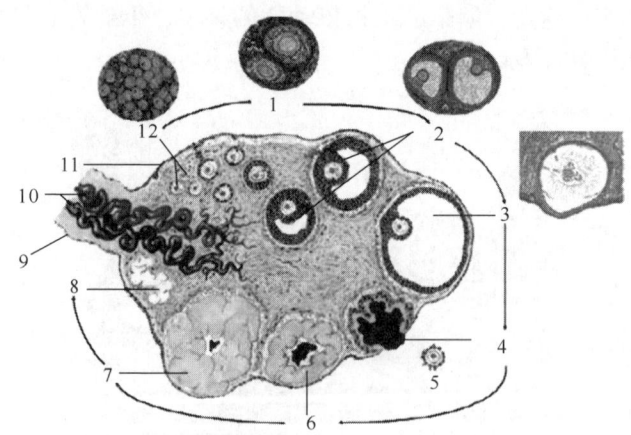

1—初级卵泡　2—次级卵泡　3—成熟卵泡　4—卵泡破裂（红体）　5—排出的卵　6—早期黄体
7—成熟黄体　8—白体　9—卵巢系膜（脏腹膜）　10—进入卵巢的血管　11—表面上皮　12—原始卵泡
图4-7　卵泡发育模式图

各种母畜成熟卵泡的直径一般为牛12~19mm、绵羊5~10mm、山羊7~10mm、猪8~12mm、马25~70mm、犬2~4mm。母畜发情时，由于卵泡液增加，卵泡体积增大，泡壁变薄并部分突出于卵巢的表面。与此同时，卵泡颗粒细胞和内膜细胞出现促卵泡素和促黄体素受体，对促进卵泡的成熟和排卵，以及雌激素的合成、分泌起着决定性的作用。在卵泡生长发育过程中，初级卵母细胞处于第二次减数分裂前期的双线期，到卵泡发育至临排卵前，初级卵母细胞完成第一次减数分裂，产生1个次级卵母细胞和1个第一极体。

多数家畜卵巢上排出的卵子是处于次级卵母细胞阶段。次级卵母细胞在进入输卵管后，开始进行第二次减数分裂，当精子进入卵子时，才刺激次级卵母细胞完成第二次减数分裂，形成1个卵细胞和1个第二极体。马和犬卵巢上排出的卵子仍处于初级卵母细胞阶段，当卵子进入输卵管后才完成第一次减数分裂，成为次级卵母细胞。当精子进入次级卵母细胞时才完成第二次减数分裂。

(4) 排卵 排卵是指成熟卵泡破裂，卵子随卵泡液排出的过程。排卵后在破裂的卵泡处形成一个暂时的激素分泌器官-黄体，黄体分泌的孕激素为胚胎的发育和维持妊娠提供生理基础。

① 排卵过程：卵泡在排卵过程中，由于促黄体素（LH）和促卵泡素（FSH）的释放量增加，引起母畜卵巢出现一系列的变化。首先，卵母细胞细胞质和细胞核发育成熟，颗粒细胞各自分离，最后由于卵泡液的增加，卵泡膜进一步变薄，纤维蛋白质水解酶活性提高并分解卵泡膜，造成顶端局部变薄形成排卵点，排卵点附近表层上皮和白膜在有关酶的作用下出现局部崩解，使卵母细胞随卵泡液排出并被输卵管接纳。排卵后，破裂的卵泡腔被淋巴液、血液和卵泡细胞填充而形成红体和黄体，对维持妊娠和卵泡发育起到重要调控作用。

② 排卵的时间、数目和类型：

a. 排卵的时间。母畜的排卵时间与品种、个体、营养状况、环境条件等息息相关。一般情况下，夜间排卵较白天多，右侧排卵较左侧多。家畜的大致排卵时间：牛排卵距发情（接受爬跨）开始平均为28~32h，距发情结束（拒配）平均为10~12h；山羊排卵多发生在发情（接受爬跨）结束后数小时内；猪排卵在发情后20~36h时，排卵持续期6~8h；马排卵在发情结束前10~12h；兔是在交配后6~12h排卵。

b. 排卵数目。在一个发情期中，不同家畜的排卵数有很大差异。排卵数受品种、年龄、营养和遗传等因素的影响较大。牛、马、驴等一般只排1~2枚，羊1~3枚，猪10~30枚。

c. 排卵类型。母畜排卵类型分为自发性排卵和刺激性排卵。卵泡成熟后不经交配刺激能自发排卵，自动形成黄体称为自发性排卵，如猪、牛、羊、马等。母畜的促黄体素作用是周期性的，不取决于交配的刺激，由神经内分泌系统控制。刺激性排卵是指卵泡成熟后只有经交配或子宫颈受到某些刺激后才能排卵，兔、骆驼、猫等即属此类。动物只有当子宫或阴道受到适当刺激后，神经冲动由子宫颈或阴道传到下丘脑的神经核，并于该处产生促性腺激素释放激素（GnRH），沿着垂体门脉系统到垂体前叶，刺激其分泌促黄体素。刺激性排卵动物没有类似自发性排卵动物的发情周期，在交配前2~3d几乎处于发情状态。

(5) 黄体的形成与退化

① 黄体的形成：母畜排卵后，卵泡壁破裂流出的血液、淋巴和残留的卵泡

液聚集在卵泡腔形成凝血块称为红体,此后颗粒细胞和内膜细胞增生并吸收类脂物质变为黄体。早期黄体细胞的营养来自红体,随血管的侵入和增生,使黄体靠血液提供营养。牛、绵羊、猪马的黄体达到最大体积的适当时间分别为排卵后 7~9d、10d、6~8d、14d。

② 黄体的退化:如果母畜排卵后未妊娠,形成的黄体称为周期黄体(假黄体),如妊娠则称妊娠黄体(真黄体)。多数母畜的妊娠黄体存在于整个妊娠期,分泌孕酮以维持妊娠,妊娠结束才退化。但母马例外,一般在妊娠中期退化,后期靠胎盘分泌的孕酮维持妊娠。周期性黄体退化的时间因畜种而异,一般维持 12~17d 退化,退化的黄体先变为白体,最后形成一个疤痕。

2. 输卵管

(1)输卵管的形态位置　输卵管是一对多弯曲的细管(20~28cm),位于卵巢和子宫角之间,是卵子进入子宫必经的通道,由子宫阔韧带外缘形成的输卵管系膜所固定。输卵管分为 3 部分:漏斗部、壶腹部和峡部(图 4-8)。

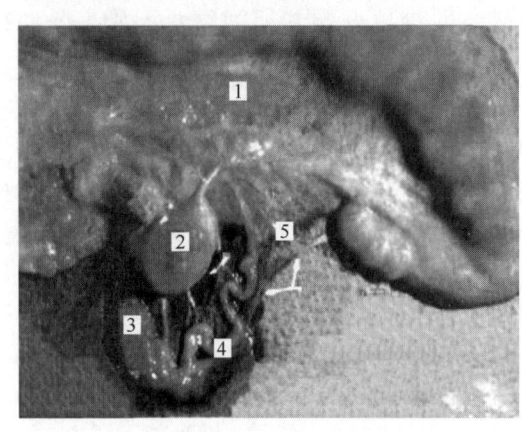

1—子宫角阔韧带　2—卵巢　3—输卵管漏斗
4—输卵管壶腹　5—输卵管峡部

图 4-8　输卵管

输卵管的前端膨大呈漏斗状部分为输卵管的漏斗部,漏斗中央的深处有一口通腹腔,为输卵管腹腔口,卵细胞由此进入输卵管,腹腔口的周缘有许多不规则的皱褶,称输卵管伞。输卵管的前 1/3 段较粗,称为输卵管壶腹部,是精子和卵子受精的场所。输卵管的后 2/3 段较细,称为输卵管峡部,峡部的末端以细小的输卵管子宫口与子宫角相连,称为宫管结合处。

(2)输卵管的组织构造　输卵管的管壁从外向内由浆膜、肌层和黏膜构成。浆膜包裹在输卵管外面,并形成输卵管系膜。肌层可分为内层的环形肌和外层的纵行肌,混有斜行纤维,以利于收缩。黏膜层有许多纵褶,上皮为单层柱状纤毛,有助于运输卵子。

(3)输卵管的生理机能

① 运输精子、卵子和早期胚胎:从卵巢排出的卵子被输卵管伞接纳,借助平滑肌的蠕动和纤毛的摆动将其运送到漏斗和壶腹。同时,将精子由峡部反向运送到壶腹部,以便受精结合。受精后,在输卵管内进行近 1 周的发育,早期胚胎由壶腹部进入子宫角。

② 提供精子获能、卵子受精及卵裂的场所：精子在通过子宫和输卵管的同时，获得使卵子受精的能力。精子和卵子只能在输卵管的壶腹部受精结合形成受精卵。受精卵在向峡部和子宫角运行的同时进行卵裂。

③ 为早期胚胎提供营养：输卵管分泌物的主要成分是黏蛋白质和多糖，是精子、卵子的运载工具，也是精子、卵子、胚泡附植和早期胚胎的培养液。

3. 子宫

（1）类型　子宫是母畜内生殖器官之一，呈前后略扁的倒置梨形，为胚胎发育和胎儿分娩的器官，哺乳动物的子宫可分为以下几种类型。

① 双子宫：左、右两个子宫分别开口于阴道，某些啮齿类、翼手目和象属于此类型。

② 对分子宫：左、右两个子宫末端靠近，共同开口于阴道，反刍动物属于此类型。

③ 双角子宫：两个子宫是分开的，称为子宫角，而后端合成子宫体，家畜（马、猪）属于此类型。单胎动物子宫角短，多胎动物子宫角长。

④ 单子宫：哺乳动物子宫的一种类型。左右子宫完全愈合成一个完整的囊状体，故称为单子宫，灵长类动物属于此类型。

（2）形态位置　子宫前接输卵管，后接阴道，背侧为直肠，腹侧为膀胱。各种家畜的子宫都分为子宫角、子宫体和子宫颈。子宫角成对，角的前端接输卵管，后端汇合而成子宫体，最后由子宫颈接阴道。

① 子宫角：子宫角为子宫的前部，呈弯曲的圆筒状，位于腹腔内，前端分为左、右两部分，每侧子宫角向前下方弯曲、逐渐变细与输卵管相连，后端汇合为子宫体。

② 子宫体：子宫体多位于骨盆腔内，部分在腹腔内，呈短而直的圆筒状，向后延续为子宫颈。子宫角与子宫体内的空腔称为子宫腔。

③ 子宫颈：子宫颈位于骨盆腔内，突入阴道形成子宫颈阴道部。阴道前方的部分称阴道前部，突入阴道内的部分称阴道部。子宫颈壁厚，内腔狭窄，称子宫颈管。

（3）子宫的组织构造　子宫从内向外由黏膜（又称子宫内膜）、肌层和浆膜（又称子宫外膜）三层组成。

① 子宫内膜：子宫内膜呈粉红色，膜内有子宫腺。子宫内膜由上皮和固有层构成。反刍动物和猪为单层柱状或假复层柱状上皮，马、犬、猫等动物为单层柱状上皮。固有层的浅层有较多的细胞成分及子宫腺导管，深层中细胞成分较少，但布满了分支管状的子宫腺及其导管。腺上皮由有纤毛或无纤毛的单层柱状上皮组成。子宫腺分泌物为富含糖原等营养物质的浓稠黏液称子宫乳，可供给着床前附植阶段早期胚胎所需营养。子宫阜是反刍动物固有层形成的圆形

隆起，参与胎盘的形成，其内有丰富的成纤维细胞和大量的血管。

② 子宫肌层：子宫肌层由发达的内环行肌和薄的外纵行肌构成。在两层间或内层深部存在大量的血管、淋巴管和神经，这些血管主要是供应子宫内膜营养。子宫颈的环行肌特别发达，形成子宫颈括约肌，平时紧闭，分娩时开张。

③ 子宫外膜：子宫外膜为浆膜，由腹膜延续而成，被覆于子宫的表面。浆膜在子宫角背侧和子宫体两侧形成浆膜褶，称子宫阔韧带，将子宫悬于腰下部。子宫阔韧带内有卵巢和子宫的血管通过，动脉由前至后依次是子宫卵巢动脉、子宫中动脉和子宫后动脉。妊娠时可根据动脉的粗细和脉搏的变化进行妊娠诊断。

（4）各种家畜子宫的特点

① 牛子宫的特点：牛子宫的子宫角长 20~30cm，子宫角的基部粗 2~3cm，末端形成伪体，中间有明显的纵隔。子宫体较短，长 2~5cm。青年母牛和年产胎次数较少的母牛子宫角呈卷曲的绵羊角状，位于骨盆腔内。经产胎次多的母牛子宫不能完全恢复，常垂入腹腔。两侧子宫角基部之间的连接处有一纵沟称角间沟。子宫角分叉处有角间背侧和腹侧韧带相连。子宫黏膜上有 100~200 个卵圆形隆起，称子宫阜。子宫阜上没有子宫腺，深部含有丰富的血管，妊娠时子宫阜发育为母体胎盘。子宫颈长 8~10cm、粗 3~4cm，位于骨盆腔内，壁厚而硬，管腔封闭，发情和分娩时稍开张。子宫颈阴道部粗大，阴道 2~3cm，黏膜呈放射状皱襞，经产母牛的皱襞有时肥大呈菜花状。子宫颈肌环形层发达，形成 3~5 个横行新月形皱襞，彼此嵌合，使子宫颈管成螺旋状。

② 羊子宫的特点：羊子宫的形态与牛相似，体积较小。绵羊的子宫阜为 80~100 个，山羊的子宫阜为 160~180 个，子宫阜的中央有一凹陷。子宫颈阴道部仅为上、下两片或三片突起，上片较大，子宫颈外口的位置多偏向右侧，形成一个不规则的弯曲管道。

③ 猪子宫的特点：猪子宫的子宫角长，弯曲似小肠。经产母猪的子宫角长达 1.2~1.5cm，管壁较厚。子宫体短，子宫黏膜上多皱襞，无子宫阜。子宫颈长 10~18cm，内壁有左、右两个彼此交错的半圆形突起，称子宫颈枕，中部较大，靠近两端较小。子宫颈管呈螺旋状。子宫颈后端逐渐过渡为阴道，无子宫颈阴道部，与阴道无明显的界限。

（5）子宫的生理机能　子宫的主要功能是为胚胎的生长发育提供适宜的场所，促进精子向输卵管运行，并参与胎儿的分娩。

① 储存、筛选和运送精子：母畜发情配种后子宫颈开张，有利于精子逆流运行，子宫颈黏膜隐窝内可储存大量精子，同时阻止死精子和畸形精子进入，借助子宫肌的节律性收缩运送精子到达输卵管。

② 孕体的附植、妊娠和分娩：子宫内膜可提供孕体附植，并形成母体胎盘，与胎儿胎盘结合，为胎儿的生长发育提供良好的条件。妊娠期间，子宫颈分泌的高度黏稠的黏液形成栓塞，防止异物侵入，起到保胎作用。分娩前栓塞液化，子宫颈扩张，利于胎儿产出。

③ 调节卵巢的机能：在发情周期中，子宫角内膜分泌的前列腺素 $F_{2\alpha}$（$PGF_{2\alpha}$）对同侧卵巢的周期性黄体有溶解作用，使黄体机能减退，消除对垂体机能的抑制作用，促卵泡素分泌增加。在妊娠期子宫角内膜部分泌前列腺素 $PGF_{2\alpha}$，黄体持续存在，维持妊娠。

4. 阴道与外生殖器官

（1）阴道　阴道为中空的肌质器官，位于骨盆腔内，腹侧为膀胱和尿道。阴道前端与子宫颈阴道部形成一环形或半环形的隐窝称阴道穹隆。后端以尿道外口与阴道前庭为界，在尿道外口前方有一横行或环形的薄膜槽称为阴瓣。阴道壁由黏膜、肌层和浆膜（或外膜）组成。内层黏膜呈粉红色，形成许多纵行皱褶，没有腺体，肌层由平滑肌和弹性纤维构成。外层前部为浆膜，后部为结缔组织构成的外膜。阴道是母畜的交配器官，也是胎儿产出的通道，又称产道。

（2）外生殖器官　外生殖器官包括尿生殖前庭、阴蒂和阴门。

① 尿生殖前庭：尿生殖前庭位于骨盆腔内，呈短筒状，前高后低，为稍倾斜的结构。前方以尿道外口与阴道为界，后方经阴门与外界相通。尿生殖前庭由黏膜、肌层和外膜组成，黏膜呈粉红色。母牛尿道外口的腹侧面有一黏膜凹陷形成的盲囊，称尿道憩室，在为母牛导尿时应注意避开。在尿道外口后方两侧，有前庭小腺的开口，在阴道前庭的两侧壁有前庭大腺的开口，母畜发情时前庭腺体分泌机能增强。

② 阴蒂：在阴门联合腹侧的前下方有一阴蒂窝，内有阴蒂。阴蒂由两个勃起组织构成，相当于公畜的阴茎，富有感觉神经末梢。母马的阴蒂发达，发情时常暴露于阴门外。

③ 阴门：阴门为母畜生殖器官的末部，位于肛门的腹侧，由左、右阴唇构成，两阴唇间的裂隙称阴门裂。

（四）母禽的生殖器官与机能

母禽的生殖器官（图 4-9～图 4-11）包括卵巢和输卵管两部分。与家畜相比，其结构简单，家畜的输卵管、子宫、阴道分界明显，而家禽把三者合称为输卵管，且卵巢、输卵管简化了一半，只有左侧生殖器官发育完全，右侧生殖器官在孵化的第 7~9 天就停止发育并逐渐退化，到孵出时仅留残迹。因为卵生，卵主要在输卵管内形成，产蛋是连续的，所以相对于家畜，家禽的输卵管

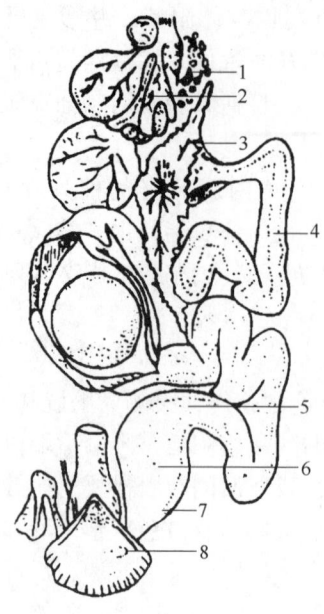

1—发育中的卵泡　2—成熟卵泡
3—喇叭部　4—膨大部　5—峡部
6—子宫部　7—阴道部　8—泄殖腔

图 4-9　母鸡生殖器官

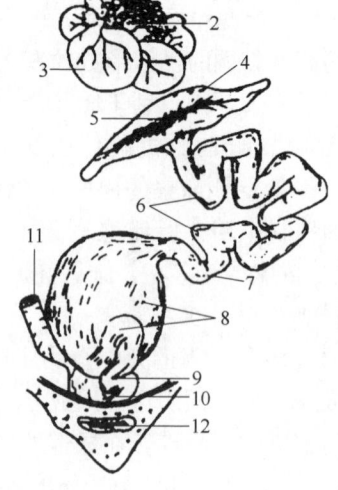

1—卵巢基　2—发育中的卵泡　3—接近成熟的卵泡　4—喇叭部　5—喇叭部入口　6—蛋白分泌部　7—峡部　8—子宫（内有形成的蛋）　9—阴道　10—泄殖腔　11—直肠　12—肛门

图 4-10　母鸭生殖器官

非常发达。

1. 卵巢

（1）卵巢的形态位置　卵巢位于腹腔的左侧，靠卵巢系膜韧带与体壁相连。雏鸡的卵巢不发达，颜色呈灰色或白色，形状似桑葚。性成熟时由于表面有不同发育阶段的卵泡，颜色由白色到黄色。随着时间的延长，卵泡膜逐渐变软，最后在卵泡膜无血管处排出卵子，被输卵管伞部接纳。由于家禽卵生无需孕育，所以排卵后不形成黄体。

（2）卵巢的生理机能　卵巢是形成卵子的器官，能分泌雌激素，促进输卵管的生长、耻骨及肛门的开张，利于产蛋，而且还能够积累卵黄，以供给胚胎体外发育时的营养需要。因此，禽类的卵细胞要比其他家畜的卵细胞大。

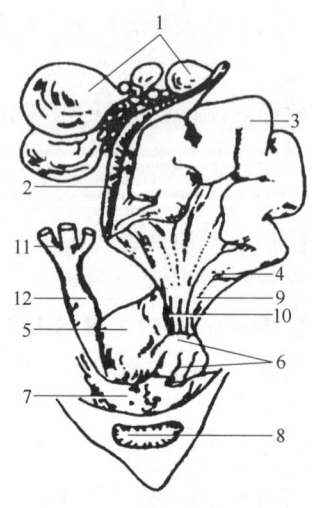

1—卵巢　2—漏斗部　3—蛋白分泌部
4—峡部　5—子宫部　6—阴道部
7—泄殖腔　8—肛门　9—背侧系膜
10—腹侧系膜　11—盲肠　12—直肠

图 4-11　母鹅生殖器官

2. 输卵管

(1) 输卵管的形态位置　输卵管发达，尤其是产蛋期最发达。根据输卵管的结构和功能可分为 5 个部分，即漏斗部、膨大部、峡部、子宫部和阴道部。

① 漏斗部：又称伞部，呈漏斗状，便于承接卵巢排出的卵子，如交配或人工输精后精卵在此结合受精。卵通过漏斗部的时间约 18min。输卵管在伞部有开向腹腔的口，产蛋期的家禽受惊吓时，卵巢排出的卵子有时不被伞部接纳而落入腹腔内，形成卵黄性腹膜炎。

② 膨大部：又称蛋白分泌部。膨大部管壁较厚，是输卵管中最长、弯曲最多的一段，分泌的蛋白包裹在蛋黄的周围，卵子通过此段一般需要 2~3h。

③ 峡部：位于蛋白分泌部与子宫部之间，为输卵管较短较窄段，所以称为峡部，与膨大部界限明显。在此处分泌的蛋白质，能形成内外卵壳膜，卵子通过此段约需 75min。

④ 子宫部：又称壳腺部，是输卵管峡部后的膨大部分，一般呈袋状。管壁较厚，肌层发达，分布有螺旋状的平滑肌纤维。黏膜形成纵横的深褶，黏膜内有壳腺，能分泌钙质、角质和色素，形成蛋壳和壳上膜（也称胶护膜）。禽蛋在此处停留时间最长为 19~20h。

⑤ 阴道部：开口于泄殖道的左侧壁，黏膜呈白色，是雌禽的交配器官。子宫部和阴道部的连接处附近区域的精小窝有储存精子的作用，以保证家禽受精的连续性。阴道对蛋的形成不起作用，只是等待产出。蛋产出时，阴道自泄殖腔翻出。

(2) 输卵管的生理机能　输卵管的主要生理功能是精子、卵子受精和早期胚胎发育。输卵管各部的生理作用如表 4-3 所示。

表 4-3　　　　　　　　母鸡输卵管各部分的生理作用

输卵管各部分	长度/cm	卵的停留时间	生理作用
漏斗部	9	15min	承接卵子,受精作用
膨大部	33	2~3h	分泌蛋白
峡部	10	80min	形成内外蛋壳膜,注入水分
子宫部	10~12	18~20h	注入水分和盐类,形成蛋壳,着色,壳上膜
阴道部	10	几分钟	鸡蛋等待产出

二、采精及其准备

(一) 不同畜禽的采精方法

1. 采精方法

家畜种类不同，采精操作方法也不同。目前生产上普遍采用的方法有假阴道法和手握法。

(1) 假阴道法

① 牛的假阴道采精：采精员站在台畜的右侧，右手握住假阴道，公牛爬跨台牛时，迅速用左手将其阴茎导入假阴道内。整个采精操作过程要注意防止精液向外倒流。

② 羊的假阴道采精：基本方法与牛相同。采精时，先将台羊牵入配种架，采精员蹲于台羊右侧，右手持假阴道，当公羊爬跨阴茎勃起向前冲时，以左手轻握包皮迅速将阴茎导入假阴道内，以防精液射在假阴道外。

③ 兔的假阴道采精：采精用的公兔要求性欲旺盛、健壮无疾病，一般每周采精1次。对于公兔一般选用假阴道采精法，训练时需将公母兔预先隔离，用母兔调情。采精时可用母兔作为台兔，也可用鞣制好的兔皮蒙住手臂作台兔。采精时，采精人员先用左手将母兔进行保定，右手持假阴道置于母兔后腿之间并紧贴母兔腹下，前端稍低，使假阴道与水平成30°角，与母兔外阴相平或稍突出1cm，待公兔爬跨母兔后，将假阴道的位置稍作调整，保证公兔阴茎顺利插入假阴道。当公兔后躯卷缩，发出"咕咕"叫声，并向一侧滑下时，表示射精结束，此时立即将假阴道口向上竖起以防精液流失，取出集精管，塞上消毒的木塞即可。

④ 猪的假阴道采精：猪的射精时间较长。采精员右手持假阴道，蹲在台猪右侧，当公猪前肢爬上台猪背部后，将假阴道入口对准公猪的包皮孔，待阴茎伸出自然插入。此时采精员要有节律地挤压双连球，使假阴道内腔一张一缩，以增加公猪快感。见公猪爬在台猪背上不动，肛门部有节律地收缩，即表示射精。这时应立即将胶皮漏斗向下方拉直，以利精液流入集精瓶。

(2) 手握采精法　手握采精法是用手掌代替假阴道采精，是目前广泛采用的一种方法。与假阴道法相比，它具有设备简单、操作简便等优点。操作方法：采精时，采精员蹲在台猪的左侧，公猪爬跨台猪伸出阴茎时，手掌心向下，即公猪阴茎的螺旋部，使龟头露出手掌1cm左右，并用拇指顶住顶端，有节奏地轻握，使公猪增加快感，并顺势将阴茎拉出包皮外，松紧度以不使阴茎滑脱为准（图4-12）。公猪射精时，即用盖有2~3层纱布的集精瓶接取精液，初射的精液可以不必接取，主要接取含精子数量较多的第二部分。

(3) 电刺激法　牛、羊、猪、兔和特种经济动物都有与之相适应的各种电刺激采精器，其中以羊和特种经济动物使用效果较好，也较多地用于性欲差、肥胖、爬跨困难或不易调教的动物，电刺激装置采精的装置如图4-13所示。

(4) 按摩法　此法适用于牛和家禽等。

① 公牛的按摩法采精：先将直肠内粪便排除，再将手伸入直肠约25cm处，轻轻按摩精囊腺，以刺激精囊腺的分泌物自包皮排出。然后将食指放在输

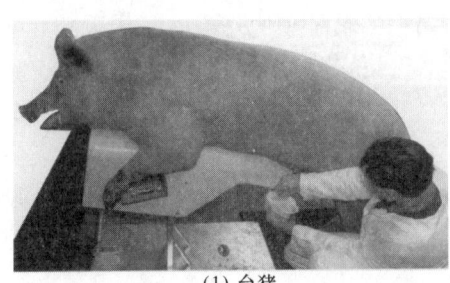
(1) 台猪

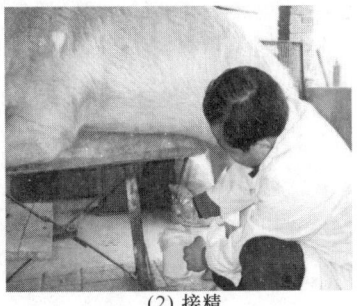
(2) 接精

图 4-12　猪的手握采精

精管两膨大部中间，中指和无名指放在膨大部外侧，拇指放在另一膨大部外侧，同时由前向后轻轻伴以压力，反复进行滑动按摩，即可引起精液流出，由助手接入集精杯（管）内。为了使阴茎伸出以便助手收集精液，尽量减少细菌污染，也可按摩"S"状弯曲。按摩法比用假阴道法所采得的精液精子密度低，并且细菌污染程度较高，生产中较少采用。

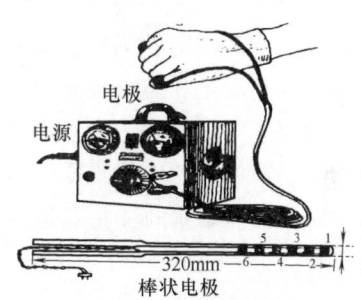
图 4-13　电刺激采精装置

② 家禽的按摩法采精：它分为背腹式按摩采精法和背式按摩采精法两种。背腹式按摩采精法多用于体型较大、重型品种的鸭和鹅的采精。而鸡与体型小的鸭与鹅的采精，多用背式按摩采精。鸡的按摩采精一般由2人操作，保定员以两手各保定公鸡的一条腿，使其自然分开，拇指扣住翅膀，使公鸡尾部朝向采精员，呈自然交配姿势。采精员右手持集精杯置于泄殖腔下部的软腹处，左手自公鸡的翅基部向尾根方向连续按摩3~5次。按摩时，手掌紧贴公鸡背部，稍施压力。近尾部时手指并拢紧贴尾根部向上滑动，施加压力可稍大。公鸡泄殖腔外翻时，左手放于尾根下，用拇指、食指在泄殖腔上部两侧施加压力，右手持集精杯置于交配器下方接取精液。

按摩采精法需注意的事项：保持采精场所的环境安静和卫生清洁；采精人员要相对固定；采精过程不能粗暴、惊吓公鸡；捏压泄殖腔力度要适中，过轻、过重均不利排精，甚至造成种公鸡损伤；采精过程保持无菌操作；采出的精液要置于30~35℃的环境中。

2. 采精频率

采精频率是指每周对公畜禽采精的次数。适宜的采精频率是保障公畜禽生殖功能和身体健康的基本要求。采精频率应根据公畜禽生精能力、精子在附睾的储精量、每次射精的精子数及公畜禽体况等确定。一般公牛每周采精2次；公猪、公马射精量大，很快将附睾内储存的精子彻底排空，每周采精2~3次；公鸡一般隔日采精1次，必要时可连采3~5d，休息1d，但要注意精液品质的变化和公鸡的健康状况。

公畜采精的频率应根据不同公畜，不同季节等具体情况确定。如果采精过度，不仅会降低精液品质，而且会造成公畜生殖机能降低，缩短使用年限等不良后果。

（二）公畜禽采精前的准备

1. 采精场地的准备

采精要有固定的场所和安静的环境，以便公畜建立起稳定的条件反射，同时保证人畜安全和防止精液污染。为此，采精场所应该宽敞、平坦、安静、清洁和固定。保定台畜的采精架（或称配种架）和供公畜爬跨射精的假台畜必须坚固。采精场所的地面既要平坦，但又不能过于光滑，最好能铺上橡皮垫或麻袋以防打滑。采精前要将场地打扫干净，并配备有喷洒消毒和紫外线照射的灭菌设备。

2. 台畜的准备

台畜是供公畜爬跨用的台架，有真台畜和假台畜之分。使用发情母畜和调教的公畜做台畜采精效果更好，活台畜应选择健康无病、体格健壮、大小适中、性情温顺、无恶癖的同种家畜活台畜入保定栏内保定。使用假台畜采精简单方便，且又安全，各种家畜均可采用。假台畜是用钢筋、木材、橡胶制品等材料模仿家畜的外形制成的，固定在地面上，其大小与真畜相近（图4-14）。假台畜的外层覆以棉絮、泡沫等柔软之物，也可用畜皮包裹，以假乱真。假台畜内可设计固定假阴道的装置，可以调节假阴道的高低。

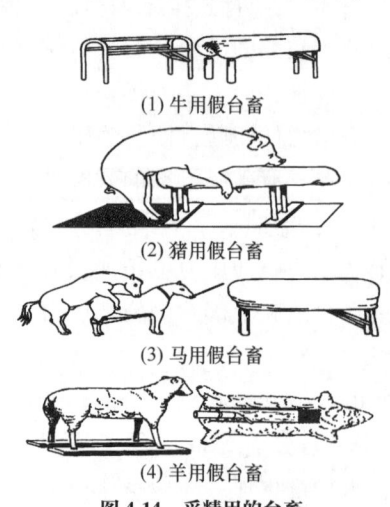

(1) 牛用假台畜
(2) 猪用假台畜
(3) 马用假台畜
(4) 羊用假台畜

图4-14 采精用的台畜

3. 器械与假阴道的准备

采精所用器械要事先准备好，在使用前要严格消毒，每次使用后必须洗涮干净。虽然各种家畜用的假阴道在形状、大小等方面不尽相同（图4-15），其类型多种多样，但设计原理和基本构造相同，即由外筒（又称外壳）内胎、集精杯（瓶、管）、活塞（气嘴）和固定胶圈等基本部件组成。

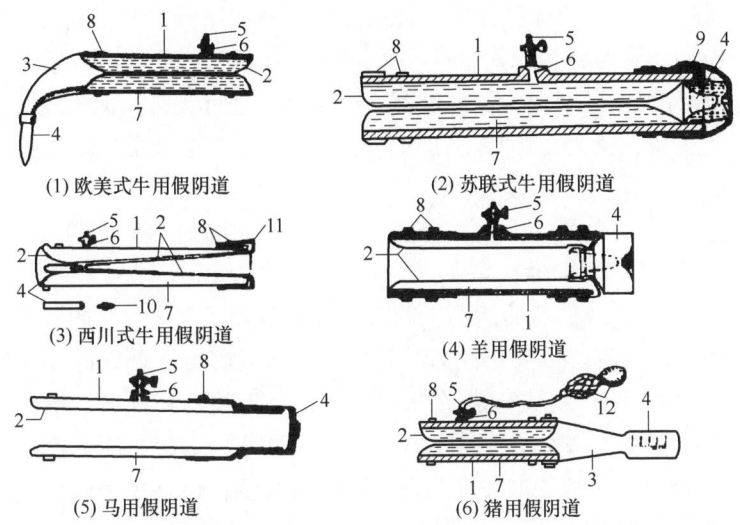

1—外壳 2—内胎 3—橡胶漏斗 4—集精杯 5—气嘴 6—水孔 7—温水 8—固定胶圈
9—集精杯固定套 10—瓶口小管 11—假阴道入口泡沫垫 12—双连球

图 4-15 各种家畜的假阴道

假阴道在使用前必须进行洗涤、安装内胎、消毒、冲洗、注水、涂润滑剂、调节温度和压力等。安装调试时应注意以下几点。

(1) 适当的温度 假阴道的温度应和母畜的体温相近,温度过低,会抑制公畜性兴奋。温度过高,会影响精子的存活时间。假阴道温度一般用热水来维持,使内胎温度达到 38~40℃。集精杯的温度应保持在 34~35℃。

(2) 适当的压力 适当的压力是引起公畜射精的重要条件,压力不足对公畜刺激不够,压力过大则阴茎不易插入。一般通过注水和吹入空气调节压力。

(3) 适当的润滑度 润滑度不足,公畜阴茎插入困难并有痛感。涂油过多,会混入精液之中,使精子呈现凝集现象,影响精液品质。另外,还应注意凡是接触精液的部分,如集精杯、内胎、橡胶漏斗等均需严格消毒。仔细检查外胎、内胎及集精杯,不能漏水或漏气。

4. 公畜的准备

(1) 性成熟与初次采精时间 性成熟是指公畜性器官、性机能发育成熟,并具有受精能力。性成熟时间:牛为 10~18 月龄,马为 18~24 月龄,猪为 3~6 月龄,羊为 5~8 月龄,家兔为 3~4 月龄。公畜各器官组织发育完善,体重达到成年体重的 70%,是配种的最佳时期。母畜适配年龄一般根据品种、个体发育情况,在性成熟基础上延迟数日。

(2) 公畜的调教 利用假台畜采精,要事先对种公畜进行调教,使其建立条件反射。调教的方法有以下几种。

① 在假台畜的后躯涂抹发情母畜的阴道黏液或尿液，公畜则会受到刺激而引起性兴奋并爬跨假台畜，经过几次采精后即可调教成功。

② 在假台畜旁边牵一头发情母畜，诱使公畜进行爬跨，但不让交配而把其拉下，反复多次，待公畜性冲动达到高峰时，迅速牵走母畜，令其爬跨假台畜采精。

③ 将待调教的公畜拴系在假台畜附近，让其目睹另一头已调教好的公畜爬跨假台畜，然后再诱其爬跨。

④ 种公畜调教应注意的问题：调教过程中，要反复进行，耐心诱导，切勿强迫、恐吓、抽打等，以防止性抑制而给调教造成困难。调教时，应注意公畜外生殖器的清洁卫生。最好选择在早上调教，早上精力充沛，性欲旺盛。调教时间、地点要固定，每次调教时间不宜过长。同时，注意调教环境的安静。

（3）采精前种公畜的准备　公畜采精前的准备，包括体表的清洁、消毒和诱情（性准备）两个方面。采精前应擦拭公畜的下腹部，用0.1%高锰酸钾溶液等洗净其包皮外并抹干，用生理盐水清洗包皮腔内积尿和其他残留物并抹干。在采精前，需以不同诱情方法使公畜有充分的性兴奋和性欲，一般采取让公畜在台畜附近停留片刻，进行2~3次假爬跨。

5. 操作人员的准备

采精时应技术熟练，动作敏捷，注意人畜安全。操作前，要求脚穿长筒靴，着紧身工作服，避免与公畜及周围物体钩挂，影响操作。指甲剪短磨光，手臂要清洗消毒。

三、精液品质检查

（一）精液的组成及成分

1. 精液的组成

精液由精子和精清两部分组成，活的精子悬浮在液态和半胶样的精清中。精清是附睾、副性腺及输精管壶腹的分泌物，家畜精液量的多少取决于副性腺。牛、羊的副性腺不发达，分泌力弱，故精液量小，精子密度大。猪、马的副性腺发达，精液量大，精子密度小，如表4-4所示。

表4-4　　　　各种家畜的射精量和精子密度

畜别	一次射精量/mL	精子密度/（亿个/mL）	畜别	一次射精量/mL	精子密度/（亿个/mL）
牛	4(2~10)	10(2.5~20)	猪	250(150~500)	2.5(1~3)
绵(山)羊	1(0.7~2)	30(20~50)	家兔	1(0.4~6)	7(1~20)
马	70(30~100)	1.2(0.3~8)	鸡	0.8(0.2~1.5)	35(0.5~60)

2. 精液的成分

精液的成分包含无机成分、糖类、蛋白质、酶、核酸、脂质和维生素。

(1) 无机成分　精液中的无机离子以 K^+、Na^+ 为主，精子内 K^+ 的浓度比精清高，而 Na^+ 和 Ca^{2+} 的浓度次之。阴离子以 Cl^-、PO_4^{3-} 较多，这些离子对维持精液的渗透压和稳定精液的 pH 均有重要的作用。

(2) 糖类　糖是精液的重要成分，是精子代谢的能量来源。精液中的糖类主要是果糖，且大多来源于精囊腺。果糖的分解产物丙酮酸是射精瞬间给予精子的能源，射精后很快从精清中消失。马和猪的精液中只有少量的果糖，在保存这两种家畜的精液时更需要添加糖类。精液中还含有几种糖醇，以山梨醇和肌醇为代表，来源于精囊腺。

(3) 蛋白质　家畜精子中的蛋白质主要是组蛋白质，占精子干重的一半以上，主要在头部和 DNA 结合构成碱性的核蛋白质，并在尾部形成脂蛋白质和角质蛋白质。精清中有一种属于黏蛋白质的唾液酸，在精子中也有少量存在。

(4) 酶　精液中的酶较多，它们对蛋白质、脂质、糖类的分解和代谢起着催化作用。在精子顶体中的酶与受精息息相关，如透明质酸酶、放射冠穿透酶等。各种磷酸酶和糖苷酶等在精清中大量存在，是精子呼吸和糖酵解活动所必需的。

(5) 脂质　精液中的脂类物质主要是磷脂，在精子中大量存在，大多以脂蛋白质和磷脂的结合态存在。精液中的磷脂约有 10% 在精清中。前列腺是精清中磷脂的主要来源，其中以卵磷脂更有助于延长精子的存活时间，对精子的抗冻保护作用比缩醛磷脂更重要。

(6) 维生素　精液中含有的维生素和动物本身的营养有关。用维生素含量丰富的饲料饲养时，精液中便出现这些维生素。在牛的精液中已分析出有维生素 B_1、维生素 B_2、维生素 C、泛酸和烟酸等。出现黄色的精液即与维生素 B_2 有关。维生素的存在有利于提高精子的活力和密度。

(二) 精子的形态和结构

各种家畜精子的形态结构基本相似，长 50~70μm，分头、颈、尾 3 个部分，如图 4-16 所示。

1. 头部

家畜精子头部呈扁卵圆形，家禽精子头部呈长的圆锥形，主要由细胞核、顶体和核后帽 3 部分组成。

(1) 细胞核　周围有一层核膜，内含 DNA。

(2) 顶体 (核前帽)　细胞核前端被帽样的顶体覆盖，顶体是一个双层膜囊，由高尔基体发育而来。精子顶体内含有一种类似于胰蛋白酶的中性蛋白水解酶，能水解卵透明带糖蛋白，使精子穿过放射冠和透明带，促进精子与卵子

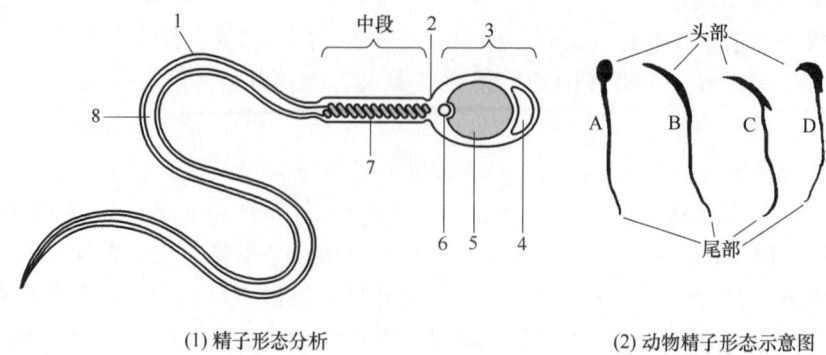

(1) 精子形态分析　　　　　　　　(2) 动物精子形态示意图

1—质膜　2—颈部　3—头　4—顶体　5—核　6—中心粒　7—线粒体（螺旋体）　8—尾巴
A——般哺乳动物的精子　B—鸡精子　C—大鼠精子　D—小鼠精子

图4-16　动物精子形态示意图

融合。精子顶体在衰老时易变性，出现异常或脱落，是评定精子品质的重要指标之一。按照顶体的生理形态和受损伤情况，可将精子顶体分为4种类型，分别是Ⅰ型（顶体完整）、Ⅱ型（顶体轻微膨胀）、Ⅲ型（顶体破坏）和Ⅳ型（顶体全部脱落）。

(3) 核后帽　紧接在顶体后部，精子死亡后，该区易被伊红、溴酚蓝等染色剂着色，这一特征是鉴别精子是否成活的方法之一。顶体部分覆盖核后帽形成核环（赤道节），此处在受精过程中首先和卵母细胞膜融合。

2. 颈部

颈部是精子最脆弱的部分，特别是在精子成熟时稍受影响，尾部易在此处脱离形成无尾精子。另外，在体外处理和保存过程中容易变形，从而失去受精能力。

3. 尾部

尾部是精子最长的部分，是精子代谢和运动的器官。根据其结构的不同又分为中段、主段和末段3部分，由中心体小体发出的轴丝和纤丝组成，靠近颈的为中段，中间为主段，最后为末段。

(1) 中段　长8~15μm，是尾部最粗的部分，由颈部延伸而来，由2条中心轴丝、周围是由外围较粗的9对纤丝和9条外围纤丝构成的同心圆纤维束，最外层由螺旋状的线粒体鞘膜所环绕。牛为70圈、猪为65圈，是精子分解营养物质、产生能量的主要部分。

(2) 主段　9条外围纤丝消失，剩下9对细纤丝和2条中心轴丝，线粒体鞘变成纤维性尾鞘。

(3) 末段　只有2条中心纤丝和细胞质膜覆盖。精子的运动主要是靠尾部的鞭索状波动，把精子推向前进。而且与头脱离的尾仍能活动，这是因为尾部的纤丝具有收缩力。

（三）精子的运动

正常精子是靠尾部的摆动产生推动力，驱使精子呈直线前进运动。

1. 精子的运动形式

精子的运动形式大体可分3种：直线前进运动、原地摆动和圆周运动。在适宜的条件下，正常的精子做直线前进运动。若精子头部摆动，不发生位移，则为无效精子。另外，当周围环境温度偏低或pH下降，会引起精子出现摆动。如果精子围绕某点做转圈运动，最终会导致精子衰竭，这样的精子同样不具备受精能力。

2. 精子的运动速度

精子的运动速度受周围液体性质的影响。在静止的液体中，精子的运动方向并不固定。在流动的液体里，则逆流加速前进。如在流动的液体中，马的精子运动速度约为90μm/s，而在流速120μm/s的液体中，速度能够达到180~200μm/s。

3. 精子的运动特性

（1）向流性　在流动的液体中，精子表现出逆流向上的特性，运动速度随液体流速而加快。在母畜生殖道中，由于发情时分泌物向外流动，所以精子可逆流向输卵管方向运行。

（2）向触性　在精液或稀释液中有异物存在时，如上皮细胞、空气泡等，精子有向异物边缘运动的趋向，表现其头部顶住异物做摆动运动，精子活力即会下降。

（3）向化性　精子具有向着某些化学物质运动的特性，雌性动物生殖道内存在某些特殊化学物质，如激素、酶等，能吸引精子向生殖道上方运行。

（四）精液品质检查

用于衡量精液品质的指标有精液量、形态和密度、运动力、精子活率、质膜和顶体完整性、线粒体活性和受精能力。多指标联合检测是评定精子质量最可靠的方法。实践中常用流式细胞仪、显微镜和计算机辅助精子分析系统等联合对精子质量进行检查。精液品质检查是评定公畜种用价值的重要依据，也是影响母畜受胎的因素之一。鉴定精液品质常用以下几种方法。

1. 外观检查

（1）射精量　射精量是种公畜一次采精时所射出的精液体积。采精后应立即测定射精量。马（驴）、猪的射精量大，精液中常混有胶状物，需用2~4层灭菌纱布过滤后，在有刻度的量杯（或玻璃集精杯）中测定。牛、羊、兔、鸡射精量小，不需过滤，可在集精杯（管）中直接测定。各种家畜每次的射精量如表4-5所示。

表4-5　　　　　　　　　　各种畜禽的射精量

畜别	一般射精量/mL	范围/mL	畜别	一般射精量/mL	范围/mL
牛	5~10	0.5~14	羊	0.8~1.2	0.5~2.5
马	40~100	30~300	兔	0.5~2.0	0.3~2.4
驴	20~80	20~200	猪	150~300	100~500

射精量因品种、年龄、采精次数、配种季节和饲养管理等条件不同而有差异，所以测定公畜射精量不能凭一次采精记录，应以多次射精量总和的平均数为依据。

（2）颜色　总的来说，正常的精液一般为乳白色或灰白色，而且精子密度越高，透明度就越低。正常牛、羊精液均为乳白色，但有时呈乳黄色（多见于牛），是因为核黄素含量较高的缘故，如果核黄素过高，对精液品质无影响，一段时间后，黄色即被氧化消失。水牛精液为乳白色或灰白色，猪、马、兔为淡乳白色或浅灰白色。

如果精液带有浅绿色或黄色，则是混有脓液或尿液的表现。若带有淡红色或红褐色，即为含有鲜血或陈血的证明。这样的精液应该弃而不用，并立即停止采精。

（3）气味　公畜正常的精液无味或略带腥味。如有异常气味，可能是混有尿液、脓液、尘土、粪渣或其他异物。颜色和气味检查可以结合进行，使鉴定结果更为准确。

（4）云雾状　所谓云雾状是指新鲜精液在33~35℃时，精子成群运动所产生的上下翻卷的现象。云雾状的明显程度代表高浓度的精液中精子活力的高低。云雾状是精子活动和密度的表现，据此可以判定精子活率的高低。牛和羊的精液因精子密度大，观察时一般可以发现明显的云雾状；而马和猪的精子密度小，一般看不到云雾状。云雾状显著（翻卷明显而且较快）的一般以"+++"表示，翻卷明显但较慢的以"++"表示，仔细看才能看到精液移动的用"+"表示，无精液移动的用"-"表示。

2. 显微镜检查

（1）精子活力　精子活力也称活率，是指精液中呈直线前进运动的精子数占总精子数的百分率。精子活率是精液品质优劣的重要标志之一。精子的受精能力与精子的活率有密切关系，因此精子活率检查必须在每次采精后、精液稀释后和输精前进行检查。精子活率受温度影响较大，温度过高时，精子活动激烈，会很快死亡。温度过低时，精子活动受抑制，影响评定结果。因此做精子活率检查时,应把显微镜置于保温箱内,检查时的温度以37℃为宜。

① 检查方法:检查精子活力需借助显微镜,放大200~400倍,把精液样品放在显微镜下观察。

平板压片法:取1滴精液于载玻片上,盖上盖玻片,放在显微镜下观察。此法简单,操作方便,但精液易干燥,检查应迅速。

悬滴法:取1滴精液于盖玻片上,迅速翻转使精液形成悬滴,置于凹玻片的凹窝内,即制成悬滴玻片。此法精液较厚,检查结果可能偏高。

② 精子活力评定:评定精子活力多采用"十级一分制",如果精液中有80%的精子做直线运动,精子活力计为0.8,如有50%的精子做直线运动,活力计为0.5,以此类推。评定精子活力的准确度与经验有关,具有主观性,检查时要多看几个视野,取平均值。

牛、羊及猪的浓份精液精子密度较大,可用生理盐水、5%葡萄糖溶液或其他等渗稀释液稀释后再制片,在检查时可以比较清晰地看清单个精子的运动。精子活力可用计算机辅助精子分析(CASA)和精子质量分析仪(SQA)来进行检测。

(2) 精子密度　单位体积中精子数量的多少即为精子密度。品质良好的精液精子密度大,而品质差的精液精子密度小。精子密度测定方法有估测法和血细胞计数法两种。

① 估测法:滴1滴原精液在载玻片上,覆以盖玻片,放在400~600倍显微镜下观察,按其稠密程度划分为"密""中""稀"3个等级。牛精子密度示意图见图4-17。

 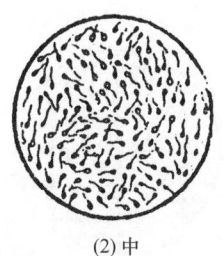 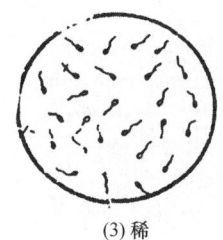

(1)密　　　　　　　(2)中　　　　　　　(3)稀

图4-17　牛精子密度示意图

"密":整个视野布满精子,精子之间的空隙小于一个精子的头长,看不清单个精子的活动情况,这种精液一般每毫升含精子10亿个以上。"中":精子在视野中比较分散,精子彼此之间距离约与一个精子的头长相等,可以分清精子的活动情况,这种精液一般每毫升含精子8亿个以下。"稀":视野中只能见到分散的少数精子,精子之间的空隙很大,这种精液一般每毫升含精子1亿~2亿个。

② 血细胞计数法：为了对精子密度作详细检查，常用血细胞计数器计算每毫升精液中含有的精子数。计数时，先用血细胞吸管稀释精液，牛、羊和兔的精液用红细胞吸管，稀释 100~200 倍，马（驴）和猪的精液用白细胞吸管，稀释 20 倍。稀释液用 3%氯化钠溶液（质量分数），用以杀死精子，便于计数。

先将血细胞计数板及盖玻片冲洗干净、晾干，置于显微镜载物台上，并盖好盖玻片备用。再用吸管吸取精液至所需要的刻度（0.5 或 1），接着用原吸管吸取稀释液至 11（白细胞吸管）或 101（红细胞吸管）的刻度上（表 4-6），同时用拇指及食指分别按压吸管两端，充分摇振，使之混合均匀。然后弃去吸管前端 1~2 滴，再滴 1 小滴于盖玻片与计数板之间的空隙边缘，使精液渗入计算室内。最后置于 400~600 倍显微镜下数出 5 个中方格内的精子数。5 个中方格应从有代表性的四角及中间各选一格（即 80 个小方格），对头部压线的精子，采取"左计右不计，上计下不计"的原则，避免重复和遗漏。精子计数方法如图 4-18 所示。

表 4-6　　　　　　　　　吸管种类和稀释倍数

畜别	吸管种类	应吸到的刻度值		稀释倍数
		精液	3%氯化钠(质量分数)	
公牛	红细胞吸管	1.0	101	100
公羊	红细胞吸管	0.5	101	200
公猪	白细胞吸管	0.5	11	20
公马	白细胞吸管	0.5	11	20
公兔	红细胞吸管	1.0	101	100

(1) 计数板　　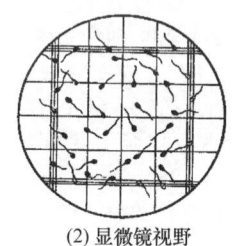(2) 显微镜视野　　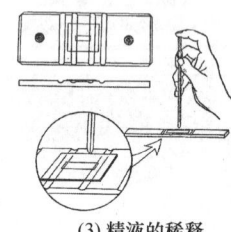(3) 精液的稀释

图 4-18　精子计数方法

将数出的 5 个中方格精子总数，代入公式，即可求出 1mL 原精液中的精子总数。即 1mL 精液的精子总数=5 个中方格的精子数×5（计数室有 25 个中方格）×10×1000×稀释倍数。

为了计数迅速简便，可在查出 5 个中方格的精子总数后面加"零"，如稀释 20 倍加 6 个"零"，稀释 200 倍加 7 个"零"，即为每毫升精液所含的精子

数。对每次的精子数,要求计算两次。如果两次结果相差10%以上时,则需重做第三次。取两次误差不超过10%的数字求出平均值。

羊的精子密度最大,每毫升含精子20亿~30亿个;牛的精液每毫升含精子10亿~15亿个;猪的精液每毫升含精子10亿~20亿个;兔的精液每毫升含精子1.5亿~20亿个;鸡的精液每毫升含精子0.5亿~60亿个。

③ 光电比色法:目前,普遍将光电比色法应用于牛、羊的精子密度测定。此法快速、准确、操作简便。其原理是根据精液透光性的强弱判断,精子密度越大,透光性就越差。先将原精液稀释成不同倍数,用血细胞计数法计算精子密度,从而制成精液密度标准管,然后用光电比色计测定其透光度,根据透光度求出每相差1%透光度的级差精子数,编制成精子密度对照表备用。测定精液样品时,将精液稀释80~100倍,用光电比色计测定其透光值,查表即可得知精子密度。

另外,计算机辅助精子分析(CASA)引入系列动态参数,如直线速率(VSL)、曲线速率(VCL)、路径速率(VAP)、移动角度(MAD)、直线性(LIN)和摆动性(WOB)等对精子的密度和形态进行辅助分析。计算机辅助精子分析结果能预测精子的受精能力。流式细胞仪可以用来获取精细胞内部精细结构的颗粒性质的有关信息,分析结果较为准确。

(3) 精子畸形率 指精液中畸形精子占精子总数的百分比。

① 畸形精子种类:畸形精子又称变态精子,如图4-19所示。在精液中如发现大量畸形精子,即证明精子在生长过程中受到了破坏。畸形精子过多,精液品质就会差,必然影响受胎效果。畸形精子般可分为4类:头部畸形,巨大、瘦小、双头、顶体脱落;断裂,颈部断裂、尾部断裂;双尾、双头、尾部弯曲等;带有原生质滴。

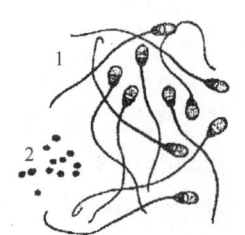
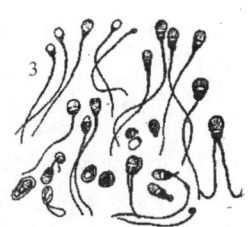

1—正常精子 2—游离原生质滴 3—畸形精子

图4-19 各类精子形态

② 畸形精子检查方法:

a. 涂片。用玻璃棒蘸取1滴精液滴于载玻片的一端,另取一载玻片抵于精液滴上,使精液充满载玻片的边缘,以30°角向前推动,制成抹片。为了方便观察，建议牛羊新鲜精液要用生理盐水稀释后再抹片。牛的精液按1∶5稀释，羊的精液按1∶10稀释，混合均匀。

b. 固定。用95%酒精浸泡2~3min。

c. 染色。酒精固定之后，再用亚甲蓝或蓝墨水进行染色2~3min。

d. 冲洗。用蒸馏水冲去染料，冲洗时要缓慢，待干燥后即可镜检。

e. 镜检。将自然干燥的抹片置于400~600倍的显微镜下观察，记下精子的总数，以及畸形精子的数目，至少检查300~500个精子，然后计算精子畸形率。其计算公式为：

$$精子畸形率 = (畸形精子数/精子总数) \times 100\% \qquad (4-1)$$

牛精子畸形率不超过18%、羊不超过14%、马不超过12%、猪不超过18%。各种家畜的精子畸形率均不应超过20%，超过20%表示精液品质不良。

四、精液的保存

精液保存的目的是延长精子的存活时间，便于运输，扩大精液的使用范围，增加受配母畜头数。按保存温度又可分为常温保存和低温保存两种。现行的精液保存方式有三种，常温（15~25℃）保存、低温（0~5℃）保存和冷冻（-196~-79℃）保存。

（一）常温保存

1. 保存原理

主要利用稀释液的酸性环境来抑制精子的活动，减少其能量的消耗，一旦pH恢复到7.0左右，精子还可以复苏。另外，在稀释液中加入弱酸性物质，创造酸性环境，同时利用抗生素抑制精液中微生物的生长。因此，加入适量的糖类，隔绝空气，对精液的保存有良好的效果。常温保存的温度在15~25℃，保存的设备简单，便于普及推广，特别适合猪的精液保存。

2. 保存方法

在精液保存中为使稀释液得到所需环境，一般采用如下几种方法：向稀释液中充一定量的CO_2气体，如英国的伊里尼变温稀释液（IVT），利用精子本身代谢产生的CO_2自行调节pH。又如康奈尔大学稀释液（CUE），向稀释液中加入酸性物质或充以氮气。操作步骤如下：

第一步，计算稀释倍数；

第二步，依据保存时间长短及畜种选择稀释液。如牛精液用伊里尼稀释液时，在18~27℃下，可保存1周。用醋酸稀释液时，在18~24℃可保存2d；

第三步，按稀释倍数进行精液稀释；

第四步，稀释后充入CO_2或N_2。储精瓶加盖密封，置于干净环境中。

3. 稀释液配方（表 4-7）

表 4-7　　各种家畜精液常温保存稀释液配方

	稀释液组成成分	牛		绵羊		猪	
		IVT*①	CUE②	葡萄糖-柠檬酸钠-卵黄液	明胶液	IVT*	葡萄糖-柠檬酸钠-EDTA 液
基础液	葡萄糖用量/g	0.3	0.3	3	—	0.3	5
	碳酸氢钠用量/g	0.21	0.21	—	—	0.21	—
	二水柠檬酸钠用量/g	2	1.45	1.4	—	2	0.3
	氯化钾用量/g	0.04	0.04	—	—	0.04	—
	氨基乙酸用量/g	—	0.937	—	—	—	—
	氨泵磺胺用量/g	0.3	0.3	—	—	0.3	—
	EDTA 用量/g	—	—	—	—	—	0.1
	磺胺甲基嘧啶钠用量/g	—	—	—	0.15	—	—
	明胶用量/g	—	—	—	10	—	—
稀释液	蒸馏水用量/mL	100	100	100	100	100	100
	基础液体积分数/%	90	80	100	100	100	100
	卵黄液体积分数/%	10	20	20	—	—	—
	青霉素用量/(IU/mL)	1000	1000	1000	1000	1000	1000
	双氢链霉素用量/(μg/mL)	1000	1000	1000	1000	1000	1000

注：*指充二氧化碳 20min、pH 调至 6.35。①伊利尼变温稀释液；②康奈尔大学稀释液。

（二）低温保存

1. 保存原理

低温保存主要是向稀释液中添加抗冷物质，防止精子发生冷休克，通过缓慢降低温度，使精子的代谢活动减弱，当温度降至 0~5℃时，精子几乎处于休眠状态，物质代谢和能量消耗均降到较低水平，且此温度下不利于微生物的繁殖，精子在低温条件下，其代谢机能降低，对营养物质的消耗比较缓慢，可以延长其存活时间。当温度回升，精子的代谢活动又逐渐恢复，并且不丧失受精能力，从而达到保存的目的。

2. 保存方法

精子对低温刺激是敏感的，当体温急剧降至 0~10℃时，精子会出现冷休克现象，为此除在稀释液中添加卵黄、乳类等抗冷物质外，可采用缓慢降温的措施。操作步骤如下：

第一步，采精后检查精液品质，并计算稀释倍数，然后用低温保存稀释液稀释；

第二步，稀释后待精液温度降至室温，然后按一个输精剂量分装至储精瓶中。绵羊输精量少且多为群体输精，可按10~20个剂量分装；

第三步，各储精瓶用盖子密封，然后用多层纱布包住精液容器，并在外面用塑料袋裹住，防止水的浸入；

第四步，包裹好后置于0~5℃的冰箱中，经1~2h后，精液温度降至0~5℃。同时应维持冰箱温度恒定，防止升温。

3. 稀释液配方

各种家畜精液低温保存稀释液配方如表4-8所示。

表4-8　　　　　　　　家畜低温保存稀释液配方

	稀释液成分	牛			绵羊			猪		
		葡萄糖-柠檬酸钠-卵黄液	葡萄糖-柠檬酸钠-氨基乙酸-卵黄液	葡萄糖-柠檬酸钠-乳粉-卵黄液	葡萄糖-柠檬酸钠-卵黄液	葡萄糖-柠檬酸钠-EDTA-卵黄液	卵黄-牛乳液	葡萄糖-柠檬酸钠-卵黄液	葡萄糖-卵黄液	葡萄糖-柠檬酸钠-牛乳液
基础液	二水柠檬酸钠用量/g	1.4	—	1	2.8	1.4	—	0.5	—	0.39
	乳粉用量/g	—	—	3	—	—	10	—	—	—
	牛乳用量/g	—	—	—	—	—	—	—	—	75
	葡萄糖用量/g	3	5	2	0.8	3	—	5	5	0.5
	氨基乙酸用量/g	—	4	—	—	0.36	—	—	—	—
	EDTA用量/g	—	—	—	—	0.1	—	—	—	—
	酒石酸钠钾用量/g	—	—	—	—	—	—	—	—	—
	蒸馏水用量/mL	100	100	100	100	100	100	100	100	100
稀释液	基础液溶液体积分数/%	80	70	80	80	100	90	9	80	100
	卵黄液体积分数/%	20	30	20	20	10	10	73	20	—
	青霉素用量/(IU/mL)	1000	1000	1000	1000	1000	1000	1000	1000	1000
	双氢链霉素用量/(μg/mL)	1000	1000	1000	1000	1000	1000	1000	1000	1000

（三）冷冻保存

精液冷冻保存是利用液氮（-196℃）或干冰（-79℃）作冷源，将精液经过适当处理后，保存在超低温，以达到长期保存精液的目的。精液冷冻保存是人工授精技术的重大进步，使输精不受时间、地域等限制，加快了家畜品种的育成和改良速度。

家畜冷冻精液保存技术发展很快，特别是牛最为显著，绵羊冷冻精液已在我国新疆、内蒙古等地使用，受胎效果良好。至于猪、山羊及其他家畜的冷冻精液，尚处于试验改进阶段，原因是受胎率偏低，个体差异大。

1. 精液冷冻保存的意义

(1) 精液冷冻保存解决了精液不能长期保存的难题,为不同品种的种质资源保存、开发与利用奠定了坚实的基础;更可延长公畜使用年限,使其不受死亡、损伤、暂时不育等时空限制,实现高性能水平的种公畜与较多数量的母畜配种,甚至隔代交配成为可能。

(2) 精液冷冻保存也使种畜选择不受时间或地理位置差异的限制,用引进国外高性能公畜冻精来替代引进活体公畜,可节省巨额的外汇支出。

(3) 精液冷冻保存有利于人工授精体系的完善,公畜冷冻精液完全可以在后裔测定或疾病检测后开始大量供应,为稳定的遗传进展和严格的生物安全体系建设提供保障。

(4) 精液冷冻保存使人工授精不受时间、地域和种畜生命周期的限制,极大地减少公猪的饲养数量,节约成本,最大限度地提高了优秀种公畜的利用效率,充分发挥良种公畜的遗传潜力,对于保护地方优良品种,促进品种改良,具有非常重要的意义。

2. 精液冷冻保存原理

精子在超低温环境中($-196 \sim -79$℃)代谢几乎停止,活动完全消失,生命以相对静止状态保持下来,一旦温度回升,又能复苏而不失受精能力。复苏的关键在于精子在冷冻过程中受冷冻保护剂的作用,防止细胞内水的冰晶化所造成的破坏作用。因冰晶的形成是造成精子死亡的主要物理因素。

精液在超低温由液态成为固态,固态按照水分子的排列方式分为结晶态(冰晶态)和玻璃态。在不同温度条件下,两态之间的变化完全与冰晶化温度区域($-60 \sim 0$℃)降温和升温速度有关。降温速度越慢,水分子就越有可能按有序的方式排列形成冰晶态。其中尤以$-25 \sim -15$℃缓慢升温或降温对精子的危害最大。而玻璃态则是在$-250 \sim -25$℃超低温区域内形成,若从冰晶化区域内开始就以较快或更快的速度降温,就能快速越过形成冰晶的温度范围($-60 \sim 0$℃)。玻璃化是可逆的、不稳定的,当缓慢升温再经过冰晶化温度区时,玻璃化先变为结晶态再变为液态。因此,精液在冷冻过程中,无论是升温还是降温都必须快速越过冰晶区,使冰晶来不及形成而直接进入玻璃化状态或液态。精子在玻璃化冻结状态下,不会出现原生质脱水,膜结构也不会受到破坏,解冻后仍可恢复活力。

在冷冻精液制作和使用中,无论降温或升温,都是采取快速越过对精子产生不可逆性危害的冰晶化温度区。尽管如此,在冷冻中仍有30%~50%的活精子死亡。为了增强精子的抗冻能力。可以在稀释液中加入抗冻物质,如甘油、二甲基亚砜等,对防止出现冰晶化有重要作用。但这些抗冻剂浓度过高,会影响精子的活力和受精能力,通常将浓度限制在1%~3%。

3. 精液冷冻保存稀释液

冷冻保存精液稀释液的成分一般应含有低温保护剂（如卵黄、牛乳等）、防冻保护剂（如甘油）维持渗透压物质（如糖类、柠檬酸钠等）、抗生素以及其他添加剂。由此可见，冷冻保存精液稀释液，一般都是在原有低温保存稀释液的基础上，再添加一定的防冻物质。

（1）公牛常用冷冻精液稀释液 公牛常用冷冻精液稀释液主要有乳糖-卵黄-甘油液、蔗糖-卵黄-甘油液、葡萄糖-卵黄-甘油液和葡萄糖-柠檬酸钠-卵黄-甘油液4种，其成分配比如表4-9所示。

表4-9　　　　　　　公牛常用冷冻精液稀释液成分配比

	成分	乳糖-卵黄-甘油	蔗糖-卵黄-甘油	葡萄糖-卵黄-甘油	葡萄糖-柠檬酸钠-甘油 第Ⅰ液	葡萄糖-柠檬酸钠-甘油 第Ⅱ液	解冻液
基础液	蔗糖用量/g	—	12	—	—	—	—
	葡萄糖用量/g	—	—	7.5	3	—	—
	乳糖用量/g	11	—	—	—	—	—
	二水柠檬酸钠用量/g	—	—	—	1.4	—	2.9
	蒸馏水用量/mL	100	100	100	100	—	100
稀释液	基础液体积分数/%	75	75	75	80	86*	—
	卵黄液体积分数/%	20	20	20	20	—	—
	甘油体积分数/%	5	5	5	—	14	—
	青霉素用量/(IU/mL)	1000	1000	1000	1000		
	双氢链霉素用量/(μg/mL)	1000	1000	1000	1000		
	适用剂型	颗粒	颗粒	颗粒	细管	颗粒	

注：*取第Ⅰ液86mL，加入甘油14mL，即为第Ⅱ液。

（2）猪常用冷冻精液稀释液 猪常用冷冻精液稀释液一般以葡萄糖、蔗糖、脱脂乳、甘油为主要成分，甘油浓度以1%~3%为宜，其成分配比如表4-10所示。

（3）马、绵羊常用冷冻精液稀释液 马、绵羊常用冷冻精液稀释液一般以糖类（葡萄糖、乳糖、果糖、棉子糖）、乳类、卵黄、甘油为主要成分，其成分配比如表4-11所示。

4. 冷冻技术

（1）精液稀释 根据冻精的种类、分装剂型、稀释液的配方和稀释倍数的不同，稀释方法也不尽相同。一般采取一次或二次稀释法。

① 一次稀释法：常用于制作颗粒冻精精液，是将含有甘油抗冻剂的稀释液按一定比例一次加入精液内，适宜于低倍稀释。

② 二次稀释法：将采得的精液在常温条件下，立即用不含甘油的第Ⅰ稀释

液做第一次稀释，稀释后的精液经 30~40min 缓慢降温至 4~5℃ 后，然后加入等温的含甘油的第Ⅱ稀释液，加入量通常为第一次稀释后的精液量。第Ⅱ稀释液加入方法又分为一次性或三四次缓慢滴入等方法，每次间隔 10min 是为避免甘油与精子接触时间太长而造成的有害作用，通常采用二次稀释法。

表 4-10　　　　　　　　猪常用冷冻精液稀释液成分配比

	成分	乳糖-卵黄-甘油	BF_5 液①	脱脂乳-卵黄-甘油			解冻液	
				第Ⅰ液	第Ⅱ液	第Ⅲ液	BTS②	葡萄糖-柠檬酸钠-乙二胺四乙酸稀释液
基础液	葡萄糖用量/g	8	3.2	—	—	—	3.7	5
	蔗糖用量/g	—	—	—	11	11	—	—
	脱脂糖用量/g	—	—	100	—	—	—	—
	二水柠檬酸钠用量/g	—	—	—	—	—	0.6	0.3
	乙二胺四乙酸钠用量/g	—	—	—	—	—	0.125	0.1
	碳酸氢钠用量/g	—	—	—	—	—	0.125	—
	氯化钾用量/g	—	—	—	—	—	0.075	—
	Tris③用量/g	—	0.2	—	—	—	—	—
	TES④用量/g	—	1.2	—	—	—	—	—
	OEP⑤用量/mL	—	0.5	—	—	—	—	—
	蒸馏水用量/mL	100	100	—	100	100	100	100
稀释液	基础液用量/%(体积分数)	77	79	100	80	78	—	—
	卵黄用量/%(体积分数)	20	20	—	20	20	—	—
	甘油用量/%(体积分数)	3	1	—	—	2	—	—
	青霉素用量/(IU/mL)	1000	1000	1000	1000	1000	—	—
	双氢链霉素用量/(μg/mL)	1000	1000	1000	1000	1000	—	—

注：①BF_5 液：即 Beltsville F_5，为一种含缓冲盐的冷冻稀释液；②贝兹维尔解冻液；③三羟甲基氨基甲烷；④TES 缓冲液：由 100mmol/L Tris-HCl 缓冲液（pH7.5）、10mmol/L EDTA（pH7.5）以及 10g/L SDS 组成，是常用的 pH 缓冲液；⑤OEP：即 OrvusES Paste，清洁剂，作为一种合成乳化清洁剂，与卵黄共同作用能有效抑制顶体的异常变化，在一定程度上可提高冷冻精液质量。

表 4-11　　　　　　　　马、绵羊常用冷冻精液稀释液成分配比

	成分	马			绵羊		
		乳糖-卵黄-甘油	乳糖-乙二胺四乙酸钠-柠檬酸钠-碳酸氢钠-卵黄-甘油液	解冻液	乳糖-卵黄-甘油液	葡萄糖-乳糖-甘油液	解冻液
基础液	葡萄糖用量/g	—	—	—	—	2.25	—
	乳糖用量/g	11	11	—	10	8.25	—

续表

	成分	马			绵羊		
		乳糖-卵黄-甘油	乳糖-乙二胺四乙酸钠-柠檬酸钠-碳酸氢钠-卵黄-甘油液	解冻液	乳糖-卵黄-甘油液	葡萄糖-乳糖-卵黄-甘油液	解冻液
基础液	乳粉用量/g	—	—	3.4	—	—	—
	蔗糖用量/g	—	—	6	—	—	—
	乙二胺四乙酸钠用量/g	—	0.1	—	—	—	—
	柠檬酸钠用量/g	—	—	—	—	—	2.9
	35g/L 柠檬酸钠用量/mL	—	0.25	—	—	—	0.075
	42g/L 柠檬酸钠用量/mL	—	0.2	—	—	—	—
	蒸馏水用量/mL	100	100	100	100	100	100
稀释液	基础液体积分数/%	95.4	94.5	—	72.5	75	—
	卵黄液体积分数/%	0.8	2	—	25	20	—
	甘油体积分数/%	3.8	3.5	—	3.5	5	—
	青霉素用量/(IU/mL)	1000	1000	—	1000	1000	—
	双氢链霉素用量/(μg/mL)	1000	1000	—	1000	1000	—

（2）降温平衡　经过甘油稀释液稀释后的精液，为使精子有一段适应低温的过程，同时使甘油能充分渗入精子内部，达到抗冻保护作用，需进行一定时间的降温平衡。一般牛、马、鸡精液稀释后用多层纱布或毛巾将容器包裹，可直接放入 5℃ 冰箱内平衡 2~4h。公猪精液一般经 1h 由 30℃ 降至 15℃，维持 4h，再经 1h 降至 5℃，然后在 5℃ 环境中平衡 2h。

（3）精液的分装　主要用于冷冻精液分装的剂型有颗粒型、细管型和袋装型 3 种。

① 颗粒型：颗粒型是将平衡后的精液在经过液氮冷却的聚乙氟板上或金属板上滴冻成 0.1~0.2mL 的颗粒。该方法操作简便、容积小、成本低、便于大量储存。但也存在剂量不标准、颗粒裸露、易受污染、不便标记、大多需解冻液解冻等缺点。

② 细管型：细管型是先将平衡后的精液通过吸引装置分装到塑料细管中，再用聚乙烯醇粉、钢珠或超声波静电压封口，置于液氮蒸气冷却，然后浸入液氮中保存。细管的长度约 13cm，容量有 0.25mL 和 0.5mL 两种。细管型冷冻精液适于快速冷冻，管径小，每次制冻数量多，精液受温均匀，冷却效果好。同时，精液不再接触空气，即可直接输入母畜子宫，不易污染，剂量标准化，便于标记，容积小，易储存。使用时解冻方便，但成本较颗粒型高。

③ 袋装型：猪、马的精液由于输精量大，可用塑料袋封装，但冷冻效果不理想。

（4）精液的冻结　根据剂型和冷源的不同，可将冻结分为干冰埋植法和液氮熏蒸法两种。

① 干冰埋植法：采用颗粒冻精。将干冰置于木盒上，铺平压实后，用模板在干冰上压孔，然后将经降温平衡至5℃的精液定量滴入干冰压孔内，再用干冰封埋2~4min后，收集冻精放入液氮或干冰内储存。将分装的细管精液铺于压实的干冰面上，迅速覆盖干冰，2~4min后，将细管移入液氮或干冰内储存。

② 液氮熏蒸法：

a. 颗粒冻精。在装有液氮的广口瓶或铝制饭盒上，置一铜纱网（或铝饭盒盖），距离氮面1~3cm处预冷数分钟，使其温度维持在-100~-80℃。也可用聚四氟乙烯板代替铜纱网，先将它在液氮中浸泡数分钟后，悬于液氮面上，然后将经过平衡的精液用吸管吸取，定量、均匀、整齐地滴于其上，停留2~4min。待精液颜色变为橙黄色时，将颗粒精液收集于储精袋内，移入液氮储存。滴冻时动作要迅速，尽可能防止精液温度回升。

b. 细管冻精。将细管放在距离液氮面一定距离的铜纱网上，停留5min左右，等精液冻结后，移入液氮中储存。细管冷冻的操作是使用自动记温速冻器调节，在-60~5℃时每分钟下降4℃，从-60℃快速降温到-196℃。

（5）冻精的储存液氮罐的使用　冷冻精液是以液氮或干冰作冷源，储存于液氮罐或干冰保温瓶内。液氮具有很强的挥发性，当温度升至18℃时，其体积可膨胀680倍。此外，液氮是不活泼的液体，渗透性差，无杀菌能力。

储存器包括液氮储运器和冻精储存器，前者为储存和运输液氮用，后者为专门保存冻精用。为保证储存器内的冷冻精液品质，在储存及取用过程中必须注意以下几点。

① 检查容器：使用液氮罐之前，必须细致检查有无破损，内部有无异物，是否干燥。然后装入液氮观察24h确定液氮的损耗率，确保安全后方可使用。

② 根据液氮罐的性能要求定期添加液氮，要定期检查液氮的消耗情况，当液氮减少2/3时，需及时补充。如用干冰保温瓶储存，应每日或隔日添补干冰，储精瓶掩埋于干冰内，不能外露，最少要深埋于干冰5cm以下。

③ 使用液氮储精时，尽量减少液氮罐的开启次数，开罐后应及时盖好。储存的冻精需要向另一容器转移时，动作要迅速，在外面停留时间不能超过5s，取放精液时，不要把盛冻精的提筒提到罐口之外，只能提到颈基部。若15s还没取完，应把提筒放回，经液氮浸泡后再继续提取。

④ 从液氮罐中取出冷冻精液时，提筒不得提出液氮罐口外。可将提筒置于罐颈下部，用长柄镊子夹取细管（或精液袋）。从干冰保温瓶中取冻精，储精

瓶不得超出冰面。

⑤ 液氮罐在使用中要防止撞击和倾倒，定期刷洗保养，每年应清洗 1~2 次，以免液氮罐污染或腐蚀内壁。

(6) 冻精的解冻　解冻是使用冷冻精液的重要环节，因为解冻温度、解冻方法和解冻液的成分，都直接影响解冻后精子的活力。有低温冰水解冻（0~5℃）、温水解冻（35~40℃）和高温解冻（50~70℃）等。实践中以 35~40℃ 的解冻效果较好。由于冻精剂型不同，解冻方法也不同。

① 细管型冻精：可将其直接投入 35~40℃ 温水中，待冻精融化一半时，取出备用。

② 颗粒型冻精：有干解冻和湿解冻两种方法。干解冻是先将灭菌试管置于 35~40℃ 水中恒温后，投入冻精颗粒，摇动和搅拌至融化。湿解冻事先要配制解冻液，先将 1mL 解冻液装入灭菌试管内，置 35~40℃ 水中恒温后，投入颗粒冻精，摇动至融化待用。相对而言，湿解冻由于先已加入解冻液升温，故可以加快颗粒冻精解冻的速度，解冻后精子活力较高。解冻后的精液要及时进行镜检，输精时活率不得低于 0.3。如果精液需短时间保存，可以用冰水解冻，解冻后保持恒温。

（四）液态精液的运输

目前，普遍使用液氮灌贮存和运输冻精。一般的人工授精站适宜用 10~30L 的中型罐和 3~6L 的小型罐用来输送精液。液态精液运输要备有专用运输箱，使用时要注意下列事项：精液的运输有远有近，要根据不同的距离、不同的运输量，采用适当的运输工具与运输方法。一般远距离运输及运输量相对较大时，应用专用车辆、专用液氮罐进行运输，近距离运输则可将冻精解冻后在低温保存状态下进行运输。

运输时要注意以下几个问题。

（1）应有专人负责，要确保盛装冻精的液氮灌性能良好，运输前装满液氮，容器外应有保护套，包装应严密。

（2）应将装运冻精的容器拴系牢靠，运输中最好用隔热性能好的泡沫、塑料箱装放，要防止颠簸、振荡和碰撞，运输过程中要随时注意检查液氮情况及运输容器的安全状态。

（3）运输过程中要避免阳光照射或与热源接触，运输途中维持温度恒定，防止升温。

（4）要尽量缩短运输的时间，装卸时要轻拿轻放。

（5）运输前精液应标明公畜品种名称、采精日期、精液剂量、稀释液种类、稀释倍数、精子活率和密度等。

五、发情鉴定

(一) 母畜的发情与发情周期

1. 发情

(1) 发情的概念　发情是指母畜生长发育到性成熟阶段时所表现的周期性活动现象。在生殖激素的调节下,母畜卵巢上有卵泡发育和排卵等变化,伴有生殖道充血、肿胀和排出黏液等现象,母畜在行为上有兴奋不安、食欲减退、出现求偶活动等。母畜表现出的一系列生理和行为上的变化称为发情。

(2) 发情的特征　母畜发情时主要在卵巢、生殖道和行为三个方面表现出特定的变化。

① 卵巢:母畜发情时,卵巢上有卵泡发育、成熟和排卵的变化过程,这是母畜发情的内在表现和本质特征。

② 生殖道:母畜发情时,随着卵巢上卵泡的发育,在激素的调节下,母畜的外生殖器官发生一系列的变化。外阴部红肿、阴门湿润并常常外翻。生殖道充血肿胀、排出黏液,发情初期量多、稀薄、透明,发情后期逐渐变为浓稠状,分泌量减少。

③ 行为:母畜发情时,由于激素的作用,母畜在行为表现上出现许多变化,如兴奋不安、食欲减退和产生交配欲等。具体表现出排尿频繁、鸣叫、愿意接近公畜、静立不动、后肢叉开、尾巴举起、接受交配的姿势,有的还出现拱槽、刨地、爬跨、举尾等特征。

2. 母畜性机能的发育阶段

母畜的性机能发育经历了一个由发生发展直至衰退停止的过程,包括初情期、性成熟期、配种适龄期和繁殖机能停止期。不同的品种及不同的饲养管理条件,性机能的发育阶段都有差异,如表 4-12 所示。

表 4-12　　　　　　　　母畜的繁殖阶段

家畜种类	初情期/月龄	性成熟期/月龄	适配年龄/岁	繁殖机能停止期/岁
黄牛	8~12	10~14	1.5~2.0	13~15
乳牛	6~12	12~14	1.3~1.5	13~15
水牛	12~15	18~24	2.5-3.0	13~15
猪	3~6	5~8	8~12 月龄	6~8
绵羊	4~5	6~10	1~1.5	8~11
山羊	4~6	6~10	1~1.5	11~13
马	12~15	15~18	2.5~3.0	18~20
兔	4	3~4	6~7 月龄	3~4
狗	6~8	8~14	12~18 月龄	—

（1）初情期　初情期指的是母畜初次发情和排卵的时期。初情期的母畜其生殖器官迅速发育，开始出现性活动。由于生殖器官还未发育完全，初情期母畜的发情表现不完全，虽有发情表现，但发情周期不正常，发情症状不明显，常表现为安静发情，配种也有受精的可能。初情期出现的时间受很多因素影响，如品种、温度、饲养管理水平以及有无公畜的接触等。一般小家畜早于大家畜，温暖地带早于寒冷地带，饲养管理条件好的早于饲养管理条件差的家畜。初情期与母畜体重也有关系，一般情况下，体重达成年体重的1/3，即出现初情期。

（2）性成熟　初情期后母畜的生殖器官进一步发育，发情排卵趋于正常，具备繁殖后代的能力，此时称为性成熟。性成熟后，母畜具备了正常发情周期和繁殖机能。但母畜的其他器官还未发育完全，不适宜参加配种，过早配种会降低母畜的生产力。

（3）初配适龄　初配年龄即家畜第一次配种的年龄。家畜初情期时，生长发育尚未完全，过早交配影响其本身及其后代的发育和生产性能，配种时间过晚会造成经济损失。一般马、驴为3~4岁，骆驼4~5岁，牛1.5~3岁，羊1~1.5岁，猪0.5~1岁。初配适龄是在性成熟后，母畜各器官发育基本完全，具备了本品种的外貌特征，体重达到成年体重的70%左右。初配适龄对生产具有重要的指导意义，但是具体时间应当根据个体发育情况结合年龄和体重综合判定。

（4）繁殖机能停止期　母畜经过多年的繁殖活动，生殖机能逐渐退化直至停止。在家畜繁殖机能停止前，一旦生产效益明显下降就应当淘汰。具体时间因品种、饲养管理、健康等状况不同而异。

3. 发情周期

发情周期指在生理或非妊娠条件下，雌性动物每间隔一定时期均会出现一次发情，通常将这次发情开始至下次发情开始或这次发情结束至下次发情结束所间隔的时期称为发情周期。母畜的发情周期因畜种类型不同而有差异。一般情况下，猪、牛、山羊和马平均为21d（16~25d），绵羊为17d（14~20d），驴为23d（20~28d）。根据母畜在发情周期中的系列表现特征，一般采用四期分法和二期分法来划分发情周期。

（1）四期分法

① 发情前期：发情前期是母畜发情的准备阶段，上一个发情周期黄体退化，新的卵泡开始发育，子宫腺体略有生长，生殖道黏膜轻微充血肿胀，有少量稀薄黏液分泌，阴道黏液涂片上分布有大而轮廓不清的扁平上皮细胞和散在的白细胞。母畜的外表发情行为不明显，尚无性欲表现，不接受公畜和其他母畜爬跨。

② 发情期：卵泡迅速发育，卵巢体积明显增大，多数母畜在发情末期排卵。生殖道黏膜充血肿胀，子宫黏膜显著增生，子宫的弹性增强变硬，子宫颈口松弛开张，子宫和阴道的收缩性增强，腺体分泌活动加强，有大量透明稀薄黏液排出。外阴部充血、肿胀、松弛，阴道黏液涂片上分布有无核的上皮细胞和白细胞，母畜出现发情行为、性欲表现明显，爬跨或接受爬跨。发情期是母畜集中发情表现的阶段，相当于21d发情周期的第1~2d。

③ 发情后期：排卵后卵巢开始形成黄体并分泌孕酮，子宫颈管逐渐收缩关闭，子宫颈内膜增厚，子宫收缩性降低，腺体分泌活动减弱，黏液量少而黏稠，阴道黏膜上皮脱落；母畜的精神状态逐渐恢复正常，性欲逐渐消失。发情后期是母畜发情后的恢复阶段，相当于21d发情周期的第3~4天。

④ 间情期：间情期又称休情期，母畜性欲消失，在间情期的初期卵巢上的黄体逐渐发育成熟并分泌孕酮，使子宫内膜增厚，腺体分泌活动旺盛，能分泌含有糖原的子宫乳，阴道黏液涂片上分布着有核和无核的扁平上皮细胞和大量的白细胞。如果卵子没有受精，间情期的后期，则黄体产生退化，子宫内膜也恢复回缩，腺体缩小，分泌活动停止，恢复正常。间情期的母畜外部表现趋于正常，相当于21d发情周期的第5~15天。

若母畜未受胎，间情期后则进入下一个发情周期的发情前期。家畜的发情周期种间差异较大，个体间也不尽相同。神经系统和激素的调节是影响家畜发情周期的内在因素，而营养、温度、光照等是影响家畜发情的外在因素。

（2）二期分法　二期分法根据卵巢上组织学变化以及有无卵泡发育和黄体存在，将发情周期分为卵泡期和黄体期。母畜发情周期的实质是卵泡期和黄体期的交替进行。

① 卵泡期：上一个发情周期的黄体基本退化，卵巢上有卵泡发育成熟，直到排卵的阶段，包括发情前期和发情期。猪、牛、羊、马等大动物为5~7d，约占发情周期的1/3。

② 黄体期：从排卵后形成黄体，直到黄体退化为止的阶段，包括发情后期和间情期，大约相当于21d发情周期的第4~15天，约占发情周期的2/3。

发情持续期是指母畜在一次发情中，从开始发情到发情结束所持续的时间，相当于发情周期中的发情期。发情持续的时间因动物的种类、品种、季节、饲养管理、年龄以及个体条件等不同而有差异。各种家畜的发情持续期：牛18~19h、水牛1~2d、山羊24~48h、绵羊16~35h、猪2~3d、马4~8d、驴5~6d。

4. 发情季节

家畜的发情受生殖激素的调控，季节变换是影响生殖活动的重要因素，它通过神经系统影响到下丘脑、垂体性腺轴调节系统的调节作用。有些动物一年中在一定时期才能表现出发情现象，这个时期称为发情季节。

（1）季节性多次发情　季节性发情的母畜在发情季节里有多个发情周期，如马、驴、绵羊等在春季和秋季发情时，如果没有配种或配种后未受胎，还可以有多个发情周期。我国马属动物的发情季节多在3~7月份，绵羊的发情季节多在9~11月份。

（2）季节性一次发情　多数野生和毛皮动物是季节性单次发情，犬的发情季节在春、秋两季，但是每个发情季节只有一个发情周期。

（3）常年发情　母畜一年四季都可以发情并配种，如牛和猪。但是高纬度和高寒地区对母畜的发情季节有一定影响。例如，东北地区牛发情集中在5~8月份。南方地区湖羊、寒羊等品种，可以出现全年多次发情。

5．乏情、产后发情和异常发情

（1）乏情　乏情是指母畜到初情期后不发情或卵巢无周期性机能活动，处于相对静止状态。产生乏情的因素包括生理性、季节性和病理性因素。

① 生理性乏情：指母畜因为某些生理状态导致卵巢的周期性活动机能暂时停止，不出现发情表现，主要包括妊娠期乏情、泌乳性乏情、衰老性乏情等。

a．妊娠期乏情。指母畜配种后在妊娠期间不表现出发情特征。母畜在妊娠期间由于卵巢上存在妊娠黄体，可持续分泌孕激素，妊娠后期的胎盘分泌大量的孕激素，对抗雌激素的作用，抑制母畜的发情活动。妊娠期乏情是保证胎儿正常发育的生理现象，妊娠期不能对母畜配种，以免引起流产。

b．泌乳性乏情。指母畜在泌乳期间不表现出发情特征。泌乳性乏情是由于促乳素和孕激素使卵巢的周期性活动机能受到抑制而引起的不发情排卵。泌乳性乏情的发生和持续时间的长短，因畜种和品种的不同而有较大差异。正常情况下，母猪是在仔猪断乳后才发情。母牛在产后2周左右就可发情和排卵。绵羊在羔羊断乳后2周左右发情。母畜的分娩季节、哺乳仔数和产后子宫复原的程度，对乏情的发生和持续时间有影响。

c．衰老性乏情。指母畜因衰老使下丘脑-垂体-性腺轴的功能减退，导致垂体促性腺激素的分泌减少或卵巢对激素的反应性降低，不能激发卵巢机能活动而表现不发情。衰老性乏情是母畜正常的生理现象。因此，及时淘汰繁殖性能下降的种畜，控制种群的结构，是保持种群繁殖性能的重要措施。

② 季节性乏情：指季节性繁殖的母畜在非繁殖季节无发情表现。季节性乏情是由于季节性繁殖的母畜在非繁殖季节卵巢上的卵泡发育无周期性活动变化而引起的不发情。乏情的时间因动物的种类、品种和环境的差异而不同。绵羊过了夏至光照渐短后不久便开始发情，在乏情季节人工缩短光照，可刺激母羊性腺活动而引起发情和排卵，使发情季节提早。因此，对于季节性发情的家畜，可以通过改变环境条件（如光照或温度）使卵巢机能从静止状态转变为活

动状态，使发情季节提早到来。

③ 病理性乏情：指母畜因为某些非生理性和季节性因素导致母畜卵巢的周期性活动机能暂时停止，不表现出发情特征，主要包括营养性乏情、应激性乏情、生殖疾病乏情。

a. 营养性乏情。指因为营养因素导致母畜不表现出发情特征。日粮水平对卵巢活动有显著的影响，营养不良会抑制发情，青年母畜比成年母畜更为严重。矿物质和维生素缺乏会引起乏情。维生素 A 和维生素 E 缺乏可引起发情周期无规律或不发情。放牧的牛、羊因缺磷会引起卵巢机能失调，发情症状不明显。

b. 应激性乏情。指因为应激原因导致母畜不发情。不同环境引起的应激都可能抑制母畜的发情、排卵，气候恶劣、密度过大、使役过度、环境卫生不良、长途运输等这些应激因素可使下丘脑-垂体-性腺轴调节系统的机能活动转变为抑制状态，导致母畜暂时不发情。

c. 生殖疾病乏情。指因为某些生殖疾病导致母畜不表现出发情表现。生殖疾病引起乏情的因素较多，如先天的生殖器官发育不全、异性孪生不育母犊和两性畸形等，更多的是卵巢机能疾病，如黄体囊肿、持久黄体等。

（2）产后发情　产后发情指母畜分娩后第一次出现发情。母畜在妊娠、泌乳等生理状态下卵巢的周期性活动暂时停止，经过一段时间的修复，卵巢恢复周期性的生理活动重新出现发情表现。不同的家畜产后发情的时间各不相同，在良好的饲养管理、气候适宜、哺乳时间短以及无产后疾病的条件下，产后出现第一次发情时间就相对较早，反之较迟。母牛一般可在产后的 1 个月左右出现发情。由于子宫尚未恢复，个别牛的恶露还没有流净，此时即使发情表现明显也不能配种。为保证乳牛一个标准的泌乳期（305d 泌乳期），在产后第二次发情即产后 45~60d 配种较适宜。

发情季节不明显的母羊大多在产后 2~3 月发情，不哺乳的母羊产后 20d 左右即可发情。母猪一般在分娩后 3~6d 出现发情，但多数不排卵。通常母猪在仔猪断乳后 1 周之内出现第一次正常发情，此时配种较适宜。母马往往在产驹后 6~12d 发情，一般表现不明显，甚至无发情表现，但是母马产后第一次发情时有卵泡发育，并可排卵，因此可以配种，俗称"血配"。

（3）异常发情　异常发情主要有以下几种表现形式。

① 安静发情：指母畜卵巢有卵泡的生长发育并排卵，但发情症状不明显。各种家畜都可能发生，尤其是高产乳牛或营养不良的母畜容易发生安静发情。产后第一次发情，带仔母畜、营养不良的母畜由于雄激素和孕激素分泌不足，导致母者不发情。

② 短促发情：指母畜卵巢有卵泡发育并排卵，但是发情持续期较短，卵泡

成熟较快。由于神经内分泌系统的功能失调，卵泡迅速发育成熟排卵或卵泡发育受阻而引起短促发情。生产中不易掌握配种时间，往往错过配种机会，常见于青年母畜。

③断续发情：又称间歇发情，指由于卵泡交替发育，中途萎缩退化，新的卵泡又开始发育，使得母畜的发情表现时断时续。断续发情多见于营养不良的母畜。

④持续发情：又称长期发情，指母畜发情表现持续时间长，卵泡不能排出。持续发情主要发生于母马。

⑤假发情：指母畜有发情症状，但没有排卵，很少有卵泡发育成熟。假发情的原因是生殖激素分泌失调，多见于孕后发情、未合理使用外源激素促进发情的母畜。

（二）各种母畜发情周期的特点

1. 母牛

（1）发情周期 指无论是乳牛、黄牛和水牛，发情周期平均在21d左右（18~24d），青年母牛为20d左右。

（2）发情期（或发情持续期） 发情期即有性欲和性欲兴奋表现的持续时间。牛的发情期平均为18h（10~24h），季节、饲养管理水平等都会影响牛的发情期。排卵一般发生在发情结束后10~15h，或发情开始后28~32h。在一个发情期中通常只有一个卵泡发育成熟，排双卵率仅为0.5%~2%。牛右侧卵巢排卵占55%~60%，约有1/2以上母牛排卵发生在夜间。母牛发情时交配能刺激排卵提早发生。大多数母牛，尤其是处女母牛的子宫在排卵后约1d发生流血现象，主要是因为发情时受雌激素的刺激，造成子宫内膜微血管破裂。

（3）产后发情 正常情况下，第一次发情多在产后35~50d，气候炎热、寒冷季节、挤乳次数多、产后有疾病等均会使产后发情延迟。饲养管理粗放的耕牛，产后发情会更迟，一般在产后100d。产后发情的时间差异与牛的安静发情有关，安静发情多见于产后25~30d，乳牛比例较高。

2. 母猪

（1）发情周期 猪的发情周期平均为21d（17~25d），其周期长短在不同年龄和品种间差异不大。

（2）发情期（或发情持续期） 母猪发情期一般为2~3d，品种、年龄和胎次对发情期有一定影响。成年猪发情持续期比青年母猪长，断乳后第一次发情持续时间比以后的发情期长，夏季较冬季长。排卵发生在发情开始后20~36h，从排第1个卵到最后1个卵间隔时间为4~8h。每次排卵数目依品种和胎次不同而有差异，一般为10~25个。地方品种比引进品种排卵数多，太湖猪排卵数可达 25 个以上。胎次、营养状况、环境因素及产后哺乳均影响排卵数。

（3）产后发情　母猪通常在断乳后 5~7d 开始发情。如果在哺乳期间任何时候停止哺乳仔猪，则在 4~10d 后便可发情。例如，有 20%~60% 的母猪在产后 3~6d 出现第一次发情，但持续期比断乳后发情的短 2/3，多数不排卵，故不能受孕。

3. 母羊

母羊属季节性多次发情动物，北方绵羊发情多集中在 8~9 月份，湖羊、寒羊、山羊发情季节不明显，多集中在秋季。

（1）发情周期　绵羊的发情周期平均为 17d（12~20d），山羊平均为 20d（18~23d）。

（2）发情期　发情期一般为 24~36h（绵羊）或 26~42h（山羊）。初配母羊发情期较短，年老母羊较长。绵羊排卵一般都在发情开始后 20~30h 发生，山羊排卵一般在发情开始后 35~40h 发生。山羊配种适宜时间一般在发情开始后 25~30h。排卵数目有种属与品种间差异，绵羊每次排 1 个卵，有的品种排 2 个或 3 个卵，排双卵时两卵间隔 2h。山羊一般排 1 个卵，但有时排 2 个卵。绵羊在 4 岁或 5 岁之前，排卵率随着年龄的增长而增高，其后随着年龄的增长而下降。山羊的排卵曲线也基本和绵羊相同。羊右侧卵巢排卵占 55%~57%。

（3）产后发情　一般产后第一次发情都在下一个发情季节。

4. 母兔

母兔的繁殖无明显的季节性，终年均可繁殖。一般来说，气候温暖及饲料较丰富时是母兔最好的繁殖季节。

（1）发情周期　母兔发情周期一般为 8~15d。

（2）发情期　母兔的发情期持续 3~4d。母兔属诱导性或刺激性排卵动物，母兔经公兔交配刺激后隔 10~12h 才能排卵。公兔交配或其他母兔爬跨，可刺激促黄体素的释放，形成排卵峰值导致排卵反应。每个卵巢中有相同发育阶段的卵泡 5~10 个，如果不让母兔交配，则成熟卵泡经 10~16d 后，在雌激素和孕激素的协同作用下逐渐萎缩退化，并被周围组织吸收。

（3）产后发情　母兔分娩后第 1 天卵巢上就有成熟卵泡存在，如在两天内配种，不但能正常受胎，且可以提高繁殖率。但母兔哺乳仔兔后，一般断乳后 2~7d 才出现发情、排卵和配种。母兔产后过早配种，会影响母兔泌乳量和仔兔的生长发育。

（三）发情鉴定的常用方法

各种动物的发情特征既有共性，也有特殊性。因此，发情鉴定的方法有多种，在生产中进行发情鉴定时，既要注意共性又要兼顾不同家畜自身的特性。

1. 外部观察法

外部观察法是各种家畜发情鉴定最常用的方法。其主要是根据家畜的外部表现和精神状态来判断其是否发情和发情程度的方法。各种家畜发情时的共同特征：食欲下降，兴奋不安，爱活动，外阴肿胀、潮红、湿润，有的流出黏液，频频排尿。不同种类家畜也有各自的特征，如母牛发情时哞叫、爬跨其他母牛，母猪拱门闹圈，母马扬头嘶鸣，阴唇外翻闪露阴蒂，母驴伸颈低头、"吧嗒嘴"等。家畜的发情特征是随着发情过程的进展，由弱变强，又逐渐减弱直到完全消失。

2. 试情法

试情法是利用体质健壮、性欲旺盛、无恶癖的非种用公畜对母畜进行试情，根据母畜对公畜的反应来判断母畜是否发情与发情程度的方法。母畜发情时，愿意接近公畜且呈交配姿势。不发情的或发情结束的母畜，则远离试情公畜，强行接近时有反抗行为。试情用的公畜在试情前要进行处理，最好做输精管结扎或阴茎扭转手术。此方法的优点是操作简便，容易掌握，适用于各种家畜，因此在生产中应用较为广泛。缺点是不能准确鉴定母畜的发情阶段。

3. 阴道检查法

阴道检查法是将灭菌的阴道开张器（或称开腔器）插入被检查母畜的阴道内，观察其阴道黏膜的颜色、充血程度、润滑度和子宫颈的颜色、肿胀度、开口大小及黏液数量、颜色、黏稠度等，来判断母畜是否发情的方法。阴道检查法主要适用于马、牛、驴及羊等家畜。由于此方法不能准确判断母畜的排卵时间，容易造成生殖道损伤感染，在生产中很少采用。只作为辅助检查手段。采用本方法操作时要保定家畜，防止人畜受到伤害。对母畜外阴部和开腔器要严格清洗消毒，检查时动作要轻稳，避免损伤阴道黏膜和撕裂阴唇，开腔器的温度要和畜体的温度接近。

4. 直肠检查法

直肠检查法是将已涂润滑剂的手臂伸进保定好的母畜直肠内，隔着直肠壁触摸卵巢上卵泡发育情况，以确定配种时期的方法。此方法只适用于大家畜，在生产实践中，对牛、马及驴的发情鉴定效果较为理想，检查时要避免将发育中的卵泡挤破。此法的优点是可以准确判断卵泡的发育程度，确定适宜的输精时间，提高受胎率，也可以在必要时进行妊娠检查，以免对妊娠家畜进行误配。缺点是冬季检查时操作者必须脱掉衣服，才能将手臂伸入家畜直肠。

5. 生物和理化鉴定

仿生学法应用仿生学的方法模拟公畜的声音，或利用人工合成的外激素模拟公畜的气味来测试母畜是否发情。

(1) 孕酮含量测定法　从母畜的血液、尿液、乳汁中测定其孕激素含量，来判断母畜是否发情，此方法的成本较高。

(2) 生殖道分泌物 pH 测定法　母畜性周期的不同阶段，其生殖道分泌物在发情旺盛时，黏液为中性或弱碱性，黄体期偏酸性。

（四）各种母畜发情鉴定

1. 牛的发情鉴定

母牛发情期较短，外部表现较明显，其发情鉴定主要通过外部观察法、直肠检查法和超声诊断进行。

(1) 外部观察法　根据母牛爬跨或接受爬跨的行为来发现母牛是否发情是最常用的方法。

① 发情初期：发情母牛并不接受爬跨，表现为静立不动，精神不安，食欲下降，鸣叫，反刍次数减少，产乳量下降，频频排尿。外阴部稍肿胀，阴道黏膜潮红肿胀，子宫颈口开张，有少量透明的稀薄黏液流出，随后进入发情盛期。

② 发情盛期：发情母牛经常有公牛爬跨。外阴部肿胀明显，皱襞开展，阴道黏膜更加潮红，子宫颈开口较大，流出的黏液呈纤缕状或玻璃棒状，以手拍压牛背十字部，表现凹腰和高举尾根。

③ 发情后期：母牛兴奋性逐渐减弱，哞叫声减少，尾根紧贴阴门，不再接受其他牛爬跨。外阴部、阴道及子宫颈的肿胀稍减退，排出的黏液由透明变为稍有乳白的混浊，黏液性减退牵拉如丝状。此后，母牛外部症状消失，逐渐恢复正常，进入间情期。

(2) 超声诊断法　利用兽医超声诊断可以适时地检测卵泡的发育情况，避免因操作者的差异造成错误鉴定，可以实现真正意义上的适时输精。

① 牛卵泡发育规律与发情期的判断：牛的卵泡发育可分为 4 个时期。

卵泡出现期：卵巢稍增大，卵泡直径为 $0.50 \sim 0.75 cm$，触诊时感觉卵巢上有一隆起的软化点，但波动不明显，母牛一般已开始有发情表现。从开始算起，此期约为 10h。

卵泡发育期：卵泡直径增大到 $1.0 \sim 1.5 cm$，呈小球状，波动明显，突出于卵巢表面。此期持续时间为 $10 \sim 12 h$。

卵泡成熟期：卵泡不再增大，但泡壁变薄，紧张性增强，触诊时有一触即破的感觉，似熟葡萄。此期为 $6 \sim 8 h$。

排卵期：卵泡破裂排卵，卵泡液流失，卵巢上留下一个小的凹陷。排卵多发生在性欲消失后 $10 \sim 15 h$。夜间排卵较白天多，右侧较左侧多。排卵后 $6 \sim 8 h$ 可摸到肉样感觉的黄体，其直径为 $0.5 \sim 0.8 cm$。

② 诊断方法：先将母牛保定，掏出宿粪，对外阴和探头进行消毒，并用润滑剂湿润探头。手持超声诊断仪探头插入母牛直肠内，隔着直肠壁找到母牛卵巢的位置进行探查，观察卵巢图像，冻结图像后对卵巢上卵泡发育情况进行诊断。

(3) 直肠检查法

① 直肠检查的适用情况：牛的卵泡体积不大，发情期短，一般在发情期配种一次或两次即可。但有些母牛常出现安静发情或假发情，有些母牛营养不良，生殖机能衰退，卵泡发育缓慢，排卵时间延迟或提前。通过直肠检查判断母牛的发情，可以准确地判断母牛的发情阶段和配种时间。由于技术要求较高，需要经长期的实践才能作出较准确的判断。

② 牛直肠检查方法：牛骨盆腔段直肠的肠壁较薄且游离性强，可隔肠壁触摸子宫及卵巢。将待检母牛牵入保定栏内保定，尾巴拉向一侧。检查人员将手指甲剪短磨光，挽起衣袖，用温水清洗手臂并涂抹润滑剂（肥皂）。检查前应排出牛直肠宿粪。手进入骨盆腔中部后，将手掌展平，掌心向下，慢慢下压并左右抚摸钩取，找到软骨棒状的子宫颈，沿着子宫颈前移可摸到略膨大的子宫体和角间沟，向前即为子宫角，顺着子宫角大弯向外侧一个或半个掌位，可找到卵巢。用拇指、食指和中指固定、触摸卵巢，感觉卵巢的形状、大小及卵巢上卵泡的发育情况。按同样的方法触摸另侧卵巢，判断母牛发情时间，确定准确的配种时间。

③ 直肠检查注意事项：检查人员应小心谨慎，如遇到母牛努责，应暂时停止检查，等待直肠收缩缓解时再操作。检查时可将手臂伸入直肠内并向上抬起，使空气进入直肠，然后手掌稍侧立向前慢慢推动，使粪便蓄积刺激直肠收缩。当母牛出现排便反射时，应尽力阻挡，待排便反射强烈时，将手臂向身体侧靠拢，使粪便从直肠与手臂的缝隙排出。

2. 母猪的发情鉴定

母猪发情持续期长，外阴部和行为变化明显，因此母猪的发情鉴定是以外部观察为主，结合试情法、性外激素法并辅之以压背法进行综合判断。

(1) 外部观察法　发情初期，母猪表现不安，时常鸣叫，外阴稍充血肿胀，食欲减退，外阴充血明显，微湿润，喜欢爬跨其他母猪，也接受其他母猪的爬跨。母猪的交配欲达到高峰，阴门黏膜充血更为明显，呈潮红湿润，如有其他猪爬压其背部，则出现静立反应，用手按压其背部时，母猪则站立不动，尾巴上翻，凹腰拱背，用手臂向前推动母猪，母猪会表现出向后的反作用力，有时以其臀部顶碰公畜，这时即进入发情的盛期。此后母猪交配欲逐渐降低，外阴肿胀充血消退，阴门变得干燥，淡红微皱，分泌物减少，这时即为配种或输精的最佳时机。

（2）试情法　用试情公猪试情时，发情母猪表现两耳竖起，喜欢接近公猪。用手按压母猪背腰部，如母猪表现静立不动，向人身靠拢，尾巴翘起，即出现"静立反射"，说明母猪已到发情盛期。另外，母猪发情时，对公猪的气味和叫声反应敏锐，故可将公猪尿液或包皮冲洗液向母猪舍喷雾，也可在母猪群播放公猪求偶的录音，通过观察母猪的反应来鉴定其是否发情。

3. 母羊的发情鉴定

母羊的发情持续期短，外部表现不太明显，特别是绵羊无法进行直肠检查，因此母羊的发情鉴定常以试情法为主，结合外部观察进行判断。母羊发情时，其外阴部发生肿胀，但不是很明显，只分泌少量黏液，甚至见不到黏液而只是稍有湿润。生产中常将试情公羊按一定比例（通常为1∶40）放入母羊群内，早、晚各一次，定时进行试情，接受公羊爬跨者即为发情母羊。也可在试情公羊的腹部戴上标记装置（发情鉴定器）或在胸部装上颜料囊，如果母羊发情并接受公羊爬跨时，便将颜色印在母羊背部上，便于将发情母羊挑选出来进行配种。

4. 母兔的发情鉴定

母兔的发情鉴定主要是外部观察法。母兔发情时，食欲下降，用后爪叩击笼底，时而将后躯和尾部抬起，如将其放入公兔笼，则喜欢接近公兔，愿意接受交配。也可通过观察母兔的外阴部来判断其是否发情。母兔发情时，外阴部润湿、红肿，如呈现粉红色，即为发情初期；呈现大红色，即为发情中期；呈现紫红色，即为发情高潮，这是配种的最好时机。俗话说："粉红早，黑紫迟，大红正当时"。

（五）群体发情情况评价方法

家畜发情情况通常采用发情率进行评价。发情率是指一定时期内发情母畜数占应发情的可繁母畜数的百分比，以式（4-2）表示：

$$发情率=(发情母畜数/应发情的可繁母畜数)\times 100\% \qquad (4-2)$$

六、人工授精技术

（一）受精

受精是指雌、雄动物交配（或人工授精）以后，雄性配子（精子）与雌性配子（卵子）两个细胞融合形成一个新的细胞（即合子）的过程。受精的实质是把父本精子的遗传物质引入母本的卵子内，使双方的遗传性状在新的生命中得以表现，促进物种的进化。

在此过程中，精子和卵子经历一系列严格有序的形态、生理和生物化学变化，使单倍体的雌、雄生殖细胞共同构成双倍体合子。合子是新个体发育的起点。受精的实质是把父本精子的遗传物质引入母本的卵子内，使双方的遗传性状在新的生命中得以表现，促进物种的进化和家畜品质的提高。同时，也是配子和胚胎生物学研究的重要内容之一。

1. 配子的运行

配子的运行是指精子由射精部位（输精部位）、卵子由排出的部位到达受精部位的过程。与卵子相比，精子运行的路径更长更复杂。

（1）家畜的射精部位

① 阴道型：射精时公畜只能将精液射入发情母畜的阴道内。如牛、羊属于此种类型。

② 子宫型：射精时公畜可直接将精液射入发情母畜的子宫颈和子宫体内。如猪、马等属于这种类型。

（2）精子的运行　因公畜的射精部位不同，精子的运行有所差别。牛、羊为阴道射精型，即公畜只能将精液射入到发情母畜的阴道内。因为母畜子宫颈较硬，子宫颈内壁上有许多皱襞，发情时子宫颈开张较小，交配时公畜的阴茎无法插入到子宫颈内，只能将精液射至子宫颈外口。猪和马属动物为子宫射精型，即公畜能将精液直接射入到发情母畜的子宫颈和子宫体内。马的子宫颈比较柔软松弛，交配时公马龟头膨大，尿道突可直接插入子宫颈，将精液射入子宫内。而公猪在交配时，螺旋状的阴茎可直接深入子宫颈或子宫内，将精液射入子宫。

① 精子在母畜生殖道内的运行：以牛、羊为例，射精后精子在母畜生殖道的运行要依次通过子宫颈、子宫和输卵管3个部分，最后到达受精部位输卵管壶腹部。

精子在子宫颈内的运行：处于发情期的牛、羊子宫颈黏膜上皮细胞具有旺盛的分泌功能，射精后部分精子借助自身运动和黏液向前流动进入子宫，另一部分随黏液的流动进入子宫颈黏膜形成腺窝，暂时储存起来，活精子随子宫颈的收缩拥入子宫或进入下一个腺窝，而死精子被排出或被白细胞吞噬而清除。子宫颈对精子的第一次筛选，保证了受精能力强的精子进入子宫，防止过多的精子同时进入子宫。因此，子宫颈称为精子运行中的第一道栅栏。

精子在子宫内的运行：穿过子宫颈的精子在阴道和子宫肌收缩的作用下进入子宫。大部分精子进入子宫内膜腺，形成精子储库。精子在子宫肌和输卵管系膜的收缩、子宫液的流动以及精子自身运动作用下通过子宫和宫管连接部，最后进入输卵管。在此过程中，死精子和活动能力差的精子被白细胞吞噬，使精子又一次得到筛选。精子自子宫角尖端进入输卵管时，由于输卵管平滑肌的收缩，且管腔的狭窄，使大量精子滞留于该部，并不断向输卵管释放。因此，宫管连接部称为精子运行的第二道栅栏。

精子在输卵管中的运行：进入输卵管的精子，靠输卵管的收缩、输卵管系膜的复合收缩，以及管壁上皮纤毛摆动引起的液流的运动继续前行。在壶峡连接部精子因峡部括约肌的有力收缩被暂时阻挡，防止过多的精子进入输卵管腹壶部。所以，壶峡连接部称为精子运行的第三道栅栏，在一定程度上防止卵子发生多精受精。

② 精子在母畜生殖道内的运行时间：精子自射精（输精）运行到受精部位（输卵管壶腹）的时间与母畜的生理状况有关，少则几分钟，多则数小时。一般猪为 15～30min、牛为 2～13min、绵羊为 2～30min、马为 4～60min。

③ 精子在母畜生殖道内存活的时间和维持受精能力的时间：精子在母畜生殖道内存活的时间比其维持受精能力的时间稍长，一般为 1～2d。如牛为 15～56h、羊为 48h、猪为 50h、马的可达 6d。而精子维持受精能力的时间则短于存活时间，如牛为 28h、绵羊为 30～36h、猪为 24h、犬为 2d、马的为 5～6d。精子在母畜生殖道内存活和维持受精能力时间的长短，与精子本身的生存能力和母畜生殖道的生理状况有关。

④ 精子在母畜生殖道内的运行动力主要包括：射精的力量；子宫颈的吸入作用。母畜生殖道肌肉的收缩和生殖道管腔液体的流动；精子自身的运动。

⑤ 精子运行的神经内分泌调节：卵巢激素主要是雌激素和孕激素影响子宫颈、子宫和输卵管上皮的结构及分泌活动。交配刺激引起的垂体后叶催产素的释放对子宫和输卵管肌肉收缩有促进作用。精液中的前列腺素也可促进母畜生殖道收缩。

⑥ 精子的损耗：各种家畜在交配时射入母畜阴道或子宫的精子达几十亿个。但只有极少数的精子到达输卵管壶腹部，一般不超过 10 个，大多数的精子在运行的途中死于子宫颈、宫管连接部和壶峡连接部。精子在母畜生殖道内运行及保持受精能力的时间如表 4-13 所示。

表 4-13　　精子在母畜生殖道内运行及保持受精能力的时间

种类	平均射精量/mL	平均射出精子数/×10⁸ 个	到达输卵管部位的时间	到达受精部位的精子数/个	在生殖道内的存活时间/h	保持受精能力的时间/h
牛	5	50	2～13min	很少	96	24～48
猪	250	400	15～30min	1000	50	24～48
绵羊	1	30	2～30min	600～700	30～48	24～48
马	80	100	40～60min	很少	144～164	144
兔	1	7	3～6min	250～500	—	30～32
犬	10	15	2min～数小时	50～100	—	168
猫	0.1～0.3	0.5	—	40～120	—	—
豚鼠	0.15	0.8	15min	25～50	41	22

(3) 卵子的运行

① 卵子的接纳：临近排卵时，母畜在雌激素的作用下，输卵管伞充血而撑开呈伞状，并靠输卵管系膜肌肉的收缩作用紧贴于卵巢的表面。同时，卵巢固有韧带的收缩使卵巢围绕自身纵轴缓慢旋转，便于输卵管接纳排出的卵子。输卵管伞黏膜上摆动的纤毛形成液流，使卵子进入输卵管伞的喇叭口。猪、马和狗等家畜的伞部发达，卵子易被接受。但牛、羊因伞部不能完全包围卵巢，借助纤毛向输卵管摆动而形成的液流将落入腹腔的卵子吸入输卵管。

② 向腹壶部的运行：卵子在输卵管的运行是在管壁平滑肌和纤毛的协同作用下实现的。被输卵管伞接纳的卵子，借助输卵管壁纤毛摆动和肌肉活动进入壶腹的下端。在这里和已运行到此处的精子完成受精过程。排出的卵子被卵泡细胞形成的放射冠所包围。牛和绵羊的放射冠一般在排卵后几个小时退化，而猪、马和兔则要晚一些。多数家畜的受精卵在壶峡连接部停留的时间较长，可达2d左右。卵子在输卵管全程的运行时间因不同家畜而异，一般为3~6d，如牛约为90h、绵羊约为72h、猪约为50h、马约为120h。

卵子在壶腹部才有正常的受精能力，如果卵子排出后进入受精部位但未能及时与精子相遇并受精，那么卵子将很快老化，其表现为细胞核的固缩、细胞变形，最后被白细胞吞噬。因此，配种或人工授精定要在排卵前的适宜时间进行。因某些特殊情况落入腹腔的卵子多数退化，极少数造成宫外孕的现象。

③ 卵子保持受精能力的时间：排出的卵子保持受精能力的时间比精子要短，其受精能力的消失有个过程，种间和个体差异大。各种家畜的卵子在输卵管内保持受精能力的时间如表4-14所示。

表4-14 卵子在输卵管内保持受精能力的时间

种类	在输卵管内保持受精能力的时间/h	种类	在输卵管内保持受精能力的时间/h
牛	18~20	兔	6~8
猪	8~12	犬	108
绵羊	12~16	豚鼠	20
马	4~20	—	—

④ 卵子运行的机理：卵子（或受精卵）在输卵管的运行是在管壁平滑肌和纤毛的协同作用下实现的。输卵管上有 α 和 β 两种受体，可分别引起环形肌的收缩和松弛。雌激素可提高 α 受体的活性，促进神经末梢释放去甲肾上腺素，使壶峡连接部环形肌强烈收缩而发生闭锁。孕酮则可通过提高 β 受体的活性抑制去甲肾上腺素的释放，导致壶峡连接部的环形肌松弛，利于卵子向子宫的运行。在卵子运行中，若雌激素的分泌量增多或经外源雌激素的处理，都可能延长卵子在壶峡连接部的时间，而孕激素的作用则相反。

2. 配子受精前的准备

（1）精子在受精前的准备　受精前的精子和卵子都要经历一个生理成熟的阶段才能顺利完成受精过程，并为受精卵的发育奠定基础。

① 精子获能：精子在受精之前必须先在子宫或输卵管发生一系列生理性、机能性变化才具有与卵母细胞受精的能力，这种现象称为精子获能。经过获能，精子的游动能力和呼吸强度都提高。一般认为，精子获能的主要意义在于使精子为顶体反应做好准备。

② 精子获能的部位及时间：精子获能部位主要是子宫和输卵管，不同动物精子在雌性生殖道内开始和完成获能过程的部位不同。子宫型射精的动物，精子获能开始于子宫，在输卵管完成。阴道型射精的动物，精子获能始于阴道，当子宫颈开放时，流入阴道的子宫液可使精子获能，获能最有效的部位是子宫和输卵管。各种动物精子获能所需的时间如表4-15所示。

表4-15　　　　　　　　不同动物精子获能的时间

种类	获能时间/h	种类	获能时间/h
牛	3~4	兔	5
猪	3~6	犬	7
绵羊	1.5	豚鼠	4~6

③ 去能和再获能：动物精液中存在一种抗受精的物质，称作去能因子。经获能的精子若重新放入动物的精清与去能因子相结合，又会失去受精能力，这一过程称作"去能"。而经去能处理的精子，在子宫和输卵管孵育后，又可获能称为再获能。

④ 精子获能的机理：精子顶体内的酶是溶解卵子外周的保护层，使精子和卵子相接触并融合的主要酶类。附睾或射出精液中的去能因子由于和顶体酶的结合，抑制了顶体酶的活性和精子的受精能力。而雌性生殖道中的α-和β-淀粉酶被认为是获能因子，尤其是β-淀粉酶可水解由糖蛋白构成的去能因子，使顶体酶类恢复活性，溶解卵子外围保护层，使精子得以穿越完成受精过程。因此，获能的实质就是使精子去掉去能因子或使去能因子失活的过程。

⑤ 精子的顶体反应：精子获能后头部顶体帽部分的质膜和顶体外膜在多处融合，产生小泡，形成许多小孔，使原来封存于顶体中的酶从小孔中释放出来，以溶解卵丘、放射冠和透明带。精子释放顶体酶，溶蚀放射冠和透明带的过程称为精子的顶体反应。顶体反应是精子和卵子融合所不可缺少的条件，未发生顶体反应的精子几乎不能与裸卵的质膜融合。

（2）卵子在受精前的准备　大多数哺乳动物的卵子都在输卵管壶腹部受精。猪和羊排出的卵子为刚完成第一次成熟分裂的次级卵母细胞。马和狗排出的卵子为初级卵母细胞,尚未完成第一次成熟分裂,需要在输卵管内进一步成熟,达到第二次成熟分裂的中期才具备被精子穿透的能力。

3. 受精过程

受精过程主要包括以下几个步骤:精子穿越放射冠(卵丘细胞)、精子接触并穿越透明带、精子与卵子质膜的融合、雌雄原核的形成、配子配合和合子的形成等,如图 4-20 所示。

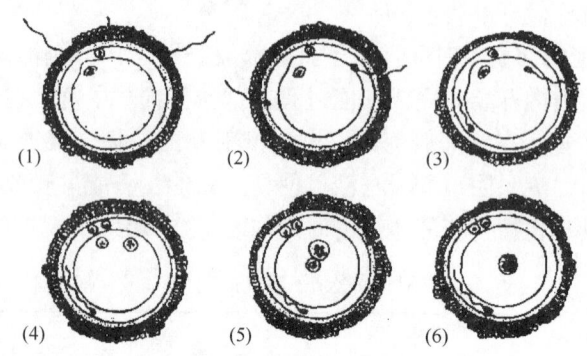

(1) 精子接触到透明带,此时卵母细胞处于成熟分裂 II 的中期,第一极体已排到卵黄周隙;(2) 精子穿过透明带与卵黄膜接触,引起透明带反应,但猪有补充精子进入透明带;(3) 精子进入卵黄内;(4) 雄原核和雌原核发育,第二极体释放到卵黄周隙;(5) 原核进一步发育,雄原核比雌原核大,两相靠拢;(6) 受精完成,原核经融合形成具有两倍体的结合子

图 4-20 猪卵受精过程

(1) **精子穿越放射冠** 卵子周围被放射冠细胞包围,这些细胞以胶样基质粘连。精子发生顶体反应后,可释放透明质酸酶,溶解胶样基质,使精子顺利地通过放射冠而到达透明带的表面。此时卵子对精子没有严格的选择,即使不同种家畜的精子,也能溶解分离不同种卵子的放射冠。对于多数家畜(特别是牛)来说,放射冠在排卵后 3~4h,即被顶体释放的酶解散。马的卵排出后即无放射冠称为裸卵。因此,在这种情况下,精子可与透明带直接接触。

(2) **精子穿越透明带** 穿过放射冠的精子靠顶体酶的作用穿过透明带而触及卵黄膜,使卵子激活,同时卵黄膜发生收缩,由卵黄释放某种物质传播到卵黄膜表面以及卵黄间隙,引起透明带阻止后来的精子再进入透明带,这一变化称为透明带反应。

迅速而有效的透明带反应是防止多精子入卵的屏障之一。兔的卵子无透明带反应,可在透明带内发现许多精子,称为补充精子。猪的透明带反应不迅速,有补充精子进入透明带。其他家畜的透明带内极少见到补充精子,这反映了透明带反应的种间差异。此外,卵子的透明带内对精子有着严格的选择性,通常只有同种的精子才能进入透明带内。

(3) 精子穿过卵黄膜　穿过透明带的精子，在卵黄膜外稍停之后，带着尾部起进入卵黄内。此时卵子对精子选择性是非常严格的，通常只有一个精子进入卵黄内。精子一旦进入卵黄，卵黄膜立即发生一种变化，具体表现为卵黄紧缩、卵黄膜增厚，并排出部分液体进入卵黄间隙，这种变化称为卵黄膜反应（图 4-21）。卵黄膜反应具有阻止多精子入卵的作用，又称为卵黄封闭作用，可看作在受精过程中防止多精入卵的第二道屏障。鸟类的多精入卵比较普遍，而哺乳动物只占 1%～2%。

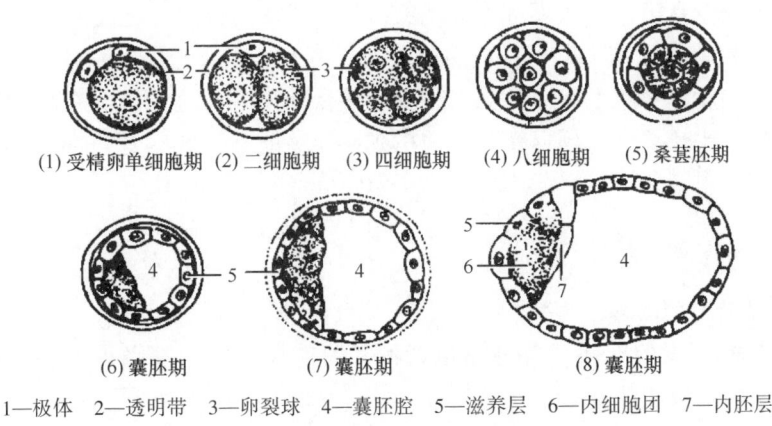

(1) 受精卵单细胞期　(2) 二细胞期　(3) 四细胞期　(4) 八细胞期　(5) 桑葚胚期
(6) 囊胚期　　　　　(7) 囊胚期　　　(8) 囊胚期
1—极体　2—透明带　3—卵裂球　4—囊胚腔　5—滋养层　6—内细胞团　7—内胚层
图 4-21　卵裂及胚泡的形成

(4) 原核形成　精子进入卵黄后，引起卵黄膜紧缩，并排出少量液体至卵黄周隙。精子头部膨大，尾部脱落，核仁增大，最后形成一个比原精细胞核大的雄原核。由于精子入卵刺激，使卵子恢复第二次成熟分裂，排出第二极体，卵子核膜、核仁出现，形成雌原核。雌、雄原核同时发育，数小时内体积增大约 20 倍。除猪外，其他家畜的雌原核都略小于雄原核。

(5) 配子配合　两原核形成后，卵子中的微管、微丝也被激活，重新排列，使雌、雄原核相向往中心移动，彼此靠近。原核相接触部位相互交错。松散的染色质高度卷曲成致密染色体。随后两核膜破裂，核膜、核仁消失，形成二倍体的核。随后染色体对等排列在赤道部，出现纺锤体，达到第一次卵裂的中期。

4. 异常受精

精子进入卵母细胞，两者融合成一个合子（受精卵）的生理过程称为受精。受精全程包括配子在母畜生殖道的运行、配子在受精前的准备、受精过程和异常受精。哺乳动物的正常受精均为单精子受精，形成的合子发育成正常的新个体。异常受精则包括多精子受精、双雌核受精、雄核发育和雌核发育等。异常受精的出现率占正常受精的 2%～3%。

(1) 多精受精　由两个或两个以上的精子几乎同时与卵子接近并穿入卵内

容易造成多精受精。往往与卵子阻止多精子入卵机能不完善有关。母畜配种和输精延迟都可能引起多精子受精。

（2）单核发育

① 雄核发育：精子入卵激活卵子后，雌核消失，只有雄原核的发育，是一种异常受精形式，哺乳动物只有初始阶段的雄核发育。

② 雌核发育：在鱼类的受精中，有时会出现精子入卵只激活卵子而不形成雄原核，卵子和未排出的第二极体发育为二倍体的生殖方式，称为雌核发育。哺乳动物很少有第二极体不排出的现象，因此雌核发育的可能性极少。

（3）双雌核受精　卵子在成熟分裂中，由于极体未能排出，造成卵内有两个卵核，并发育为两个雌原核，出现双雌核受精现象。这种情况在猪和田鼠的受精过程中比较常见。延迟交配、输精或在受精前卵子的衰老等都可能引起双雌核发育、受精。

（二）母畜的输精

1. 输精前的准备

① 输精器材的准备：各种输精器械和器皿在使用前都必须彻底清洗、消毒，再用稀释液冲洗。

② 母畜的准备：经过发情鉴定，确定要配种的母畜，输精前应将其保定在输精栏内。母猪一般不需保定，在圈内就地站立输精。母畜保定后，将尾巴拉向一侧，清洗阴门及会阴部，再用消毒液进行消毒，然后用灭菌的生理盐水冲洗，用灭菌布擦干。

③ 精液的准备：低温和冷冻保存的精液要进行升温或解冻，精液要经活力检查，符合输精质量要求者（液态保存精液活力不低于0.6，冷冻保存精液活力不低于0.3）才能使用。然后按各种家畜的输精剂量标准，装入输精枪中，用毛巾纱布盖好，以待使用。常温或低温保存的精液要求缓慢升温到35℃左右。夏天可采取自然升温法，即将精液置于室内20~30min即可。冬季要先用冷水浸泡低温保存的精液，然后逐渐加入温水，使之缓慢升温到所需温度。

④ 输精员的准备：输精人员的手掌和手臂、输精器械、母畜外阴部等都必须洗涤和消毒，以防母畜生殖道感染。

2. 输精基本技术要求

① 输精量和输入的有效精子数：输精量和输入的有效精子数与母畜的种类、母畜状况（年龄、胎次、生理状态等）、精液保存方法、精液品质、输精部位以及输精技术水平等都有关系。如猪、马、驴的输精数量大于牛、羊等其他家畜。体型大、经产、产后配种和子宫松弛或屡配不孕的母畜，应适当增加输精量。对于体型小、初次配种和当年空怀的母畜，可适当减少输精量。液态

保存精液其输入有效精子数一般比冷冻精液多，而细管冷冻精液则又比颗粒冷冻精液少一些。精液品质较差时，输精量应适当增加，以保证输入的有效精子数达到规定标准。

② 输精时间：适宜的输精时间是根据各种母畜的排卵时间、精子和卵子的运行速度和到达受精部位的时间以及它们可能保持受精能力的时间和精子在母畜生殖道内完成获能的时间等综合决定。各种母畜适宜在排卵前 4~6h 进行输精。如果输精太早，等卵子到达受精部位时，精子已衰老或丧失受精能力，受精能力降低；输精过迟，即使精子具有很强的受精能力，但卵子排出时间已久而衰老，同样不能受精。使用冷冻精液输精更应注意适时输精，因为家畜精液经过冷冻后，精子在母畜生殖道内的存活时间会比液态保存精液特别是新鲜精液短。

生产中常用发情鉴定来判定输精适宜时间。同时，根据配种繁殖档案和向畜主询问，掌握各头母畜发情排卵规律。一般发现母牛早晨发情，当天下午或傍晚输精。下午发情的特别是傍晚发情的于次日早晨输精。母马多根据卵泡发育程度，采取"三期"酌配，"四期"和"五期"必输，排卵后灵活追补的办法，或者采用自发情后 2~3d，隔日输精一次，直至发情结束。母猪是在发情高潮过后而仍接受"压背"试验时，或在发情开始后的第二天输精为宜。母羊可根据试情制度来决定输精时期，即每天试情一次，发现发情当天和经半天各输精一次，每天试情两次时，可在发情开始后过半天输精一次，间隔半天再输精一次。

（3）输精次数和间隔时间　输精次数和间隔时间是依据输精时间与母畜排卵时间的间隔、精子在母畜生殖道内保持受精能力的时间长短而决定的。牛、羊、猪、兔等家畜常以外部观察法（牛、猪）或试情法（羊、兔）来进行发情鉴定，不易确定排卵时间。因此，在一个发情期内采用两次输精为宜，以增加精卵相遇机会，提高受胎率，两次输精间隔 8~10h（猪间隔 12~18h）。

（4）输精部位　输精部位与受胎率有关。牛的子宫颈浅部输精比子宫颈深部输精受胎率低。猪、马、驴以子宫内输精为好。羊、兔只需在子宫颈内浅部输精（羊一般为 0.5~1.0cm）即可达到受胎目的。此外，绵羊如果能利用螺旋式输精器输精，输入子宫颈深度在 2cm 以上，受胎率也可显著提高，但只有部分母绵羊可以做到子宫颈深度输精。山羊的子宫颈结构不像绵羊那样多皱，因此可以实行深度输精。

3. 输精方法

（1）母牛的输精　母牛常见的输精方法有如下两种。

① 阴道开腔器输精法：此法是用一只手持涂抹有少量灭菌的润滑剂的阴道开腔器，插入阴道将其张开，借助光源寻找子宫颈外口。另一只手将吸有精液

的输精器的导管尖端小心插入子宫颈内 1~2cm 深处，缓慢注入精液，随之取出输精器，最后取出开腔器。为防止母牛拱背而使精液倒流，可在输精时和输精后用力按捏母牛背腰部，并稍待片刻后再将母牛缓步牵回牛舍。输精过程中如果母牛左右摆动不定，则应中止操作，立即将阴道开腔器和输精器交由一手握住保定，使两者一起随着母牛一个方向摆动，以免输精器突然折断，等母牛安定后再继续输精。该方法能直接看到输精管插入子宫颈口内，但操作烦琐，容易引起母牛骚动，易使阴道黏膜受伤。该方法因输精部位浅，精液容易倒流，故受胎率不高。

② 直肠把握子宫颈输精法：又称深部输精法。操作时右手将阴门撑开，左手将吸有精液的输精器，从阴门先倾斜向上插入阴道 5~10cm 处，即通过阴道前庭避开尿道口后，再向前水平插入直抵子宫颈外口（图 4-22）。随后右手伸入直肠，隔着直肠壁探明子宫颈位置，并将子宫颈半捏于手中，使子宫颈下部紧贴固定在骨盆腔底上。然后在两手协同配合下，使输精管导管尖端对准子宫颈外口，当感觉输精器穿过 2~3 个子宫颈内横行的月牙形皱褶时，即可缓缓注入精液。输精完毕，先抽出输精器，再抽出手臂。输精过程中，输精器应随牛的后躯摆动而摆动，以防折断输精器的导管。操作要小心谨慎，以防黏膜损伤或穿孔。

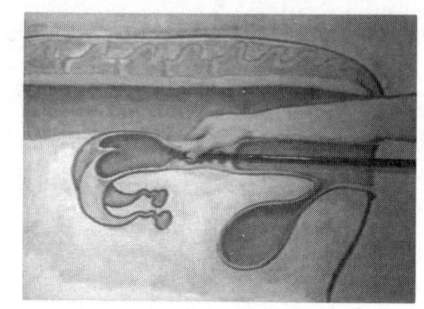

图 4-22　母牛输精

由于此法将精液注入子宫颈深部，受胎率较高，操作安全，阴道不易感染，母牛无痛感刺激。但在操作时要特别注意把握子宫颈的手掌位置，不能太靠前，也不能太靠后，否则都不易将输精管插入子宫颈的深部。

（2）母猪的输精　由于母猪阴道和子宫颈接合处无明显界限，因此一般都采用输精管插入法（图 4-23）。猪的输精器种类较多，一般包括 1 个输精管（橡皮胶管或塑料管）和 1 个注入器。

清洁母猪外阴、尾根及臀部周围，用 1% 高锰酸钾溶液冲洗消毒阴户，再用温水浸湿毛巾或干纸巾擦干净母猪阴户。从塑料袋中取出一次性输精管，在输精管头部涂上润滑油或少许猪精液。以稍稍往上的方向轻轻插入输精管，并呈逆时针方向转动。继续插入输精管直到输精管顶端"锁定"在子宫颈部位，输精管插入深度为 23~30cm，若过深，精子获能程度不够，不易受孕，产仔也少。若过浅或误入尿道，则更难受孕。从保温箱中取出输精瓶或袋，轻轻转动轻摇以混合精液，打开盖子。把输精瓶套入输精管，尽量抬高输精瓶以使精液顺利通过输精管流入母猪体内。输精期间应抚摸母猪腹侧、乳房、外阴或按压

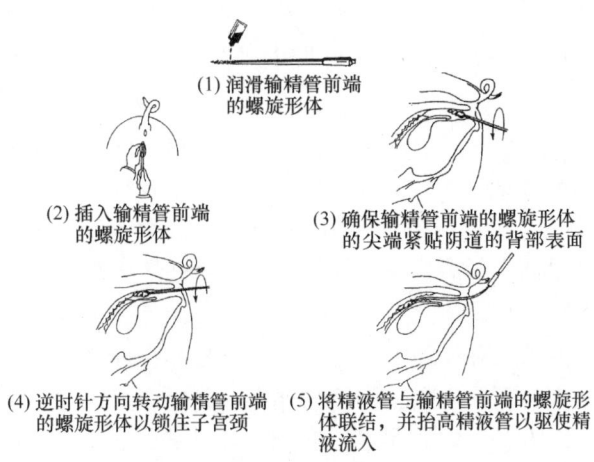

图 4-23 母猪输精

母猪的背部以刺激母猪子宫收缩产生负压将精液吸到体内，输精时不要太快，一般 3~5min 输完。

输精完成后，抽出输精瓶，应将输精管后段折弯，让输精管在体内再停留 30s，然后轻轻地拉出输精管，并按压母猪臀部片刻，以防精液倒流。如果输精管拉出来了而海绵头留在母猪体内，应给这头母猪做上记号，之后母猪会把海绵头排出体外。精液温度不要低于 20~25℃，否则可能刺激子宫收缩造成精液倒流。若母猪走动，应暂停注入，待安抚母猪站稳后再继续输精。如遇精液倒流，应暂停注入，并稍微挪动一下输精管位置以排除障碍，然后再继续输精。输精完毕慢慢抽出输精管，按压母猪腰臀部并使母猪静待片刻，不可马上驱赶急行或引诱母猪前肢悬跨栏上，否则易引起精液倒流。

（3）母羊的输精　母羊输精常用阴道开腔器输精法和输精管阴道插入法两种。

① 阴道开腔器输精法：其操作与母牛相似，只是输精用具短而小。由于羊体形小，需蹲下输精（图 4-24）或在输精架后挖一个凹坑方便输精操作，也可采用转盘式或输精台输精。体形小的母羊在助手配合下也可采用倒立式输精法，即保定员用两腿夹住母羊头颈，抓住并抬起羊两后腿，输精员借助开腔器将精液输入子宫颈内。输精员左手持用生理盐水湿润过的开腔器插入母羊阴道内，转变开腔器角度，使开腔器手把和地面垂直，然后打开开腔

图 4-24　羊输精

器，借助光源找到子宫颈口。右手将输精器插入到母羊子宫颈 0.5~1.0cm 处，缓慢注入精液。最后抽出输精器和开腔器。输精完毕，让羊保持原姿势片刻，原地站立 5~10min。

② 输精管阴道插入法：对于阴道比较狭窄，使用阴道开腔器比较困难的母羊，可将精液用输精管输入到阴道的底部输精效果较好。

（4）兔的输精　兔的输精多采用直接插入法。将母兔伸卧或伏卧保定，将输精管沿背线缓慢插入阴道内 7~10cm，然后慢慢注入精液。输精后将母兔后躯抬高片刻，以防精液倒流。此外，人工授精受胎率高低与多种因素相关，如品种、营养、精液品质和操作方法等。兔人工授精已在各地推广运用，但区域发展不平衡，推广普及率不高，精液的保存问题需要进一步研究。目前对于兔人工授精的研究取得了一定的成果，但总体效果难以满足实际应用的需求，需继续加以改良，筛选优质冷冻保护剂，优化冷冻程序，探索最佳输精时机，从而获得更理想的效果。

（三）母禽的输精

1. 输精前的准备

（1）母禽的准备　输精母禽应保持体型中等，泄殖腔没有炎症。输精前 2~3h 禁食和禁水。

（2）器材的准备　输精器械（如移液器等）和接触精液的器皿（图 4-25），在使用前都必须彻底清洗、消毒再用稀释液冲洗。

（3）精液的准备　采集好公鸡的精液置于精杯中，立即进行稀释。精液的保存按照液态精液的操作规程进行。

2. 输精的基本技术要求

（1）输精量和有效精子数　使用新鲜的未经稀释的精液输精，常用量鸡为 0.025~0.05mL，鸭和鹅为 0.05~0.08mL，或用 1:1 稀释的稀释精液 0.1mL。输精量应根据精子活率和密度而定。通常每次输精应输入有效精子数至少 5000 万个。

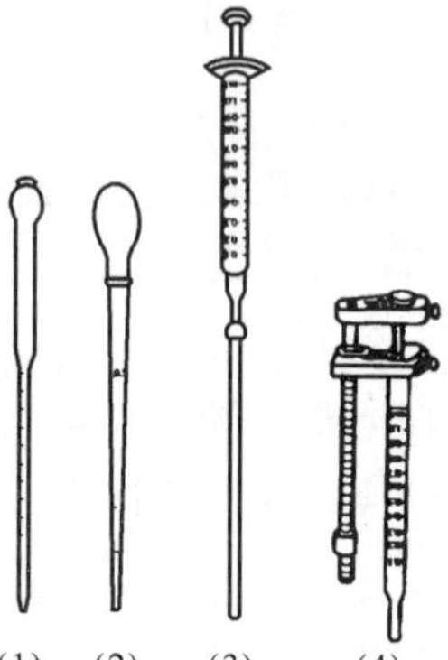

(1)(2) 有刻度的玻璃滴管
(3) 前端连接无毒素塑料管的 1mL 玻璃注射器　(4) 可调注射器

图 4-25　鸡输精器

（2）输精时间与间隔　母鸡应在下午 4 时以后输精较为适宜，一般间隔 5~7d 输精 1 次。输精时间要根据品种、年龄、季节、输精量和受精率及时调整。鸭一般在早上或夜间产蛋，适宜的输精时间应安排在上午，但番鸭在下午 2:00 输精也能收到较好的效果，鹅一般在中午产蛋，故应在下午输精。

3. 输精方法

(1) 鸡的输精　鸡的输精方法有阴道输精法和子宫输精法两种。

① 阴道输精法：输精时，左手握住母鸡双翅，提起母鸡，令鸡头朝上，肛门朝下。右手掌置于母鸡耻骨下，在腹部柔软处施以一定的压力，泄殖腔便张开，输卵管口翻出。此时母鸡如有粪便，即排在地上，然后将母鸡泄殖腔朝向输精员，母鸡输卵管开口位于泄殖腔（图4-26）内左侧上方。输精员将吸取备用精液的输精器插入泄殖腔外露的左侧口，即阴道口内1.5~3cm处，将精液注入阴道，抽出输精器，擦拭消毒后晾干备用。

② 子宫输精法：保定母鸡，以右手食指隔直肠将子宫内硬壳蛋固定于靠近左侧腹壁。将吸有精液的注射器从蛋前1/3处的腹壁进针，一次刺入子宫直抵蛋壳，再向头部水平方向推进0.5~1cm，注入精液，输精完成后抽出注射器。

给鸡输精的注意事项：首次输精应充分保证足够的有效精子数；抓捕母鸡和输精动作要轻缓；注入精液同时应放松对母鸡腹部的压迫；遵守无菌操作，严防病原传播。

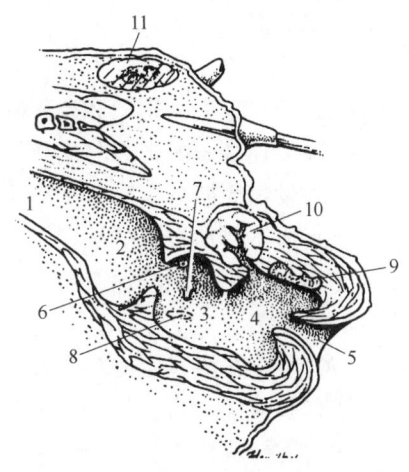

1—结肠　2—粪道　3—泄殖道　4—肛道
5—肛门　6—尿道口　7—输精管乳头
8—左侧输卵管口　9—肛道背侧腺
10—腔上囊　11—尾臀腺

图 4-26　母鸡的泄殖腔（腹侧）

(2) 鸭和鹅的输精　鸭和鹅的输精方法有阴道输精法和手指引导输精法两种。

① 阴道输精法：将母鸭（鹅）固定于输精台上，用左右手的拇指和食指分别握住母鸭（鹅）的一只腿，其余三指伸至泄殖腔两侧，压迫母鸭（鹅）腹部（后腹用力要稍大）。右手以执笔式持拿输精器，左手在母鸭（鹅）泄殖腔尾侧向下稍加压力，泄殖腔即外翻，露出阴道口（左侧口）。输精员将输精器插入阴道口内，鸭插入4~6cm，鹅插入5~7cm，缓慢注入精液。注入精液时，慢慢松手以降低腹压，防止精液倒流，并使泄腔缩回。输精完成后抽出输精器，用酒精棉球擦拭消毒，晾干备用。

② 手指引导输精法：将母鸭（鹅）固定于输精台上，用消毒过的输精器吸取精液备用。右手食指插入母鸭（鹅）泄殖腔，寻找并插入阴道。左手持输精器沿右手食指腹侧插入输精器，注入精液的同时右手食指向外缓缓抽出，防止留有空气。输精完成后抽出输精器，用酒精棉球擦拭消毒，晾干备用。

> 思考与练习

1. 名词解释

副性腺、黄体、发情、初情期、性成熟期、初配适龄、发情周期、产后发情、精子活力、精子密度、透明带反应、精子获能、冷休克

2. 简答题

（1）简述牛卵巢的形态、位置及主要的生理机能。

（2）简述睾丸、附睾和副性腺的主要生理功能。

（3）简述精子的形态与结构。

（4）发情周期分为哪几个阶段？各阶段有哪些特点？

（5）人工授精技术的优点？

（6）怎样用估测法评定精子的"密""中""稀"？如何检查和评定精子的活力？

（7）母畜发情鉴定的基本方法有哪些？

（8）如何确定猪、牛、羊、鸡的输精时间及输精操作要点？

（9）怎样输精才能提高母畜的受胎率？

> 实操训练

实训一　假阴道的安装

（一）实训目标

认识各种家畜的假阴道，熟练掌握假阴道的安装程序和调试过程。

（二）实训准备

1. 材料

调训好的种公畜禽（牛、羊、猪、鸡）、活台畜、假台畜。

2. 器具

各种公畜假阴道、集精瓶、储精瓶、刻度集精杯、长柄钳、温度计、玻璃棒、酒精棉球、乳胶手套、公羊电采精棒、无菌纱布等。

3. 药剂

凡士林、热水。

（三）方法步骤

1. 假阴道的准备

（1）假阴道外壳及内胎的检查

① 检查假阴道外壳两端是否光滑，外壳有无裂隙。

② 检查内胎是否漏水：可将内胎注满水，用两手握紧两端，并扭转内胎施以压力，观察胎壁有无破损漏水之处，如发现应及时修补或更换。

2. 采精器材的清洗

（1）外壳、内胎、集精杯等用后可用热的洗衣粉水清洗，内胎的油污必须洗净。

（2）用清水冲净洗衣粉，待自然干燥后使用。

3. 内胎的安装

将内胎放入外壳，内胎露出外壳两端的部分长短应相等。然后将其翻转在外壳外，内胎应平整，不应扭曲，再以橡皮圈加以固定。

4. 消毒

先以长柄钳夹取 75% 的酒精棉球擦拭内胎和集精杯，再以 95% 的酒精棉球充分擦拭。采精前最好用稀释液冲洗 1~2 次。

5. 集精杯（管）的安装

牛、羊、猪的集精杯（管）可借助特制的保定套或橡皮漏斗与假阴道连接。

6. 注水

通过外壳的注水孔向假阴道内外壁之间注入 45~55℃ 的温水，使采精时的温度为 38~42℃，注水总量为内外壁间容积的 1/3~1/2。

7. 涂润滑剂

用消毒好的玻璃棒，取灭菌凡士林少许，均匀地涂于内胎的表面，涂抹深度为假阴道长度的 1/2 左右。

8. 调节假阴道内腔的压力

从注气孔吹入或打入空气，根据不同家畜的要求调整内胎压力，使内胎呈 Y 形。

9. 假阴道内腔温度的测量

把消毒的温度计插入假阴道内腔，待温度不变（38~42℃）时再读数。

实训二　精液的采集

（一）实训目标

学习和掌握种公畜禽的采精操作方法和技术要领。

（二）实训准备

1. 材料

调训好的种公畜禽（牛、羊、猪、鸡）、活台畜、假台畜。

2. 器具

各种公畜假阴道、集精杯、储精瓶、刻度集精杯、长柄钳、温度计、玻璃棒、搪瓷盘、酒精棉球、乳胶手套、公羊电采精棒、无菌纱布等。

3. 药剂

凡士林、热水。

（三）方法步骤

1. 台畜的准备

选择处于发情盛期、体格适中、健康的母畜作为采精用的台畜。最好调教公畜使用假台畜采精，这样既安全又方便。台畜的后躯须保持干净并经消毒，将尾巴系于一侧等候采精。

2. 采精操作

（1）公牛的采精

① 假阴道法：将台牛固定于配种架内，缠尾并系于一侧，台牛可选用公牛或不发情母牛。

清洗台牛的外阴部及臀部。

检查假阴道内腔的温度和压力，在假阴道的入口盖上消毒纱布。

采精员右手持假阴道，立于台牛臀部右侧，准备采精。

采精前可让公牛观察其他公牛的采精，加强采精前的性欲刺激。当公牛阴茎充分勃起并有少量分泌物排出时，再令其爬跨效果较好。

当公牛临近台牛时，应取下遮盖假阴道的纱布。公牛阴茎充分勃起爬跨时，以左手准确地托住包皮（切勿触及阴茎），迅速将阴茎导入假阴道入口（假阴道与阴茎的方向和角度一致）。当公牛导入假阴道并伴随后躯向前强烈地耸跳时，即完成射精。

射精后，将假阴道集精杯端向下倾斜，同时随公牛跳下的动作顺势取下假阴道，并盖上纱布，以防灰尘污染。

打开活塞放气，使精液完全流入集精杯。

取下集精杯，检查精液品质。

② 按摩法：公牛因各种原因不能爬跨或无法使用假阴道采精时，使用按摩采精法。

先令公牛观察其他公牛的交配或爬跨行为，增加公牛按摩采精的性刺激。

然后保定好公牛，清洗包皮及包皮口，剪短包皮口处的长毛。

一人手臂涂上润滑剂或戴上长臂塑料手套，伸入公牛直肠，隔着直肠壁摸到精囊腺和输精管壶腹。先用拇指和其余四指轻轻按摩精囊腺和输精管壶腹，随后掌心向下，以四指按摩壶腹到尿道部分。如此反复按摩，其强度和频率不断增加。

另一人手持置于水浴或恒温箱中平衡过的离心管，其上面加一个塑料漏斗接取精液。

若经按摩一段时间后仍不射精者，应休息5~10min再进行按摩。

(2) 公马的采精

① 将台马固定于配种架内或用脚绊固定或直接使用假台畜。注意对台马后肢的保定，公马射精前后肢经常移动，以防踢蹬，并用绷带缠尾并系于一侧。

② 公马在采精前，用温肥皂水清洗包皮和阴茎，并用消毒纱布擦干。

③ 调节好假阴道的温度（40℃左右）、压力及润滑剂的量。

④ 当公马阴茎充分勃起爬跨时，采精员左手握住龟头颈部，将阴茎导入假阴道。此时，采精员应以右臂部抵住假阴道的集精杯端，并用双手固定假阴道与台马的臀部，尤其公马的阴茎在假阴道内抽动时，应尽量保持假阴道稳定。公马射精时，应将集精杯渐向下倾，并逐渐放气减小压力。当公牛阴茎导入假阴道并伴随后躯向前强烈地耸跳时，即完成射精。射精结束，假阴道应同阴茎一起下降，随后轻轻取下，盖好纱布。

⑤ 在室内取下集精杯，测定射精量并做精液品质检查。

(3) 公羊的采精

① 假阴道法：基本方法与公牛相同，但公羊射精较公牛快，所以动作更要迅速敏捷。

做好采精场地、台羊和假阴道的准备。将台羊放入配种架，做好外阴部的清洗消毒。

擦洗公羊包皮及尿道口。

采精员蹲于台羊右侧，右手持假阴道。当公羊阴茎勃起并爬跨时，左手迅速轻托包皮将阴茎导入假阴道，公羊向前耸身时即为射精，将假阴道集精杯向下并取下假阴道。

以下操作同公牛采精。

② 电刺激法：将公羊采取侧卧或侧卧式固定在特定的保定架内。洗净包皮口，用两手配合从阴鞘内将阴茎导出，然后用一块消毒纱布包住阴茎前端，防止其缩回阴鞘内。

将尿道突导入带刻度的离心管中。

将采精棒电极一端涂上润滑剂，插入肛门，调整好位置。

按动电开关通电 1~2s，间隔 2s 再进行第二次通电刺激。一般 2~3 次即可射精。注意通电时间不宜过长，电流强度不易过强，以防引起排尿污染精液。当多次刺激还不射精时，应让公羊适当休息并调整电极的位置，做下一次尝试。

（4）公猪的采精　目前多采取手握采精法，使用假台猪或采精台。

采精员一手应戴乳胶手套，另一手持集精瓶。用温肥皂水清洗公猪的包皮和周围皮肤，并用纱布擦干。

当公猪爬跨采精台时，采精员应蹲在采精台的右侧。戴乳胶手套的手待公猪阴茎伸出时，握住阴茎，并使其伸入空拳中。

待公猪阴茎伸入空拳后，此时手要有节奏地握住螺旋状的龟头，使之不能转动。

待阴茎勃起前伸时，顺势牵引向前，同时手指继续有节奏地施以压力，即可引起射精。

公猪不动时表示开始射精，但开始一段射出的水状液体，很稀薄不收集。当浓精液射出时再进行收集。最后一段射出的精液含有较多的胶状物也不收集。

（四）实训提示

采精操作前，教师向学生讲解公畜的射精特点、采精方法、操作要领和注意事项。

（五）实训报告

简述各种公畜禽采精时应注意的问题。

实训三　精液品质的检查

（一）实训目标

1. 熟悉精液品质检查的项目。
2. 掌握精子活率和密度的检查方法。
3. 掌握精子畸形率的测定方法。

（二）实训准备

1. 材料

家畜新鲜精液。

2. 器材

恒温水浴锅、大烧杯、温度计、微量移液器、显微镜、载玻片、显微镜、恒温板、盖玻片、纸巾、擦镜纸、一次性小试管、试管架、滴管、废液缸、洗瓶。

3. 药剂

95%酒精、生理盐水、亚甲蓝或纯蓝墨水。

(三) 方法步骤

1. 精液的外观性状检查

主要检查畜禽的射精量、色泽、气味和云雾状，并做好记录。

2. 精子的活力检查

分别采用平板压片法和悬滴法进行精子活力的检查，并按"十级一分制"进行评分。

3. 精子的密度检查

分别采用估测法和血细胞计数法检查。

4. 精子畸形率测定

根据畸形精子检查方法进行检查测定。

(四) 实训准备

1. 实训前，应熟悉本精液品质检查的项目及方法

实训时待指导教师简要说明精子活率、密度、形态的检查方法和注意事项，并做示范性操作后，再进行分组练习。

2. 在精子计数中，精液稀释要准确

这直接影响检查结果是否符合实际。如稀释倍数是20倍，5个中方格的精子数误差为1个，则结果会偏差100万个。吸取原精液时，一旦刻度超过"0.5"或"1.0"，应洗净吸管后重新吸取。吸取 NaCl 溶液时，先用酒精棉球消毒，再用口吸，要求液面只能缓慢上升，不能下降，一旦液面出现波动，应重新操作。

3. 重复

检查至少要重复一次，取其平均值，如2次结果偏差10%以上，应做第三次，第三次结果与前两次接近的一次进行平均，作为最后结果。

(五) 实训报告

1. 将观察到的结果填入表4-16中。

表 4-16　　　　　　　　精液品质检查

品种	颜色	气味	云雾状	密度	活率	畸形率

2. 结果分析

测定的结果是否在正常值范围内，如不在正常值范围则分析原因。

实训四　精液的稀释

（一）实训目标

掌握常用精液稀释的配制方法，学会对精液进行稀释。

（二）实训准备

1. 材料

鲜精液、鸡蛋。

2. 器材

量筒、量杯、烧杯、三角烧瓶、小试管、水温计、铁架台、漏斗、平皿、玻璃注射器、水浴锅、天平、显微镜、定性滤纸、脱脂棉等。

3. 药品

蔗糖、葡萄糖、乳粉、鲜鸡蛋、NaCl、二水柠檬酸钠、青霉素、链霉素、蒸馏水。

（三）方法步骤

1. 各种家畜精液常用稀释液配制

（1）常用稀释液配方

① 公羊精液稀释液：

a. 生理盐水稀释液。NaCl 0.85g、青霉素 1000IU/mL、链霉素 1000μg/mL、蒸馏水 100mL。

b. 乳粉卵黄稀释液。乳粉 10g、卵黄 10mL、青霉素 1000IU/mL、链霉素 1000μg/mL、蒸馏水 100mL。

② 猪精液稀释液：

a. 葡萄糖卵黄稀释液。葡萄糖 5g、卵黄 10mL、青霉素 1000IU/mL、链霉素 1000μg/mL、蒸馏水 100mL。

b. 葡萄糖-柠檬酸钠-卵黄稀释液。葡萄糖5g、二水柠檬酸钠1.4g、乙二胺四乙酸0.1g、青霉素1000IU/mL、链霉素1000μg/mL、卵黄8mL、蒸馏水100mL。

③ 马精液稀释液：

蔗糖奶粉稀释液。110g/L 蔗糖液 50mL、100~120g/L 乳粉液 50mL、青霉素1000IU/mL、链霉素1000μg/mL。

（2）配制方法及要求

① NaCl 与葡萄糖的称取：用天平准确称量后，放入烧杯中，加入蒸馏水溶解后，用三连漏斗过滤，用三角烧瓶承接滤液，放入水浴锅内，80℃水浴消毒10~20min备用。

② 牛乳和乳粉的处理：把牛乳用5~6层干净的纱布过滤，然后水浴煮沸消毒冷却至20~30℃，用消毒过的玻璃棒挑去乳皮备用。乳粉颗粒在溶解时先加等量蒸馏水调成糊状，再加入一定量的蒸馏水，待溶解后，用一层脱脂棉过滤，放入90~95℃的水浴中消毒10min。

③ 卵黄的提取：卵黄取自新鲜鸡蛋，先将鸡蛋洗净，用75%酒精消毒后，用镊子在气端打一小孔，把蛋清倒净。然后把蛋壳打开，取出蛋黄，用注射器小心抽取一定量的蛋黄，在稀释液消毒冷却到40℃以下时加入。

④ 抗生素的使用：抗生素用一定量的蒸馏水溶解，在稀释液冷却后加入。

⑤ 注意事项：稀释液应现用现配，确需储存的，经消毒密封后放入冰箱中，最多保存2~3d。所用器具必须洗净严格消毒，用稀释液冲洗后才能使用。药品要纯净，称量要准确。

2. 精液的稀释

选用与精液种类相应的稀释液，把精液稀释液分别装入烧杯或三角烧瓶中，置于30℃的水浴锅中，用玻璃棒引流，把稀释液沿着器壁缓慢加入到精液中，边加入边摇动。

（1）猪、马（驴）精液的稀释方法

① 先用消毒过的4~6层纱布过滤精液中的胶质部分。

② 进行精液品质检查，并确定稀释倍数。

③ 把配制好的稀释液加热至30℃左右，使稀释液温度与精液温度相同。

④ 取消毒过的玻璃棒，将稀释液沿着玻璃棒缓慢加入到精液里，加完后轻轻晃动使精液和稀释液混匀。

⑤ 镜检。

（2）牛、羊精液的稀释方法

① 把配制好的稀释液加热至30℃左右，使稀释液温度与精液温度相同。

② 计算稀释倍数，并确定稀释液用量。如做高倍稀释，应先按2~3倍稀释。取稀释液沿着杯壁缓慢倒入并轻轻摇动，精液和稀释液混匀。

③ 做第二次稀释，按照计算量把其余的稀释液按上述方法加入第一次稀释后的精液中。

④ 镜检。

（四）实训提示

1. 配制稀释液的器具，在使用前必须洗净并严格消毒，用稀释液冲洗后才能使用。

2. 配制稀释液的蒸馏水要新鲜，现配现用。药品称量要准确，经溶解、过滤、消毒后才能使用。

（五）实训报告

（1）简述各种家畜常用冷冻精液稀释液的配制方法。

（2）简述卵黄、柠檬酸钠、乳粉在稀释液中的作用。

实训五　精液的保存

（一）实训目标

1. 了解精液冷冻保存技术的操作工艺流程，掌握冷冻精液的制作技术和解冻技术。

2. 学会液氮罐的使用和保养。

（二）实训准备

1. 材料

新鲜猪或牛精液，鸡蛋。

2. 器具

液氮罐、铝饭盒、保温瓶、温度计、镊子、聚四氟乙烯板或铜纱网、滴管、封口粉、烧杯、量筒、三角烧瓶、纱布、棉花、显微镜、载玻片、盖玻片、天平。

3. 药品

葡萄糖、蔗糖、柠檬酸钠、甘油、青霉素、链霉素。

（三）方法步骤

1. 猪精液的冷冻保存

（1）配制葡萄糖卵黄甘油稀释液　80g/L 葡萄糖 77mL、卵黄液 20mL、甘油 3mL、青霉素 500~1000IU/mL。

（2）配制解冻液　葡萄糖 5g、蒸馏水 100mL。

（3）稀释与冷冻　取活率在 0.7 以上的新鲜猪精液，用等温的稀释液以 1∶2 稀释后，包以 10~12 层纱布，放在 8℃条件下平衡 3.5~6h，做一次稀释并进行颗粒冷冻。即用被隔热保温层包裹的金属容器或铝饭盒盛满液氮，用聚四氟乙烯塑料板作为冷冻板，固定在距液氮面 1~2cm 处。待降温恒定后，以滴管将平衡后的精液滴在冷冻板上。每个颗粒体积为 0.1mL。当冷冻板上的精液颗粒由黄转白而有光泽、易脱离冷冻板时，可收集起来，分装后做标记，保存在液氮罐内。

（4）解冻、镜检和保存　取 1~1.5mL 解冻液，放入小试管内，在 40℃热水中 2~3min，投入颗粒冷冻精液一粒，待溶化 1/2 时取出精液试管。当精液全部溶化后，检查评定精子活率。解冻后若精子活率不低于 0.3，即可将收集于纱布袋内的颗粒冷冻精液，做好标记浸泡在液氮内保存。

2. 牛精液的冷冻保存

（1）配制葡萄糖（蔗糖）-卵黄-甘油稀释液　120g/L 蔗糖液 75mL、卵黄 20mL、甘油 5mL、青霉素 1000IU/mL、链霉素 1000IU/mL。

（2）配制解冻液　柠檬酸钠 2.9g、蒸馏水 100mL。

（3）颗粒冷冻

① 采精：用假阴道采集公牛精液，保存在 30℃保温瓶中。

② 镜检：在 37℃条件下检查原精液，精子活率不低于 0.7，密度为 8 亿个/mL 以上，畸形率不超过 18%方可冷冻。

③ 稀释：用与精液同温的稀释液进行 2~5 倍稀释。

④ 平衡：将稀释后的精液用纱布包裹放入冰箱冷藏室内，缓慢降温至 0~5℃，在此温度下平衡 2~4h。

⑤ 镜检：在 37℃条件下检查平衡后的精液，活率不低于 0.6 为宜。

⑥ 滴冻：用滴管吸收平衡后的精液，滴在用液氮冷却的聚四氟乙烯板上（或铜网或铝饭盒，距离液氮 2~3cm 处），制成 0.1mL 剂量的颗粒冷冻。滴冻要求快速均匀，滴冻结束应使精液颗粒停留 3~5min，待颗粒由黄变白，即可收集颗粒。

⑦ 储存：将颗粒冷冻精液收集到青霉素瓶或纱布袋内，做好标记，投入液氮罐保存。

⑧ 解冻：在 1mL 试管内装入 29g/L 柠檬酸钠解冻液，放入 40℃温水浴中，随后取 1~2 粒颗粒冷冻精液投入试管中，立即轻摇动直至颗粒溶化再取出试管，取样检测其活率。解冻后精子活率不低于 0.3 为合格冻精。

（4）细管冷冻　采精至镜检过程同颗粒冷冻。

① 装管：多用 0.25mL 或 0.5mL 塑料管，在 5℃用精液分装机分装，用封口粉封口，平衡后冻结。

② 冷冻：同上述颗粒冷冻法，将细管摆放在铜网上，停留 5min 左右即可收集。

③ 储存：将细管收集到纱布袋里，投入到液氮罐内。

④ 解冻：将细管直接投入 35～40℃温水中，精液融化到一半时取出备用。

3. 液氮罐的使用

① 检查容器：使用液氮罐之前，必须细致检查有无破损，内部有无异物，是否干燥。然后装入液氮观察 24h 确定液氮的损耗率，确保安全后方可使用。

② 管理容器：液氮罐应放在干燥通风的室内，使用时避免振动，运输途中防止碰撞、翻倒。每 5～10h 定期称量一次，了解液氮消耗率。

③ 保养容器：液氮罐每年应清洗 1～2 次，以免液氮罐污染或腐蚀内壁。

④ 使用液氮储精：尽量减少液氮罐的开启次数，开罐后应及时盖好。储存的冻精需要向另一容器转移时，在外面停留时间不能超过 5s，取放精液时，不要把盛冻精的提筒提到罐口之外，只能提到颈基部。若 15s 还没取完，应把提筒放回，经液氮浸泡后再继续提取。

（四）实训提示

操作中要小心谨慎，避免出现冻伤。稀释步骤可采用一步法，平衡时间不少于 2h。

（五）实训报告

简述提高精液冷冻保存效果的措施。

实训六　发情鉴定

（一）实训目标

1. 掌握母畜发情鉴定的基本方法，判断输精或配种时间。
2. 掌握牛直肠检查的操作方法。

（二）实训准备

1. 动物

母畜（牛、羊、猪、兔）、试情公畜。

2. 场所

校内实训基地、校外附近养殖场等。

3. 器材

保定栏或保定架、保定绳、开腔器、手电筒、脸盆、毛巾、长臂手套、肥皂、75%酒精棉球、液状石蜡油棉球等。

4. 药品

1%~2%来苏儿溶液、0.1%新洁尔灭溶液、诱导发情药剂等。

(三) 方法步骤

1. 外部观察法

(1) 通过对母畜发情鉴定的理论讲授,要求学生熟记各种母畜发情时的外部表现症状。

(2) 到校内牧场或附近养殖场现场观察母畜发情时的外表症状,并做好记录,熟悉发情母畜与未发情母畜的区别。

2. 试情法

(1) 指导老师讲解母畜的试情方法及试情表现。

(2) 指导老师利用实训母畜与试情公畜进行现场试情时,进行观察并判断母畜是否发情。

3. 阴道检查法

(1) 指导老师讲解阴道检查前的各项准备工作、具体操作方法及注意事项,然后在现场进行示范性教学。

(2) 示范性教学结束后,进行阴道检查的操作训练。

4. 直肠检查法

(1) 在实训现场听指导老师讲解检查前的各项工作准备,并进行牛的直肠检查示范性操作,同时讲解操作要领及注意事项。

(2) 示范性教学结束后,进行直肠检查的实际操作。

(四) 实训提示

1. 准备好实习母畜若干头,了解每头母畜的生理状况,尽量选择发情明显的母畜作实训动物。直肠检查和阴道检查之前,应重点讲解和示范操作,要求学生按操作规程进行操作,确保人畜安全。根据实训母畜的数量多少,分成若干小组,轮流进行练习。

2. 鉴定母牛的发情应根据多方表现综合判定,以卵泡发育为最可靠证据。因此,条件许可的情况下,可以实施B超卵巢诊断。

（五）实训报告

1. 根据观察和检查结果，分析发情症状，确定输精配种时间。
2. 简述母畜发情时的症状和表现。

实训七　人 工 输 精

（一）实训目标

掌握各种畜禽的输精方法，熟悉畜禽的输精操作过程。

（二）实训准备

1. 材料

牛、羊、猪、兔的精液。

2. 用具

阴道开腔器、输精管、保定架、卡苏枪、注射器、水盆、毛巾、肥皂、纱布、稀释液等。

3. 药品

75%酒精棉球、液状石蜡。

（三）方法步骤

1. 输精前的准备

（1）输精器械的洗涤与消毒　输精前所有器械必须彻底洗净并严格消毒。金属开腔器可用火焰消毒，再用75%酒精棉球擦拭。塑料及橡胶器械可用75%酒精棉球消毒，使用前用稀释液冲洗一遍。玻璃注射器、输精胶管可用蒸汽法消毒。

（2）母畜的准备　经鉴定发情的母畜，将其牵入栏内保定，将尾巴拉向一侧，用温水清洗外阴，再用75%酒精棉球擦拭消毒。

（3）新鲜精液准备　输精时精子活力不低于0.6。液态保存的精液，需升温至30℃，镜检精子活力不低于0.5。冷冻精液需用38℃温水解冻，解冻后精子活率不低于0.3。将精液吸入输精器或输精管中，细管冻精装入输精枪中，外层装上一次性塑料外套拧紧备用。

（4）输精员的准备　输精员穿好工作服，指甲剪短磨光，手臂清洗干净并消毒。

2. 输精操作

(1) 母牛的输精 采用直肠把握子宫颈输精法。母牛保定后，输精员将左手手臂清洗并用肥皂润滑，五指并拢呈锥状，伸入直肠排出粪便，在骨盆腔找到并握住子宫颈。右手持装有精液的输精枪，先斜向上方插入阴道 5~10cm 处，然后平直送到子宫颈口。两手协同配合，将输精枪伸入到子宫颈 3~5 个皱褶处或子宫体内，慢慢注入精液。

(2) 母猪的输精 采用子宫灌注法。先将输精管用少许稀释液润滑，用一手撑开阴门，另一手将输精管先斜向上方插入阴道，进入阴道 1/3 深度后，平直伸入并左右旋转。装上吸有精液的注射器，慢慢推入精液。输精完毕，轻轻抽出输精管，在母猪背部用力压一下即可。

(3) 母羊的输精 采用阴道开腔器法。羊的输精保定最好采用升降的输精架或在输精台后设置凹坑，助手可倒骑跨在母羊的背部，使羊头朝后，进行保定，将羊尾向上掀起，用 75% 酒精棉球消毒外阴。输精员将精液装到输精器上，用开腔器打开母羊阴道，将输精器插入子宫 0.5~1cm 处，缓缓注入精液。输精完毕将输精器和阴道开腔器小心取出。

(4) 母兔的输精 发情母兔应输精 1~2 次，每次 0.5mL。开始输精时，抓住母兔的背部，使母兔臀部略朝上。家兔是双子宫动物，阴道长 8~10cm，输精部位应在阴道深部子宫颈深处为好。取经过稀释的精液 0.5mL（含精子 1000 万~3000 万个）慢慢插入母兔阴道内 6~8cm 处即可输精。输精器及精液必须与兔子体温接近，输精前可放在 35℃ 的温水保温。插入时应轻轻向前上方旋动，边旋边进，切不可损伤生殖道。插入后可来回轻轻转动几次，有助于刺激子宫颈。抽出输精器时应边转动边抽出，以防精液随输精器溢出。抽出输精器后，可轻拍打一下兔子的臀部，防止精液倒流，整个过程要求在无菌条件下完成。

(5) 母鸡的输精 助手左手握住母鸡的双翅并提起，令母鸡头朝上，肛门朝下，右手掌置于母鸡耻骨下，在腹部柔软处施以一定压力，泄殖腔内的输卵管开口便翻出。然后将母鸡泄殖腔朝向输精员，将输精器插入输卵管开口注入精液。同时，立刻解除对母鸡腹部的压力，防止精液流出。

(四) 实训提示

应在指导老师示范和指导下操作，指导老师预先讲解输精操作要领及注意事项。

(五) 实训报告

实训完成后将有关数据填入输精记录表（表 4-17）。

表 4-17　　　　　　　　　　　输精记录表

母畜									公畜		输精员
户主	品种	耳号	胎次	发情日期			输精日期		品种	耳号	
				年	月	日	时				

项目五　妊娠与分娩

公母畜交配或人工输精后,精子和卵子结合,卵子受精后合子发育、胎儿生长和准备分娩,即妊娠和分娩。母畜在妊娠的各个阶段会发生生理上的变化,准确识别这些变化特征是进行妊娠诊断的重要依据。在妊娠早期对母畜进行妊娠诊断,对提高母畜繁殖力具有重要意义。分娩是在激素、神经和机械等多种因素的协同配合以及母体和胎儿的共同参与下完成的。

知识目标

1. 能根据母畜的变化特征进行妊娠识别,熟悉妊娠母畜的生理变化。
2. 能够借助有效方法准确判断母畜的早期妊娠。
3. 能正确判断难产的原因并采用有效方法实施助产。
4. 掌握新生仔畜和产后母畜的护理常识。

技能目标

1. 掌握家畜妊娠诊断的常用方法,如直肠检查法、阴道检查法和外部观察法等。
2. 掌握分娩助产的原则及方法。
3. 掌握母畜预产期的推算方法。

必备知识

一、妊娠诊断

妊娠又称怀孕,是指受精卵第一次卵裂到胎儿产出的时期。整个过程可分为胚胎发育早期、胚胎附植期、胎膜和胎盘期。在妊娠早期对母畜进行妊娠诊断，对保胎、减少空怀、提高母畜繁殖力具有重要意义。

（一）胚胎的早期发育和附植

1. 胚胎的早期发育

从受精卵第一次卵裂至发育成原肠胚的过程称为胚胎的早期发育。根据早期胚胎发育的形态特征可将胚胎的早期发育过程分为桑葚胚、囊胚和原肠胚3个阶段（卵裂及胚泡的形成见图4-21）。胚胎的早期发育在输卵管内进行，受精卵的发育及进入子宫的时间有明显的种间差异。

（1）桑葚胚　卵子受精后，受精卵在透明带内开始进行细胞分裂称为卵裂。当卵裂细胞数达到16~32个时，卵裂球在透明带内形成致密的细胞团形似桑葚，故称桑葚胚。这一时期主要在输卵管内完成。

（2）囊胚　桑葚胚形成后，卵裂球分泌的液体在细胞间隙积聚，最后在胚胎的中央形成一充满液体的腔称作囊胚腔。随着囊胚腔的扩大，多数细胞被挤在腔的一端称为内细胞团，将来发育成胎儿，而另一部分细胞构成囊胚腔的壁称为滋养层，后期发育为胎膜和胎盘。在滋养层和内细胞团之间出现囊胚腔，这一发育阶段称作囊胚。在囊胚期，从透明带消失到胚泡附植之前，胚胎发育所需要的营养物质主要来自子宫乳。

（3）原肠胚　囊胚进一步发育出现两种变化：①内细胞团外面的滋养层退化，内细胞团裸露成为胚盘；②在胚盘的下方衍生出内胚层，沿着滋养层的内壁延伸扩展，附在滋养层的内壁上，这时的胚胎称为原肠胚。除绵羊是由内细胞团分离出来外，其他家畜均由滋养层发育而来。原肠胚进一步发育后，在滋养层（即外胚层）和内胚层之间出现中胚层。中胚层进一步分化为体壁中胚层和脏壁中胚层，两个中胚层之间的腔隙构成体腔。三个胚层的建立和形成为各类器官的分化奠定基础。

2. 胚胎附植

早期胚胎在子宫内游离一段时间后，由于体积逐渐增大，胚胎滋养层细胞逐渐与母体子宫内膜发生组织和生理上的联系而固定下来。胚胎在母体子宫内结束游离状态，并与母体建立紧密联系的过程称为附植，也称着床。

（1）附植部位　胚胎在子宫内的附植部位是最有利于胚胎发育的地方，一般选择在子宫的大弯上，这个部位血管稠密，营养供应充足。

①马：马产单胎时，胚胎常在对侧子宫角的基部附植，产后发情配种受胎时，胚胎常在上次妊娠空角的基部附植。

②牛、羊：怀单胎时，常在排卵侧子宫角下1/3处附植，如果有2个胚胎，则每侧子宫角各附植1个。

③ 猪：平均分布于两个子宫角内。

（2）附植时间　胚胎在子宫内的附植是一个渐进的过程，各种畜禽附植时间差异很大。

① 牛：最早于受精后 18~22d 开始附植，一般完全附植平均需要 60d。

② 马：妊娠 24~40d 期间胚胎开始附植，3~3.5 个月完成附植。

③ 羊：绵阳最早 15d 开始附植，平均需要 22d。

④ 猪：妊娠第 13 天开始附植于子宫表面，第 18~24 天完全附植。

⑤ 兔：兔受精后 4~6d 开始附植。

胚胎附植后便形成了胎盘系统，胎儿与母体之间即靠胎盘进行营养及代谢产物的交换，代谢产物通过母体血液排出体外。

（二）胎膜和胎盘

1. 胎膜

胎膜的容积很大，包围着胚胎，因而又称胚胎外膜。胎膜是位于胎儿与母体子宫内膜之间的卵黄囊、羊膜、尿膜和绒毛膜的总称。由胚胎外的 3 个基本胚层，即外胚层、中胚层和内胚层构成。胎儿就是通过胎膜上的胎盘从母体吸收营养，进行新陈代谢，合成酶和激素。胎膜是胎儿和子宫黏膜之间交换气体、营养素和代谢产物的临时性器官（图 5-1、图 5-2），满足胎儿生长发育的需要，对胚胎和胎儿发育极为重要。

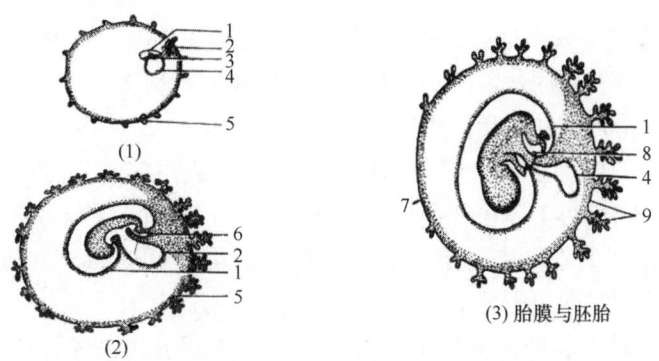

1—羊膜　2—体蒂　3—胚体　4—卵黄囊　5—绒毛膜　6—尿囊
7—平滑绒毛膜　8—脐带　9—从密绒毛膜

图 5-1　猪的胎膜切面

（1）卵黄囊　哺乳动物的卵黄囊由胚胎发育早期的囊胚腔形成，是胚胎发育初期从子宫中吸收养分和排出废物的原始胎盘。随着胚胎的发育，卵黄囊逐渐萎缩，最后埋藏在脐带里称为脐囊。

（2）羊膜囊　羊膜是包裹在胎儿外最内层膜，由胚胎外胚层和无血管的

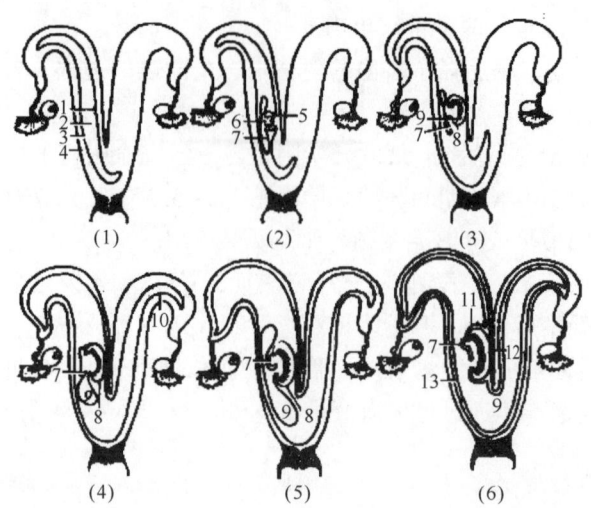

1—胚盘 2—囊胚腔 3—滋养层 4—子宫 5—羊膜皱褶 6—腔体 7—卵黄囊 8—羊膜
9—尿囊 10—绒毛膜伸入空角内 11—尿膜羊膜 12—羊膜绒毛膜 13—尿膜绒毛膜

图 5-2 牛的胎膜形成过程模式图

中胚层组成。在胚胎和羊膜之间有一充满液体的腔称羊膜腔。羊膜腔内充满羊水，能保护胚胎免受震荡和压力的损伤，还为胚胎提供了自由生长的条件。羊膜能自动收缩，使处于羊水中的胚胎呈摇动状态，促进胚胎的血液循环。

（3）尿囊膜 尿膜是构成尿囊的薄膜。尿囊通过脐带中的脐尿管与胎儿膀胱相连。尿囊中存有尿水，其功能相当于胚体外临时膀胱，对胎儿起防震保护作用，并有润滑产道的作用。当卵黄囊失去功能后，尿膜上的血管分布于绒毛膜，成为胎盘的内层组织。随着尿液的增加，尿囊也增大。奇蹄类尿膜分为内、外两层。内层与羊膜黏合在一起，称为尿膜羊膜。外层与绒毛膜黏合在一起，称为尿膜绒毛膜。牛、羊、猪的尿囊在胎儿的腹侧和两侧包围羊膜囊，马、驴、兔的尿囊则包围整个羊膜囊。

（4）绒毛膜 胚胎滋养层形成后，与胚外体壁中胚层融合共同构成体壁层，最后则形成胎膜最外面的一层膜，即绒毛膜。绒毛膜是胚胎的最外层膜，它包围尿囊、羊膜囊和胎儿。绒毛膜表面分布有大量弥散型（马、驴、猪）或子叶型（牛、羊）的绒毛，富含血管网，并与母体子宫内膜相结合构成胎儿胎盘。根据家畜种类和发育阶段不同，绒毛膜可构成卵黄囊-绒毛膜、尿膜-绒毛膜和羊膜-绒毛膜。

（5）脐带 脐带是胎儿和胎盘联系的纽带，被覆羊膜和尿膜，其中有两支脐动脉，一支脐静脉，有卵黄囊的残迹和脐尿管。脐动脉含胎儿的静脉血，而脐静脉则来自胎盘，富含氧和其他成分。脐带随胚胎的发育逐渐变长，使胚体可在羊膜腔中自由移动。

2. 胎盘

胎盘通常指由尿膜绒毛膜和子宫黏膜发生联系所形成的一种暂时性的"组织器官"。其中绒毛膜的绒毛部分为胎儿胎盘，而子宫黏膜部分为母体胎盘。胎儿胎盘和母体胎盘都有各自的血管系统，并通过胎盘进行物质交换。

（1）胎盘的类型　根据不同动物母体子宫黏膜和胎儿尿膜绒毛膜的结构和融合的程度，以及绒毛膜表面绒毛的分布状态，可将胎盘分为 4 种类型，即弥散型胎盘、子叶型胎盘、带状胎盘和盘状胎盘，如图 5-3 所示。

① 弥散型胎盘：弥散型胎盘是动物中比较广泛的一种胎盘类型，猪、马和骆驼为此类胎盘。这种类型的胎盘的绒毛均匀地分布在整个绒毛表面，与绒毛相对应的子宫黏膜上形成陷窝，绒毛即插在陷窝中。弥散型胎盘结构简单，绒毛易从陷窝中脱出。分娩时胎儿胎盘和母体胎盘分离较快，很少出现胎衣不下现象。但胎儿胎盘和母体胎盘结合不牢固，易发生流产。

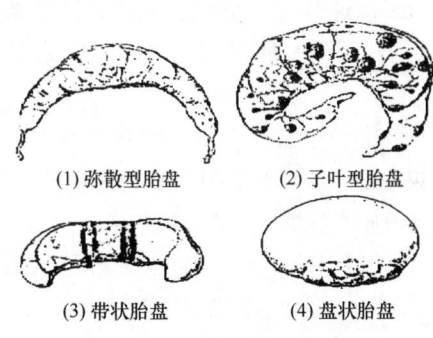

图 5-3　哺乳动物的 4 种主要胎盘

② 子叶型胎盘：子叶型胎盘以牛、羊等反刍动物为代表。胎儿尿膜绒毛膜的绒毛集中形成许多绒毛丛，呈盘状或杯状凸起，称为胎儿子叶。母体子宫内膜上对应分布有子宫阜。胎儿子叶上的许多绒毛，嵌入母体子叶的许多凹下的腺窝中，称为子叶型胎盘。这种胎盘结构复杂，母仔联系紧密，分娩时不易发生窒息。牛的子宫阜是凸出的饼状，分娩时胎儿胎盘和母体胎盘分离较慢，易出现胎衣不下现象。绵羊和山羊的子宫阜是凹陷的，分娩时胎衣容易排出。牛、羊在分娩过程中，胎儿胎盘脱落时常会带下少量子宫黏膜结缔组织并伴有出血现象，又称半蜕膜胎盘。

③ 带状胎盘：带状胎盘以狗、猫等肉食类为代表，其特征是绒毛膜上的绒毛聚集在一起形成一宽带环绕在卵圆形的尿膜绒毛膜囊的中部，子宫内膜也形成相应的母体带状胎盘。由于绒毛膜上的绒毛直接与母体胎盘的结缔组织相接触，因此在分娩过程中，会造成母体胎盘组织脱落，血管破裂出血，又称半蜕膜胎盘。

④ 盘状胎盘：盘状胎盘以啮齿类和灵长类（包括人）为代表，胎盘呈圆形或椭圆形。绒毛膜上的绒毛在发育过程中逐渐集中，绒毛直接侵入子宫黏膜

下方血窦内，因此又称血绒毛型胎盘。其分娩时会造成子宫黏膜脱落出血，也称蜕膜胎盘。

（2）胎盘的功能　胎盘是一个功能复杂的器官，具有物质运输、分泌激素等多种功能，是胎儿防御的屏障。

① 胎盘的运输功能：根据物质的性质及胎儿生长发育的需要，胎盘采取不同的运输方式。

a. 单纯弥散。指细胞当中指溶性小分子物质，从高浓度向低浓度移动的过程，是生物分子移动的多个方式之一，又被称为被动运输。如二氧化碳、氧、水、电解质等都是以此方式运输。

b. 加速弥散。细胞膜上特异性的载体与一定的物质结合，以极快的速度将结合物从膜的一侧带到另一侧。如葡萄糖、氨基酸及部分水溶性维生素以此方式运输。

c. 主动运输。胎儿方面某些物质浓度较母体高，该物质仍能由母体运向胎儿方面。因为胎盘细胞内酶的作用能使该物质穿越胎盘膜。如氨基酸、无机磷酸盐、血清及维生素等。

d. 胞饮作用。极少量的大分子物质，如免疫活性物质及免疫过程中极为重要的球蛋白通过胞饮作用通过胎盘。

② 胎盘的代谢功能：胎盘组织内酶系统极为丰富，所有已知的酶类在胎盘中均有发现。因此，胎盘组织具有高度生化活性，具有广泛的合成及分解代谢功能。胎盘能以醋酸或丙酮酸合成脂肪酸，以醋酸盐合成胆固醇，也能从简单的基础物质合成核酸及蛋白质，并具有葡萄糖、戊糖磷酸盐、三羧酸循环系统。

③ 胎盘的内分泌功能：胎盘像黄体一样也是一种暂时性的内分泌器官，既能合成蛋白质激素如孕马血清促性腺激素、胎盘促乳素，又能合成甾体激素。这些激素合成释放到胎儿和母体循环中，一些进入羊水被母体或胎儿重吸收，在维持妊娠和胚胎发育中起到调节作用。

④ 胎盘屏障：胎儿为自身生长发育的需要，既要同母体进行物质交换，又要保持自身内环境同母体内环境的差异，胎盘的特殊结构是实现这种矛盾对立生理作用的保障称为胎盘屏障。在胎盘屏障的作用下，尽管许多物质可以通过胎盘，但具有严格的选择性。有些物质不经改变就可经过胎盘，在母体血液和胎儿血液之间进行物质交换。

3. 胎水

（1）胎水的来源　胎水是羊膜囊内羊水和尿囊内尿水的总称，呈碱性，主要来自胎儿肾脏的排泄物羊膜及尿膜上的柱状细胞的分泌物、胎儿唾液腺分泌物以及颊黏膜肺和气管的分泌物。胎儿存在于羊水中，尿水包围着全部或大部分羊膜。

① 羊水清澈、透明、无色、黏稠，妊娠末期增多。羊水中含有电解质和盐分，以及多种酶类、果糖蛋白质、脂肪、激素等，来源于羊膜上皮或消化液，通过肠道吸收。羊水的平均量：牛 5000~6000mL；马 3000~7000mL；山羊 400~1200mL；绵羊 350~700mL；猪 40~200mL。

② 尿水起始清澈、透明、水样、琥珀色，含有白蛋白、果糖和尿素，来自胎儿的尿液和尿膜上皮的分泌物或从子宫内吸收而来。妊娠末期尿水量变动范围：牛 4000~15000mL，平均 9500mL；马 8000~18000mL；绵羊和山羊 500~1500mL；猪 100~200mL。

（2）胎水的作用

① 在胚胎附植初期，胎水增多，胎水的压力促进了绒毛膜和子宫黏膜的结合。

② 胎儿在胎水中能够自由活动，具有缓冲作用，使胎儿身体各部分受压均匀，不致造成畸形，避免压迫脐带而影响胎儿血液循环，保护胎儿不致受到外力影响。

③ 胎水可以防止胚胎干燥以及胎体和胎膜发生粘连。

④ 分娩时由胎儿和胎水形成的胎胞有助于子宫颈打张，还可在分娩过程中冲洗、洁净及润滑胎儿体表和产道，有利于胎儿的产出。

（三）妊娠的维持和预产期推算

1. 妊娠的维持

在维持母畜妊娠的过程中，孕酮和雌激素起着重要的作用。排卵前后，雌激素和孕酮含量的变化是子宫内膜增生、胚泡附植的主要动因。在整个妊娠期内，孕酮对妊娠的维持作用体现在以下几个方面：抑制雌激素和催产素对子宫肌的收缩作用，使胎儿的发育处于稳定的环境；促进子宫颈栓体的形成，防止妊娠期间异物和病原微生物侵入子宫，危及胎儿；抑制垂体促卵泡激素的分泌和释放，抑制卵巢上卵泡发育和母畜发情；妊娠后期孕酮水平的下降有利于分娩的发动。

雌激素和孕激素的协同作用可改变子宫基质，增强子宫的弹性，促进子宫肌和胶原纤维的增长，以适应胎儿、胎膜和胎水增长对空间扩张的需求，还可刺激和维持子宫内膜血管的发育，为子宫和胎儿的发育提供营养来源。

2. 预产期推算

（1）妊娠期　妊娠期是指母畜受孕后至分娩前的生理时期。妊娠期的长短因品种、年龄、环境条件、营养等的不同而存在差异。各种动物的妊娠期如表 5-1 所示。

表 5-1　　　　　　　　　各种母畜的妊娠期

种类	平均时间/d	时间范围/d	种类	平均时间/d	时间范围/d
牛	282	276~290	马	340	320~350
水牛	307	295~315	驴	360	350~370
猪	114	102~140	骆驼	389	370~390
绵羊	150	146~161	狗	62	59~65
山羊	152	146~161	家兔	30	28~33

一般早熟品种妊娠期较短。初产母畜、单胎动物怀双胎、怀雌性胎儿以及胎儿个体较大等情况，会使妊娠期相对缩短。多胎动物怀胎数多，会缩短妊娠期。家猪的妊娠期比野猪短，马怀骡时妊娠期延长，小型犬的妊娠期比大型犬短。

（2）妊娠期的推算　在生产实践中，母畜配种妊娠后，准确推断其预产期有助于合理安排饲养管理，可避免由于预产期推算不准而导致母畜临产期的饲养管理错位，减少经济损失。各种母畜预产期的推算方法如下。

① 牛：配种月份减 3，配种日数加 6。

② 羊：配种月份加 5，配种日数减 2。

③ 猪：配种月份加 4，配种日数减 6。也可按"3、3、3"法，即 3 月加 3 周加 3d 推算。

④ 马：配种月份减 1，配种日数加 1。

（四）妊娠母畜的生理变化

1. 生殖器官的变化

（1）卵巢　有妊娠黄体存在，其体积比周期黄体略大，质地较硬。妊娠黄体持续存在于整个妊娠期，分泌孕酮维持妊娠。妊娠早期，卵巢偶有卵泡发育，致使孕后发情，但多不能排卵而退化闭锁。马属动物的妊娠黄体在妊娠的 160d 左右便开始退化，到 7 个月时仅留痕迹，以后靠胎盘分泌的孕酮维持妊娠。

（2）子宫　随着妊娠期的进展，胎儿逐渐增大，子宫也通过生长和扩展的方式以适应胎儿生长的需要，同时子宫肌层保持着相对平稳的状态，以防胎儿过早排出。附植前，在孕酮的作用下子宫内膜增生，血管增加，子宫腺增长、卷曲、白细胞浸润。附植后，子宫肌层肥大，结缔组织基质广泛增生，纤维和胶原含量增加。子宫扩展期间，胎儿迅速生长，子宫肌层变薄，纤维拉长。家畜怀单胎时，孕角和空角始终不对称。妊娠的前半期，子宫体积的增大主要是子宫肌纤维的增长。后半期由于胎儿的增大使子宫扩张，子宫壁变薄。妊娠末期，牛、羊扩大的子宫占据腹腔的右半部，致使右侧腹壁在妊娠末期明显突出。猪在妊娠时扩大的子宫角最长可达 1.5~3m，曲折位于腹腔的底部。

（3）子宫颈　子宫颈在妊娠期间收缩紧闭，几乎无缝隙。子宫颈内腺体数目增加并分泌浓稠黏液形成栓塞称为子宫栓，有利于保胎。牛的子宫颈分泌物较多，妊娠期间有子宫栓更新现象。马、驴的子宫栓较少，子宫栓在分娩前液化排出。

（4）阴道和阴门　妊娠初期，阴门收缩，阴门裂紧闭，阴道干涩。妊娠后期，阴道黏膜苍白，阴唇收缩。妊娠末期，阴唇、阴道水肿柔软，利于胎儿产出，在猪、牛中表现尤为突出。妊娠中、后期阴道长度有所增加，临近分娩时变得粗短，黏膜充血并微有肿胀。

2. 母体的变化

妊娠期间，由于胎儿的发育及母体新陈代谢的加强，孕畜体重增加，被毛光亮，性情温驯，行动谨慎。妊娠后期，胎儿迅速生长发育，母体常不能消化吸收足够的营养物质满足胎儿的需求，需消耗前期存储的营养物质供应胎儿，会造成母畜体内钙、磷含量降低。若不能从饲料中得到补充，则易造成母畜脱钙，出现跛行、牙齿磨损快、产后瘫痪等现象。妊娠末期，母畜血流量明显增加，心脏负担加重，同时由于腹压增大，致使静脉血回流不畅，常出现四肢下部及腹下水肿。

（五）妊娠诊断

采用一定的方法检查母畜是否妊娠的过程称为妊娠诊断。

1. 早期妊娠诊断的意义

母畜的早期妊娠诊断是提高家畜繁殖效率的重要技术措施。妊娠过程中，母体生殖器官、全身新陈代谢和内分泌都发生变化，且在妊娠的各个阶段具有不同特点。妊娠诊断的目的是借助母体妊娠后所表现出的各种变化来判断是否妊娠以及妊娠进展情况。妊娠诊断，特别是早期的妊娠诊断，可减少空怀，提高动物繁殖率。诊断为已妊娠的母畜，按照怀孕动物需要的条件进行饲养管理，确保胎儿正常发育，防止流产。对未妊娠的母畜，查明原因，在下一个发情期配种受胎。理想的妊娠诊断方法应具备早、准、简、快的特点。

2. 妊娠诊断的基本方法

（1）外部检查法　主要根据母畜妊娠后的行为变化和外部表现来判断是否妊娠。母畜妊娠后，一般表现为发情周期停止，食欲增加，毛色润泽光亮，性情变得温顺，行为谨慎安稳。妊娠中期或后期，腹围增大，向一侧突出（牛、羊为右侧，马为左侧，猪为下腹部），乳房胀大，有时牛、马腹下及后肢可出现水肿。牛 8 个月以后、马驴 6 个月以后可以看到胎动，即胎儿活动所造成的母畜腹壁的颤动。在一定时期（牛 7 个月后，马、驴 8 个月后，猪 2.5 个月以后），隔着右侧（牛、羊）或左侧（马、驴）或最后两对乳房的上方（猪）的腹壁可以触诊到胎儿。在胎儿胸壁紧贴母体腹壁时，可以听到胎儿的心音，可根据这些外部表现诊断是否妊娠。

对于猪、羊等中等体型动物，在妊娠中后期，可隔着腹壁直接触及胎儿较为实用可靠。猪触诊时，可抓痒令母猪卧下，然后再用一只手或两只手在最后两对乳房上壁处前后滑动，触摸是否有硬物而判断。羊检查时，操作者两腿夹住颈部保定，用双手紧贴下腹壁，以左手在右侧腹壁前后滑动，触摸是否有硬块，有时可以摸到子叶，给予确诊，上述方法的最大缺点是不能进行早期诊断。此外，不少牛马妊娠后会再出现发情现象，不能依此做出未孕的结论。还有的在配种后没有怀孕，但由于饲养管理、生殖器官炎症，以及其他疾病而不复发情，据此作出怀孕的结论也是不准确的。外部观察法常作为早期妊娠诊断的辅助或参考。

（2）直肠检查法 直肠检查是隔着直肠壁触诊卵巢、子宫和胚泡的形态、大小。此法普遍应用于大家畜的妊娠诊断，且是最经济可靠的方法。其优点是在整个妊娠期间均可应用，也是早期妊娠诊断的可靠方法，诊断结果准确，可大致确定妊娠时间。可发现假妊娠、假发情等情况，所需设备简单，操作简便。判定母畜是否妊娠的重要依据是怀孕后生殖器官的变化。妊娠初期，主要以卵巢上黄体的状态、子宫角的形状和质地的变化为主。胚泡形成后，要以胚泡的存在和大小为主。胚泡下沉入腹时，则以卵巢的位置、子宫颈的紧张度和子宫动脉妊娠脉搏为主。

① 牛的直肠检查：

a. 检查步骤及方法。首先将牛进行保定，检查前应戴上乳胶或塑料薄膜长筒手套。检查时用一只手握住尾巴并将它拉向一侧，另一只手并拢成为楔形插入肛门，然后缓缓进入直肠，再将手向直肠深部伸入。向直肠深部深入时，可将手握成拳头，这样可以防止损伤肠壁。手臂伸到一定深度时，就可感到活动的空间增大，这时就可触摸直肠下壁，检查其下面的生殖器官。检查时遇到肠管蠕动收缩，应停止活动，待肠壁收缩波越过手背、肠道松弛时再进行触摸，必要时还要随着收缩波后退，待蠕动停止时再向前伸检查，如图5-4所示。

b. 妊娠期间生殖器官的变化。母牛未妊娠时，子宫角位于骨盆腔内，经产牛的子宫角位于耻骨前缘或稍垂入腹腔。角间沟清楚，子宫角质地柔软，触摸时有收缩反应，呈卷曲状态。

配种后约一个情期（19~22d），如果母牛仍未出现发情，可进行第一次直肠检查，但此时子宫角的变化不明显。如卵巢上没有正在发育的卵泡，而在排卵侧有妊娠黄体存在时可初步诊断为妊娠。

妊娠1个月时，两侧子宫角已不对称，妊娠侧子宫角比空角略粗大、柔

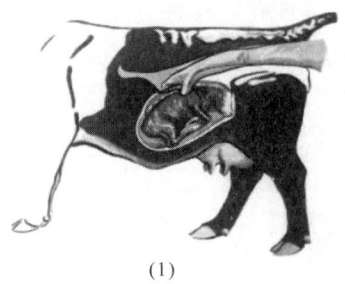 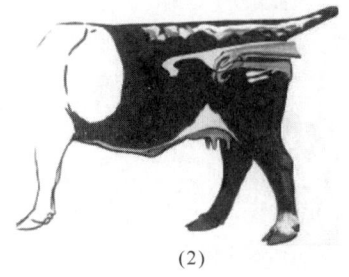

图 5-4　牛的直肠检查示意图

软、壁薄，卷曲状态不明显。稍用力触压，感觉子宫内有波动，收缩反应不敏感，空角较厚且有弹性。

妊娠 2 个月时，角间沟不易辨清，两角大小明显不同，孕角比空角大 1~2 倍。孕角壁薄而软，波动明显，可摸到整个子宫。

妊娠 3 个月时，角间沟消失，孕角显著粗大，内有明显波动。子宫开始沉入腹腔，子宫颈前移至耻骨前缘之上，孕角侧子宫动脉增粗，根部出现妊娠脉搏。

妊娠 4 个月时，子宫全部沉入腹腔，子宫颈越过耻骨前缘，一般只能摸到子宫背侧的子叶，偶尔可摸到胎儿漂浮于胎水中，孕侧子宫动脉妊娠脉搏明显。此后到分娩子宫进一步扩张，手已无法触到子宫的全部，子叶逐渐增大至鸡蛋大小，子宫动脉粗如拇指，双侧都有明显的妊娠脉搏，妊娠后期可触到胎儿肢体。

② 直肠检查时可能造成误诊的情况：

a. 干尸化胎儿。有些胎儿死亡后不排出体外，也不被吸收，而是脱水干尸化。胎儿已干尸化的母畜，妊娠足月时也看不出任何外部变化。直肠检查时，可感到子宫质地及其内容物硬实，有时可摸到子宫动脉搏动。较大的干尸化胎儿很难自行排出，长时间停留于子宫会使子宫受到损害。

b. 子宫内膜炎、子宫积脓（水）。白细胞增多，子宫有弹性并有可塑性，子宫壁增厚。触诊前可见到阴门流出炎性排泄物，触诊时压迫子宫流出的分泌物更多。

c. 粗大的子宫颈。有些品种的子宫颈比其他品种粗大，可能将其误认为胎儿。

d. 品种。有些品种牛直肠触摸生殖系统比较容易，如乳牛比较容易触诊。但体型大者较困难，触诊肉牛最为困难。

另外，过于肥胖的家畜，因为手在直肠内活动很困难，很难触诊清楚。

(3) 阴道检查法　阴道检查法判定母畜是否怀孕的主要依据是由于胚胎的

存在，阴道的黏膜、黏液、子宫颈发生了某些变化。这种方法只适用于牛、马等大动物。主要观察阴道黏膜的色泽、干湿状况，黏液性状（黏稠度、透明度及黏液量），子宫颈形态位置。一般于配种后经过一个发情周期再进行检查，这时如果未妊娠，周期黄体作用会消失，所以阴道不会出现妊娠时的症状。如果已妊娠，妊娠黄体分泌孕酮的一般会出现以下变化。

① 阴道黏膜：一般妊娠3周以后，阴道黏膜由粉红变为苍白色，表面干涩无光泽，阴道收缩变紧。

② 阴道黏液：马、牛妊娠1.5~2月，子宫颈口处有浓稠的黏液；3~4月后，阴道黏液量增多，为灰白色或灰黄色糊状黏液，马的糊状黏液带有芳香味；6个月后，变得稀薄而透明。羊妊娠后20d后，阴道黏液由原来的稀薄、透明变得黏稠，可拉成丝状，若稀薄而量大，颜色呈灰白色脓样为未孕。

③ 子宫颈：妊娠后子宫颈紧闭，有黏液塞于子宫颈口形成子宫栓。妊娠一段时间后，子宫增重向腹腔下沉，子宫颈的位置发生相应的变化。牛妊娠过程中子宫栓有更替现象，被更替的黏液排出时，常黏附于阴门下角，并有粪土黏着是妊娠的症状表现之一。马妊娠3周后，子宫颈即收缩紧闭，开始子宫栓较少，3~4月以后逐渐增多，子宫颈阴道部变得细而尖。阴道检查时，消毒不严会引起阴道感染，操作不当还会引起孕畜流产。被检查的母畜有异常的持久黄体或有干尸化胎儿存在时，极易和妊娠症状混淆，而误判为妊娠。当子宫颈及阴道有病变时，孕畜往往表现不出怀孕症状而判为空怀。阴道检查不能确定怀孕日期，特别是对于早期妊娠诊断不能做出准确结论，所以阴道检查法可作为判断妊娠的参考依据。

（4）免疫学诊断法　免疫学诊断法是指根据免疫化学和免疫生物学的原理所进行的妊娠免疫学诊断。对家畜妊娠免疫学诊断研究虽然较多，但真正在实践中应用得较少。免疫学妊娠诊断主要依据是母畜妊娠后，胚胎、胎盘及母体组织产生某些化学物质、激素或酶类，其含量在妊娠的过程中具有规律性的变化。同时，其中某些物质可能具有很好的抗原性，能刺激动物产生免疫反应。

（5）血或乳中孕酮水平测定法　母畜妊娠后，由于妊娠黄体的存在，其血清和乳中孕酮含量要明显高于未孕母畜。采用放射免疫、蛋白质竞争结合法等测定妊娠母畜血清或乳中孕酮含量，与未妊娠母畜对比做出妊娠判断。根据被测母畜孕酮水平的实测值很容易做出妊娠或未妊娠的判断。这种方法适于进行早期妊娠诊断，一般其判断妊娠的准确率在80%~95%，而对未妊娠判断的准确率常可达到100%。主要是由于造成被测母畜孕酮水平高的原因很多，诸如持久黄体、黄体囊肿、胚胎死亡或其他卵巢、子宫疾病等，容易造成一定比例的误诊。此外，孕酮测定的药盒标准误差、测定仪器和技术水平等都可能影响诊断的准确性。

采用孕酮测定法还可以有效地进行母畜的发情鉴定、持久黄体、胚胎死亡等多项监测。孕酮测定法所需仪器昂贵，技术和试剂要求精确，适合大批量测定。孕酮测定法需要的时间长，对妊娠诊断的准确率不高，推广应用较困难。

（6）超声波诊断法　超声波诊断法是采用超声波妊娠诊断仪对母畜腹部进行扫描，观察胚胞液或心动的变化。超声诊断的种类主要有 3 种，即 A 型超声诊断法、多普勒超声诊断法和 B 型超声诊断法。A 型超声诊断仪可对妊娠 20d 以后的母猪进行探测；30d 以后的准确率可达 93%～100%；绵羊最早在妊娠 40d 才能测出，60d 以上的准确率可达 100%；牛、马妊娠 60d 以上才能做出准确判断。

多普勒超声诊断仪又称 D 型超声诊断仪，在妊娠诊断中，检测的多普勒信号主要有子宫动脉血流音、脐带血流音、胎儿活动音和胎盘血流音等，适用于早期妊娠诊断。

B 型超声断层扫描简称 B 超，根据超声波在家畜体内传播时，脏器或组织的声阻抗不同，界面形态不同，以及脏器间密度较低的间隙，造成各脏器不同的反射规律，形成各脏器各具特点的声像图。用 B 超可通过探查胎水、胎体或胎心搏动以及胎盘来判断母畜妊娠阶段、胎儿数、胎儿性别及胎儿的状态等。

二、助产

所谓分娩就是指妊娠子宫将胎儿和胎衣排出的过程。

（一）分娩发动机理

分娩的发动是由激素、神经和机械性扩张等因素相互配合共同完成的。目前认为，胎儿下丘脑-垂体-肾上腺轴（系统）对触发分娩具有重要作用（图 5-5）。试验证明，切除妊娠期间羊的下丘脑、垂体和肾上腺后，可导致妊娠的无限延长。而采用肾上腺皮质素或糖皮质类固醇处理胎羔，可诱发早产（图 5-6）。由于胎儿垂体分泌促肾上腺皮质素的增加，引起胎儿肾上腺分泌肾上腺皮质素的增加。肾上腺皮质素可促进胎盘雌激素和子宫前列腺素的分泌，从而抑制胎盘孕激素的产生。前列腺素的分泌又促进了卵巢黄体的溶解，并促进子宫平滑肌的收缩。雌激素分泌的增加不仅增强了子宫对刺激的敏感性，同时促进催产素的释放，如图 5-7 所示。

由于肾上腺素等的分泌和调节，结束了子宫抑制状态，引起子宫的收缩，分娩发动开始。

1. 分娩时母体激素的变化

（1）雌激素　雌激素在妊娠时血液中的量少，但绵羊和山羊在妊娠期间，雄激素逐渐增至高峰，牛到分娩发动时达到高峰。由于雄激素逐渐增至高峰，

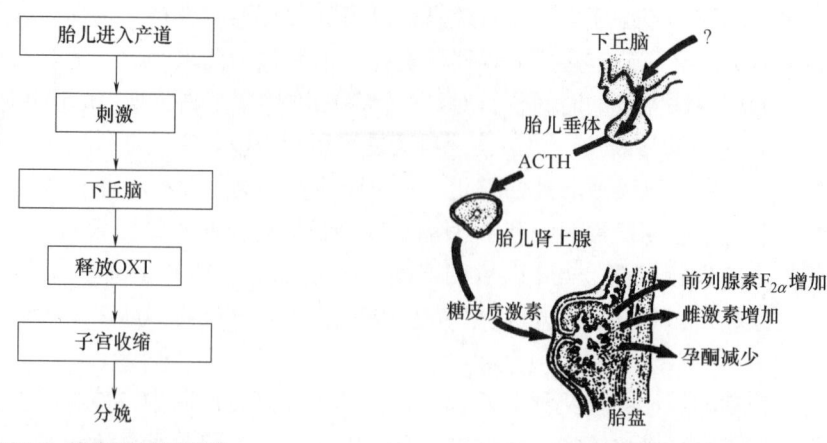

图 5-5 绵羊胎儿对分娩发动控制过程示意图

图 5-6 胎儿发动分娩示意图

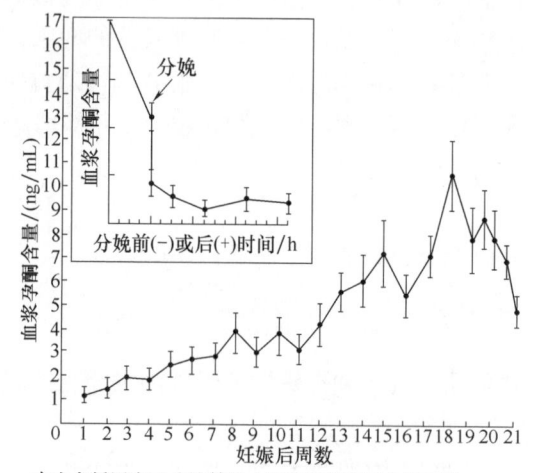

左上角插图表示分娩前几小时内孕酮含量急剧下降。

图 5-7 绵羊妊娠期间血浆孕酮含量的变化

增强了子宫肌的自发性收缩作用,克服了孕酮的抑制作用,刺激前列腺素的合成和释放(图 5-8)。

(2)孕酮 胎盘及黄体产生的孕酮,对维持怀孕起着极其重要的作用。孕酮通过降低子宫对催产素、乙酰胆碱等物质的敏感性,抗衡雌激素,抑制子宫收缩。这种抑制作用一旦被消除,就成为启动分娩的重要诱因。母体(除母马外)血液中孕酮浓度的下降恰巧发生在分娩之前,这是由于胎儿糖皮质类固醇刺激子宫合成前列腺素,抑制孕酮的产生(图 5-8)。

(3)催产素 催产素能使子宫发生强烈的阵缩。它是由垂体后叶释放的。开始时,分泌量不大,但胎儿排出时达到高峰,然后又下降。催产素的释放有

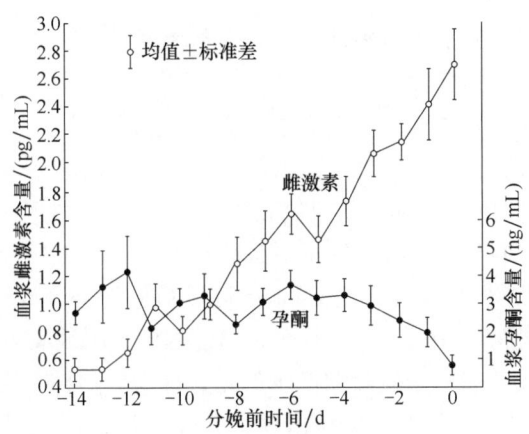

图 5-8 母牛分娩前的雌激素和孕酮含量的变化

两个方面的原因：一方面由于妊娠后期，雌激素升高孕酮下降，而激发垂体后叶释放催产素；另一方面由于子宫颈或阴道受到刺激，反射性地引起垂体后叶分泌催产素。

（4）前列腺素 主要是指来自子宫静脉的前列腺素。子宫静脉前列腺素在产前 24h 达到高峰。其作用：直接刺激子宫肌，引起子宫肌收缩；某些前列腺素溶解黄体，使孕酮含量下降，减弱对子宫肌收缩的抑制作用；促进垂体后叶释放催产素。

2. 神经因素

神经系统对于分娩过程具有调节作用，如胎儿的前置部分对子宫颈及阴道产生刺激，通过神经传导使垂体后叶释放催产素。外界因素可通过神经系统对分娩发生作用，很多家畜分娩多半发生在晚间，外界的光线及干扰减少，中枢神经易接收来自子宫及软产道的冲动信号。

3. 机械作用

妊娠后期，由于胎儿逐渐增大，子宫容积增大，子宫内压升高，子宫肌纤维高度伸张。达到一定程度时，反射性地引起子宫收缩，产生分娩作用力。由于子宫壁扩张后，胎盘血液循环受阻，胎儿所需氧气及营养得不到满足，产生窒息性刺激，引起胎儿强烈反射性活动而导致分娩。一般双胎比单胎怀孕期短，如胎儿发育不良，则妊娠期延长。

（二）决定分娩过程的因素

胎儿分娩正常与否，主要取决于产力、产道及分娩时胎儿与产道的关系 3 个方面。

1. 产力

将胎儿从子宫中排出的力量称产力。它是由子宫肌和腹肌的有节律地收缩共同完成，包括阵缩和努责。

（1）阵缩　子宫肌的收缩称为阵缩，是分娩过程的主要动力。它的收缩是由子宫底部开始向子宫颈方向进行，每两次收缩之间出现一定的间隙，收缩和间隙交替进行，是由于乙酰胆碱及催产素的作用时强时弱造成的，对胎儿的安全有利。子宫壁收缩时，血管受到压迫，胎盘上的血液循环及氧的供给发生障碍。间隙时子宫肌松弛、血管所受压迫解除，血液循环及氧的供给得以恢复。如果子宫持续收缩而没有间隙，胎儿在排出过程中会因缺氧而死亡。

（2）努责　腹壁肌和膈肌收缩产生的力量称为努责，是胎儿产出的辅助动力。阵缩和努责同间隙定期反复地出现，并随产程进展收缩加强，间隙时间缩短。

2. 产道

（1）产道的构成　产道是分娩时胎儿由子宫内排出所经过的通道，分为软产道和硬产道。

①软产道：包括子宫颈、阴道、阴道前庭和阴门。在分娩时，子宫颈逐渐松弛，直至完全开张。阴道、阴道前庭和阴门也充分松弛扩张。

②硬产道：指骨盆，主要由荐骨和3个尾椎、髋骨（包括髂骨、坐骨、耻骨）及荐坐韧带构成骨盆腔。母畜骨盆和公畜骨盆相比，母畜骨盆的特点是入口大而圆，倾斜度大，耻骨前缘薄，坐骨上棘低，荐坐韧带宽，骨盆腔的横径大，骨盆底前部凹，后部平坦宽敞，坐骨弓宽，因而出口大。所有这些变化都是母畜对于分娩的适应。骨盆可分为以下4个部分。

入口：骨盆的腹腔面，斜向前下方。它是由上方的荐骨基部、两侧的髂骨及下方自耻骨前缘所围成。骨盆入口的形状大小和倾斜度对分娩时胎儿通过的难易程度有关，入口较大而倾斜，形状圆而宽阔，胎儿易通过。

骨盆腔：骨盆入口至出口之间的腔体。骨盆腔的大小取决于骨盆腔的垂直径及横径，垂直径是由骨盆联合前端向骨盆顶所作的垂线，横径是两侧坐骨上棘之间的距离。

出口：由第1尾椎、第2尾椎、第3尾椎和两侧荐坐韧带后缘及下方的坐骨弓围成。

骨盆轴：通过骨盆腔正中心的一条假想线，它代表胎儿通过骨盆腔时所走的路线，骨盆轴越短越直，胎儿越容易通过。分娩时，胎儿即沿骨盆轴移引。马的骨盆轴是3条线的中点连线，即耻骨联合前端至岬部的连线、骨盆腔的垂直径、骨盆联合后端向荐骨后端所作的连线。各种母畜骨盆轴如图5-9所示。

（2）各种母畜的骨盆特点

① 牛：骨盆入口呈竖椭圆形，倾斜度小，骨盆底下凹，荐骨突出于骨盆腔内，骨盆侧壁的坐骨上棘很高而且斜向骨盆腔。牛的骨盆轴是先向上再水平然后又向上，形成一条曲折的弧线。因此，胎儿通过较难。

② 马：入口圆而斜，底平坦，轴短而直。坐骨上棘小，荐骨韧带宽阔，骨盆横径大。出口坐骨粗隆较低，胎儿易通过。

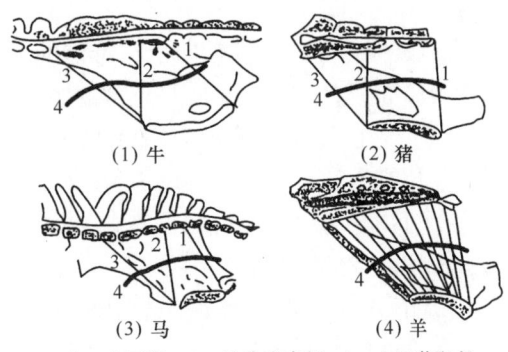

1—出口上下径　2—骨盆垂直径　3—入口荐耻径
4—骨盆轴

图 5-9　各种母畜骨盆轴

③ 猪：坐骨粗隆发达且后部较宽，入口大，髂骨斜，骨盆轴向后下倾斜，胎儿易通过。

④ 羊：与牛相似，但入口倾斜度比牛大，荐骨不向骨盆腔突出，坐骨粗隆较小，骨盆底平坦，骨盆轴与马相似，胎儿易通过。

（3）分娩姿势对骨盆腔的影响　分娩时母畜多采取侧卧姿势，胎儿更接近并容易进入骨盆腔。腹壁不负担内脏器官及胎儿的质量，使腹壁的收缩更有力。分娩顺利与否和骨盆腔的扩张有关，而骨盆腔的扩张受骨盆韧、荐坐韧带以及母畜立卧姿势有关。母畜站立时，肌肉紧张，骨盆腔的扩张受到限制，而母畜侧卧于两腿向后挺直时，肌肉松弛，荐骨和尾椎向上活动，骨盆腔及其出口就能开张。

3. 分娩时胎儿与母体的关系

分娩过程正常与否和胎儿与骨盆之间以及胎儿各部位之间的相互关系密切。

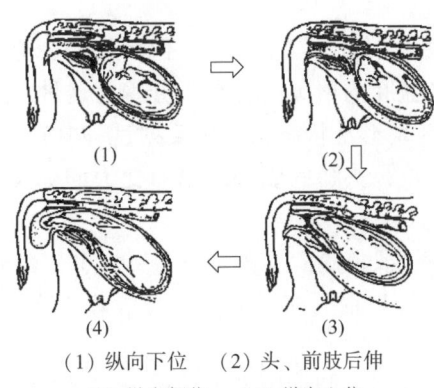

(1) 纵向下位　(2) 头、前肢后伸
(3) 纵向侧位　(4) 纵向上位

图 5-10　正常分娩胎位、胎势变化示意图

（1）胎向　指胎儿的方向，就是胎儿纵轴与母体纵轴的关系。正常分娩时胎位、胎势示意图如 5-10 所示。胎向有纵向、横向、竖向 3 种。

① 纵向：胎儿纵轴与母体纵轴相互平行。纵向又分为纵头向和纵尾向，纵头向是正生，胎儿的前肢和头部先进入产道，纵尾向是倒生，胎儿的后肢和尾部先进入产道。

② 横向：胎儿横卧于子宫内，就是胎儿的纵轴与母体纵轴是水平的

垂直。

③ 竖向：胎儿的纵轴向上与母体的纵轴垂直，胎儿腹部或背都向着产道。称为腹竖向或背竖向。纵向是正常的胎向，横向和竖向是反常的。

（2）胎位　指胎儿的背部和母体背部的关系，胎位有上位、下位、侧位3种。

① 上位：胎儿俯卧在子宫内，背部朝上，靠近母体的背部及荐部。

② 下位：胎儿仰卧在子宫内，背部朝下，靠近母体的腹部及耻骨。

③ 侧位：胎儿侧卧于子宫内，背部位于一侧，靠近母体左或右侧腹壁及髂骨。上位是正常的，下位和侧位都是不正常的。侧位如果倾斜不大，称为轻度侧位。

胎位因家畜种类不同而有差异，并与子宫的解剖特点有关。马的子宫角大弯向下，胎位一般为下位（图5-11）。牛、羊的子宫角大弯向上，胎位以侧位为主，有的为上位，猪的胎位以侧位为主。

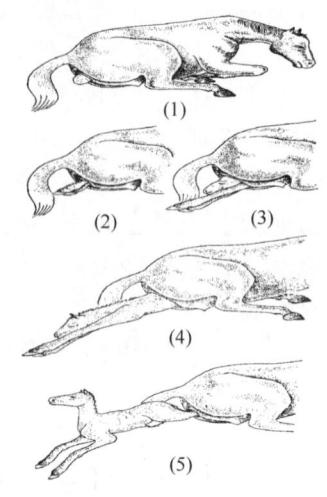

(1) 准备分娩　(2) 两前肢露出阴门
(3) 胎儿头部及两前肢露出阴门
(4) 胎儿头部及两前肢完全露出阴门
(5) 胎儿产出

图5-11　马的分娩示意图

（3）胎势　指胎儿在母体内的姿势，即各部位之间的关系是伸直的或屈曲的。胎儿正常的姿势在正生时是两前腿伸直，头也伸直，并且放在两条前腿的上面，侧生时两后腿伸直。

（4）前置（先露）　指胎儿的某些部分和产道的关系，哪一部分向着产道，就称作哪一部分前置。如正生可以称作前躯前置，倒生可以称作后躯前置。

（5）分娩时胎位和胎势的变化　分娩时胎向不发生变化，但胎位和胎势则必须改变，使其纵轴成为细长，并适应骨盆腔的情况，有利于分娩。这种改变主要是靠阵缩压迫胎盘血管，胎儿处于供氧不足状态，发生反射性挣扎所致。分娩前多数为下位或侧位，分娩时变为上位，头腿的姿势由屈曲变为伸直，如图5-12所示。

一般家畜分娩时，胎儿多是纵向，头部前置，马占98%～99%、牛约占95%、羊约占70%、猪约占54%。牛、羊双胎时，多为一个正生，一个倒生。猪常常是正、倒交替产出。

（6）分娩时母畜的最佳姿势　母畜站立时，荐坐韧带不能放松，对开放产道不利。因而母畜在分娩的最紧要关头（即排出胎儿膨大部时），往往自动蹲

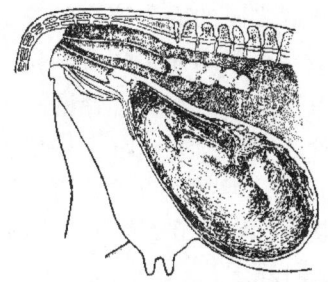
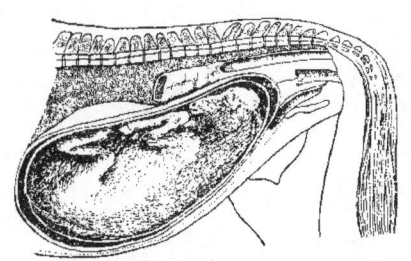

(1) 分娩前牛胎儿在子宫内情况（侧位）　　(2) 分娩前马胎儿在子宫内情况（下位）

图 5-12　马正常分娩时胎位、胎势示意图

下或侧卧，减少对荐坐韧带压力的同时，增加对产道的排出推力，因而侧卧对母畜来说是最有利的。但在难产时，如发生胎儿姿势异常时，为使胎儿能被推回腹腔矫正，一般使母畜呈站立姿势。如果母畜由于疲劳而不能站立，可用垫草抬高后躯。

（三）分娩过程

1. 分娩预兆

母畜分娩前，在生理和形态上发生一系列变化，可以预测分娩时间，做好助产准备。

（1）精神状态　母畜在产前有精神抑郁及徘徊不安、时起时卧等现象。产畜都有离群寻找安静地方分娩的情况，猪在产前 6～12h（有时数天）有衔草做窝现象。另外，母畜临产前食欲不振，排泄量少且次数增多。

（2）乳房复化　产前乳房膨胀增大，皮肤发红，乳牛、猪在产前几天可挤出少量清亮胶样液体。

（3）子宫颈　子宫颈在分娩前 1～2d 开始肿大、松软。原来封闭子宫颈管的黏液软化，从阴门中流出，呈透明、拉长的线状。

（4）阴道　阴道黏膜潮红，黏液由浓度黏稠变为稀薄滑润。阴唇逐渐柔软、肿胀、增大，阴唇皮肤上的皱襞展平，皮肤稍变红。

（5）骨盆韧带　柔软松弛。

（6）体温变化　乳牛产前 7～8d，体温可缓慢增到 39～39.5℃。产前 12h 左右（有时 3d），则下降 0.4～1.2℃，分娩过程中或产后又恢复到分娩前的体温。

2. 分娩过程

整个分娩期是从子宫开始出现阵缩起至胎衣排出为止。一般可将分娩期分为 3 个时期，即子宫颈开口期、胎儿产出期和胎衣排出期（图 5-13）。

（1）子宫颈开口期　是从子宫开始间歇性收缩起，到子宫颈口完全开口，

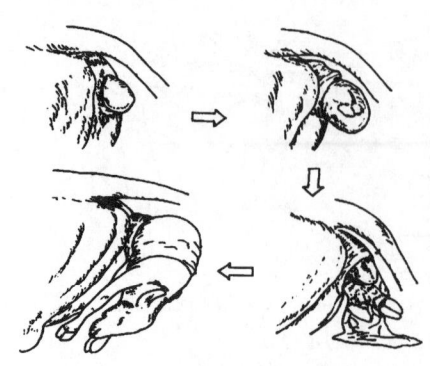

图 5-13 母牛分娩过程示意图

与阴道之间的界限完全消失为止。特点是只有阵缩而不出现努责。初产孕畜表现：食欲不振、轻度不安、时起时卧、尾根翘起、常作排尿姿势、呼吸加快，但经产孕畜一般表现不安。持续时间：牛 0.5~24h、绵羊 3~7h、猪 2~12h。

（2）胎儿产出期　从子宫完全开张至胎儿排出为止。其特点是阵缩和努责共同起作用，而努责是排出胎儿的主要力量，比阵缩出现得晚，停止得早。临床表现：高度不安、时起时卧、前肢着地后肢踢腹、呼吸和脉搏加快，最后侧卧、四肢伸直、强烈努责。持续时间：牛 3~4h、绵羊 1h，第一个胎儿排出较慢，从母猪停止起卧到排出第一个胎儿为 10~60min，以后间隔时间，我国品种为 2~3min，引进品种平均为 11~17min。牛、羊和猪的脐带一般都是在胎儿排出时就从皮肤脐环之下被扯断。

（3）胎衣排出期　从胎儿排出后起到胎衣完全排出为止。胎衣是胎膜的总称，其特点是当胎儿排出后，母畜即安静下来，经过几分钟后子宫主动收缩，有时还配合轻度努责而使胎衣排出。持续时间：牛、马 2~8h，最长不超过 12h，绵羊 0.5~4h，猪 30min，马 5~90min。

（四）正常分娩的助产

1. 助产前的准备

提前对产房进行卫生消毒。根据配种卡片和分娩征兆，分娩前 1 周转入产房。铺垫柔软干草，对外阴部进行消毒，尾巴拉向一侧。准备必要的药品及用具：肥皂、毛巾、刷子、绷带、消毒液（新洁尔灭、来苏儿、酒精和碘酒）、产科绳、剪子、脸盆、诊疗器及手术助产器械等。母畜多在夜间分娩，应做好夜间值班。

2. 正常分娩的助产

一般情况下，正常分娩无需人为干预。助产人员的主要任务是监视分娩情况和护理仔畜。助产员要清洗母畜的外阴部，并用消毒药水擦洗。马、牛需用绷带缠好尾根，拉向一侧系于颈部（图 5-14 和图 5-15）。母畜准备产出时，助产人员提前穿好工作服及胶围裙、胶靴，消毒手臂，做必要的检查工作。若是胎膜未破、姿势正常、产力尚可，则应稍加等待。若是胎膜已破、姿势异常等均应尽快助产。

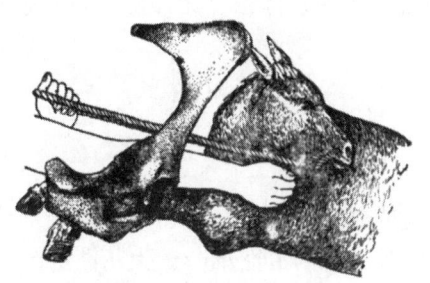

图 5-14　胎头侧弯的助产

图 5-15　牛前肢错位的助产

助产时应注意检查母畜全身情况，尤其是眼结膜、可视黏膜、体温、呼吸、脉搏等。当胎儿前置部分进入产道时，可将手臂消毒后伸入产道进行检查，确定胎儿的方向、位置及姿势是否正常。如果胎儿正常，正生时三件（唇、二蹄）俱全，可自然排出。此外，还可检查母畜骨盆有无变形，阴门、阴道及子宫颈的松软程度，以判断是否会发生难产。当胎儿唇部或头部露出阴门外时，如果上面盖有羊膜，可帮助撕破，并把胎儿鼻腔内的黏液擦净，以便于呼吸。但不要过早撕破，以免胎水过早流失。阵缩和努责是仔畜顺利分娩的必要条件，当胎头通过阴门困难，母畜反复努责时，可沿骨盆轴方向慢慢拉出，要防止会阴撕裂。

3. 对新生仔畜的处理

（1）断脐　胎儿产出后，将其鼻孔、口腔羊水擦净，观察其呼吸是否正常，然后断脐。

（2）处理脐带　胎儿产出后，脐血管由于前列腺素的作用而迅速封闭。所以处理脐带的目的不在于防止出血，而是使断端及早干燥，避免细菌侵入。结扎和包扎会妨碍断端中液体的渗出及蒸发，而且包扎物浸上污水后反而容易感染断端。只要在脐带上充分涂以碘酒或最好在碘酒内浸泡，每天一次，即能很快干燥。碘酒除有杀菌作用外，对断端也有鞣化作用。

（3）擦干身体　将幼畜身上的羊水擦干，天冷时尤需注意。牛羊可由母畜自然舔干，这样母畜可以吃入羊水，增强子宫的收缩，加速胎衣的脱落。对头胎羊需注意，不要擦羔羊的头颈和背部，否则母羊可能不认羔羊。

（4）扶助仔畜站立，帮助吃足初乳　新生仔畜一般站不起来，要加以扶助。在仔畜接近母畜乳房以前，最好先挤出 2~3 把初乳，然后挤净乳头，让它吮吸。

（5）检查胎衣是否完整和正常，以便确定是否有部分胎衣不下和子宫内是否有病变。胎衣排出后，应立即取走，以免母畜吞食后引起消化紊乱。要防止母畜吞食胎衣，否则会养成母食仔畜的恶癖。

（6）供给母畜足够的温水　产后数小时，要观察母畜有无强烈努责，强烈努责可引起子宫脱出，要注意看护。

（五）难产及其救助

1. 难产的分类

在母畜分娩过程中，如果母畜产程过长或胎儿排不出体外称为难产。根据引起难产的原因不同，可将难产分为产力性难产、产道性难产、胎儿性难产。

（1）产力性难产　阵缩及努责微弱，阵缩及破水过早及子宫疝气。

（2）产道性难产　子宫位置不正，子宫颈、阴道及骨盆狭窄，产道肿瘤。

（3）胎儿性难产　胎儿过大、过多，胎儿姿势不正（头、前后肢不正），胎儿位置不正（侧位、下位），胎儿方向不正（竖向、横向）。在这3种难产中，以胎儿性难产最为多见，在牛的难产中约占34%，在马、驴难产中可达80%；而在猪中以胎儿过大引起的难产较多。在临床中，难产的出现并不是由单一因素引起的。在各种家畜中，由于牛的骨盆比较狭窄，骨盆轴不像马那么直而短，分娩时不利于胎儿通过，所以难产要比马、羊多见。

2. 难产的检查

除了检查母畜全身状况外，必须重点对产道及胎儿进行检查。

（1）产道检查　主要检查是否干燥，有无损伤、水肿或狭窄，子宫颈开张程度，硬产道有无畸形和肿瘤。

（2）胎儿检查　要了解胎儿进入产道的程度、姿势、胎位及胎向的变化，而且要判定胎儿是否存活。检查的要领是正生时，将手指伸入胎儿口腔或轻拉舌头，按压眼球，牵拉刺激前肢，注意有无生理反应，如口吸吮、舌收缩、眼转动、肢伸缩等。也可触诊颌下动脉或心区，有无搏动。倒生时最好触到脐带查明有无搏动，或将手指伸入肛门，或牵拉后肢，注意有无收缩或反应。

3. 难产救助的原则和方法

（1）难产的救助原则　难产的种类复杂，助产的方法较多。但不管是哪种类型难产的助产，都必须遵守一定的操作原则。助产不仅要保住母畜的性命，救出活的胎儿，还应尽量避免产道的感染和损伤。

（2）难产救助的方法　发现母畜难产，首先查明难产的原因及种类，对症进行助产。

① 产力性难产：可用催产素或拽住胎儿的前置部分，将胎儿拉出体外。

② 产道性难产：硬产道狭窄及子宫颈有瘢痕，可实行剖宫产。软产道轻度狭窄造成的难产，可向产道内灌注石蜡油，然后缓慢地强行拉出胎儿，注意保护会阴，防止撕裂。

③ 胎儿性难产：胎儿过大单独引起的难产，可强行拉出胎儿的办法实施救

助，如拉不出则实行剖宫产。如胎儿死亡，可实行截胎手术。对胎势、胎向、胎位异常引起的难产，应先加以矫正，然后拉出胎儿，矫正有困难时，可实行剖宫产或截胎手术。

(3) 难产救助应注意的问题

① 助产时，尽量避免产道的感染和损伤，注意器械消毒。

② 母畜横卧保定时，尽量将胎儿的异常部分向上，以利于操作。

③ 为便于推回或拉出胎儿，当产道干燥时，应向产道内灌注润滑剂，如肥皂水或油类。

④ 矫正胎儿异常姿势，应尽量将胎儿推回到子宫内，推回的时机应在阵缩的间歇期。前置部分最好拴上产科绳。拉出胎儿时，应随母畜的努责而用力。注意保护会阴，特别是初产母牛胎头通过阴门时会阴易撕裂。

4. 难产预防

难产虽不是常见的疾病，但易引起仔畜死亡，若处理不当，容易使母畜子宫及软产道受到损伤或感染。轻者影响生育，重者危及生命。一般预防措施如下。

(1) 切忌母畜过早配种　若母畜尚未发育成熟，分娩时容易发生骨盆狭窄，造成难产。

(2) 妊娠期间合理饲养　给予充足营养以保证胎儿的生长和维持母畜的健康，减少分娩时发生难产的可能性。怀孕末期，适当减少蛋白质饲料，以免胎儿过大。

(3) 安排适当的使役和运动，使母畜全身及子宫肌的紧张性提高。

(4) 做好临产检查　对分娩正常与否做出早期诊断。检查时间：牛从开始努责到胎膜露出或排出胎水这一段时间。马、驴是尿膜囊破裂，尿水排出之后，胎儿的前置部分进入骨盆腔的时间。检查方法：将手臂及母畜的外阴消毒后，手伸入阴门，隔着羊膜（不要过早撕破，影响胎儿的排出）或伸入羊膜（羊膜已破时）触诊胎儿。如果摸到胎儿是正生、前置部分（头及两前肢）正常，可任其自然排出。如有异常及时矫正，此时胎儿的躯体尚未进入骨盆腔，胎水尚未流尽，容易矫正。

（六）产后母畜及新生仔畜的护理

1. 产后恢复

产后恢复指胎盘排出，母体生殖器官恢复到正常状态。

(1) 子宫内膜再生　分娩后，子宫黏膜表层发生变性和脱落，由新生的黏膜代替曾作为母体胎盘的黏膜。再生过程中，变性的母体胎盘、白细胞、部分血液及残留在子宫内的胎水、子宫腺分泌物等被排出，这种混合液体称为恶露。产后头几天,恶露量多,因含血液而呈红褐色,以后变为黄褐色,最后变为无色透明,正常恶露有血腥味。恶露排尽时间:马为2~3d、牛为10~12d、绵羊为5~6d、山羊为14d左右、猪为2~3d。恶露排出时间延长,且色泽气味反常或呈脓样,表示子宫内有病理变化。牛子宫阜表面上皮,在产后12~14d通过周围组织增殖开始再生,一般在产后30d内才全部完成;马产后第一次发情时,子宫内膜高度瓦解并含有大量白细胞,一般产后13~25d子宫内膜完成再生。猪子宫上皮的再生在产后第1周开始,第3周完成。

(2) 子宫复原　子宫复原指胎儿及胎盘排出后,子宫恢复到未孕时的大小。子宫复原时间:牛为30~45d、马为产驹1个月之后、绵羊为24d、猪为28d。

(3) 发情周期的恢复

① 牛:黄体在分娩后才被吸收,因此产后第一次发情较晚。若产后哺乳或增加挤奶次数发情周期的恢复就更长。一般产犊后,卵泡发育及排卵常发生于上次未孕角一侧的卵巢。

② 猪:分娩后黄体很快退化,产后3~5d便可出现发情,但此时正值哺乳期,卵泡发育受到抑制,所以不排卵。

2. 新生仔畜的护理

新生仔畜出生以后由母体进入外界环境,生活环境发生改变,由通过胎盘进行气体交换转变为自行呼吸,由原来通过胎盘获得营养物质和排泄物变为自行摄食、消化及排泄。此前胎儿在母体子宫内时,环境的温度相当稳定,不受外界有氧条件的影响。为了使其逐渐适应外界环境,必须做好护理工作。

(1) 防止脐带感染　脐带感染后会出血脓肿,严重时产生脓性败血症死亡。新生仔畜的脐带断端,一般产后1周左右便自然干燥脱落,但仔猪产后24h即干燥脱落。为防止脐带感染,首先应避免新生仔畜间互相吸吮,其次垫草要干燥清洁。

(2) 保温　新生仔畜体温调节能力差,体内能源物质储备少,对温度反应敏感。尤其是在冬季,应密切注意防寒保温。例如,采用红外线保育箱(伞)或空调等,确保产房温度适宜。

(3) 吃足初乳　母畜产后1周内排出的乳汁称为初乳,初乳中含有大量的抗体和蛋白质,可以增强机体的抵抗力。初乳中镁盐含量较多,可以软化和促进胎粪排出。

(4) 预防疾病　由于遗传、免疫、营养、环境等因素以及分娩的影响,刚出生的仔畜容易发病,如脐带闭合不全、白肌病、溶血病、仔猪低血糖、先天性震颤等。因此,应积极采取预防措施,加强妊娠期的饲养管理,注意环境卫生,对于发病者及时进行救治。

3. 母畜产后护理

母畜在分娩前后，生殖器官发生变化。分娩时子宫收缩，子宫颈开张松弛，在胎儿排出的过程中产道黏膜表层有可能受损伤。分娩后子宫内沉积大量恶露，为病原微生物的侵入和繁殖创造了条件，降低了母畜机体的抵抗力。

母畜产后几天要给予品质好易消化的饲料，约1周后即可转为正常饲养。在产后如发现尾根、外阴周围黏附恶露时，要清洗和消毒并防止蚊虫叮咬。分娩后要随时观察母畜是否有胎衣不下、阴道或子宫脱出、产后瘫痪和乳腺炎等现象，一旦出现异常要及时诊治。分娩后要及时给予补充新鲜清洁的温水。饮水中最好加入少量食盐和麸皮，以增强母畜体质。

> 思考与练习

1. 名词解释

妊娠、胚胎附植、胎膜、脐带、胎盘、胎向、胎位、胎势、努责、阵缩

2. 简述题

（1）胚胎早期发育分为哪几个阶段？简述各阶段的主要特点。

（2）简述各种家畜胚胎附植的时间和部位。

（3）胎膜包含哪几部分？胎盘的类型及功能有哪些？

（4）母畜常用妊娠诊断方法有哪些？各有什么特点？

（5）试述助产前要做哪些准备工作。如何预防难产？如何进行新生的仔畜护理。

（6）牛、猪、羊的妊娠期平均为多少天？如何推算其预产期？

（7）母畜分娩有哪些预兆？母畜分娩可分为几个阶段？

> 实操训练

实训一　母畜妊娠诊断与检查

（一）实训目标

掌握母畜妊娠诊断的常用方法及操作要领。

（二）实训准备

1. 实训动物

妊娠后期的母马、母牛，妊娠两个半月以上的母羊、母猪，未孕母羊、母

猪、母马、母牛。

2. 器材

保定器材、听诊器、绳索、鼻捻棒、尾绷带、手电筒、热水、脸盆、肥皂、液状石蜡油、酒精棉球、消毒棉花、滴管、显微镜、载玻片、毛巾、多普勒妊娠诊断仪等。

3. 药品

95%酒精、吉姆萨（Giemsa）染液。

（三）方法步骤

1. 外部观察法

（1）视诊 母畜妊娠后，性情温顺，安静，食欲增加，营养状况改善，毛色润泽光亮，行为谨慎安稳。妊娠母畜会表现出腹围增大，乳房增大，出现胎动。

① 马：由后侧观看时，已妊娠母马的左侧腹壁较右侧腹壁膨大，在妊娠末期其左下腹壁较右侧下垂。

② 牛、羊：由于牛、羊左后微腔为瘤胃所占据，检查者站于妊娠母牛后侧观察时，可以观察到右腹壁表现下垂而突出。

③ 猪：妊娠后半期，腹部显著增大下垂，乳房皮肤发红，逐渐增大，乳头也随之增大。临床表现：安静、疲倦、贪睡。

（2）触诊 在怀孕后期，可以从外部触知胎儿。

① 马：在乳房稍前方的腹壁上，用手掌多次抵压来进行触摸。能触到胎儿的时间瘦马是 7 个月以后，肥马是 8 个月以后。

② 牛：早晨喂饲之前用手掌在右膝襞前方和髋部下方，压触以诱发胎儿运动，也可用拳头在髋部往返抵动以触知胎儿。但此方法不可过于猛烈，以免引起流产。能触知的时间一般需在怀孕 6 个月以后。如果从右侧触诊不到，可在左侧试验。

③ 羊：检查者在羊体右侧并列而立，或两腿夹于羊的颈部，以左手从左侧围住腹部，而右手从右侧抱住，如此用两手在腰椎下方压缩腹壁，然后用力压左侧腹壁，即可将子宫转向右腹壁而右手则施以微弱压力进行触摸。此时胎儿是硬的，好像漂浮于腹腔中。营养较差、被毛较少的母羊有时可以摸到子宫，甚至可以摸到胎盘。

④ 猪：触诊时使母猪向左侧卧下，然后轻轻地触摸腹壁，在妊娠 3 个月时，在乳腺的上方与最后两乳头平行处触摸可发现胎儿，有坚硬的质地，消瘦的母猪在后期比较容易摸到。

（3）听诊 听取胎儿的心音。诊断价值和触诊相同，不同之处是可以断定胎儿是否存活，但在应用上比触诊困难。

① 方法：

a. 马。可在乳房与脐之间或后腹部下方听取，能听到的时间在怀孕第8个月以后，但往往由于受肠蠕动音的影响而不易听到。

b. 牛。在怀孕6个月以后，可在安静场所由右䏕部下方或膝襞内侧听取。

② 心音数：无论马和牛，胎儿心音均比母畜多达2倍以上。

2. 阴道检查法

（1）准备工作

① 保定：母畜保定在保定架内，用绷带缠尾后扎于一侧。将母畜阴唇及肛门附近先用温水洗净，最后用酒精棉花涂擦。如需将手伸入阴道进行检查时，需要对手进行严格消毒，但最后必须用温开水或蒸馏水将残留于手上的消毒液冲净。

② 消毒：金属用具先用清水洗净后，再以火焰消毒或用消毒液浸泡消毒。但其后必须再用开水或蒸馏水，将消毒液冲净。

（2）检查阴道的变化

① 检查方法：给已消毒过的开腔器前端约5cm处向后涂以滑润剂（液状石蜡油等），在检查之前用消毒纱布覆盖，以免灰尘沾污。

检查者站于母畜左、右侧，右手持开腔器，左手拇、食二指将阴唇分开，将开腔器合拢呈侧向，并使其前端略微向上缓缓送入，待完全进入后，轻轻转动开腔器，使其两片成扁平状态，最后压紧两柄使其完全张开进行观察。

检查完毕，将开腔器恢复如送入时状态，然后再缓慢抽出，抽出时切忌将开腔器闭合，否则易于损伤阴道黏膜。检查完毕，将开腔器进行消毒。

② 阴道黏膜及子宫颈变化：妊娠时阴道黏膜变得苍白、干燥、无光泽（妊娠末期除外），后期会出现阴道肥厚。

子宫颈的位置改变，向前移（随时间不同而有差异），而且往往偏于一侧，子宫颈口紧闭，外有浓稠黏液。在妊娠后半期黏液量逐渐增加。

附着于开腔器上的黏液成条纹状或块状，灰白色，在马妊娠后半期稍带红色，以石蕊试纸检查呈酸性反应。

对妊娠母畜开张阴道是一种不良刺激。因此，阴道检查动作要轻缓，以免造成妊娠中断。

3. 直肠检查法

（1）准备工作　检查前的准备工作与发情鉴定的直肠检查相同。

（2）检查步骤和方法

① 手臂伸入直肠。

② 当手腕伸入肛门，手向下轻压直肠肠壁，即可触摸到棒状坚实的纵向子

宫颈。

③ 将食指、中指、无名指分开沿着子宫向前摸索，在子宫体前，中指可摸到一纵行子宫角间沟，再向前探摸，食指和无名指可摸到类似圆柱状的两侧子宫角。

④ 沿子宫角的大弯向外侧下行，即可触到呈扁卵圆形、柔软、有弹性的卵巢。

⑤ 触摸过程中如摸不到子宫角和卵巢时，应再从子宫颈开始向前逐渐触摸。

⑥ 母牛妊娠诊断时需触摸以下几个方面：

子宫角的大小、形状、对称程度、质地、位置及角间沟是否消失；

在子宫体、子宫角可否摸到胚泡并判断其大小、子宫颈粗细位置及牵拉感觉；

有无漂浮的胎儿及胎儿活动状况以及子宫内液体性状；

子宫动脉粗细及妊娠脉搏，子叶大小。

4. 超声检查法

（1）猪

① 不需保定待查母猪，令其安静侧卧、爬卧或站立均可。

② 先清洗刷净欲探测部位，涂抹液状石蜡油。从最后一对乳房后上方开始，随着妊娠日龄的增长逐渐前移，直抵胸骨后端进行探查，也可沿两侧乳房中间腹白线探查。使多普勒妊娠诊断仪的探头紧贴腹壁，对妊娠初期母猪应将探头朝向耻骨前缘方向或呈45°角斜向对侧上方，要上下前后移动探头，并不断变换探测方法，以便探测胎动、胎心搏动等。

③ 判定标准：母体动脉的血流音是呈现有节律的"啪嗒"声或蝉鸣声，其频率与母体心音一致。胎儿心音为有节律的"咚、咚"声或"扑通"声，其频率约为200次/min，胎儿心音一般比母体心音快1倍多。胎儿的动脉血流音和脐带脉管血流音似高调蝉鸣声，其频率与胎儿心音相同。胎动音好似无规律的犬吠声，妊娠中期母猪的胎动音最为明显。

（2）羊

① 待查母羊自然站立或侧卧。探查部位在左、右乳房基部外侧的无毛区。

② 探查时多普勒妊娠诊断仪的探头要紧贴母羊腹壁，方法和探查母猪相同。

③ 判定标准，探查母羊妊娠时有加快的"扑通"声，其心率可参照表5-2。

表 5-2　　　　　不同孕期胎儿心率和母羊心率对照表

孕期/d	21~25	26~35	36~45	46~60	61~75	76~90	91~105	106~120	121~135	136~145
胎儿心率/（次/min）	186	200	216	216	199	190	180	175	164	154
母羊心率/（次/min）	126	98	102	102	98	109	122	129	133	127

（四）实训提示

1. 诊断过程中要保持安静，勿惊动受检母畜，动作要轻缓。操作过程要严格消毒。

2. 不以母畜出现的某方面的症状下结论，要综合不同诊断方法来判定，以触摸到胎儿或胎囊为准。本实训在课堂教学和生产实习中都可进行。如时间充足且条件允许，可开展实验室的一系列诊断法，如超声波诊断等。

（五）实训报告

1. 根据检查结果写出实训报告，并指出该母畜是否妊娠并判断妊娠时间。

2. 比较 4 种妊娠检查方法的优缺点。

实训二　分 娩 助 产

（一）实训目标

观察分娩预兆及分娩过程，了解助产的一般方法。

（二）实训准备

临产母畜、毛巾、剪刀、产科绳、肥皂、缠尾绷带、药品、碘酒、来苏儿、石蜡油等。

（三）方法步骤

1. 分娩预兆的观察

（1）乳房胀大，乳头肿胀变粗，可挤出初乳，某些经产母牛和母马产前常有漏乳现象。

（2）荐坐韧带松弛，触诊尾根两旁即可感觉到荐坐韧带的后缘极为松软，牛、羊表现较明显，荐骨后端的活动性增大。

（3）阴唇肿胀，前庭黏膜潮红、滑润，阴道检查可发现子宫颈口开张松弛。

（4）母牛产前几小时体温下降 0.4~1.2℃。临产母畜表现不安、常起卧、徘徊、前肢刨地、拱腰举尾、频频排便。母马常出汗，母猪常有衔草做窝的现象。

2. 产前的准备工作

（1）对母马和母牛应用缠尾绷带缠尾系于一侧。

（2）用温洗衣粉水彻底清洗母畜的外阴部及肛门周围，最后用来苏儿溶液消毒并擦干。

（3）助产者要将手臂清洗并用酒精消毒。

3. 分娩过程的观察及助产

（1）当母畜开始分娩时，要密切注意其努责的频率、强度、时间及母畜的姿态。其次，要检查母畜的脉搏，注意记录分娩开始的时间。

（2）母马和母牛的胎囊露出阴门或排出胎水后，可将手臂消毒后伸入产道，检查胎向、胎位和胎势是否正常。对不正常者应根据情况采取适当的矫正措施，防止难产的发生。当发现倒生时，应及早撕破胎膜拉出胎儿。

（3）马的尿囊先露出阴门，破水后流出棕黄色的尿囊液。随后出现的是羊膜囊，胎儿的先露部位随之排出，羊膜囊破后流出白色浓稠的羊水。牛和羊在分娩时，一般先露出羊膜囊，有时也先露出尿囊。

（4）当胎儿的嘴露出阴门后，要注意胎儿头部和前肢的关系。若发现前肢仍未伸出或屈曲应及时矫正。

（5）胎儿通过阴门时，应注意阴门的紧张度。如过度紧张，应以两手顶住阴门的上角及两侧加以保护，防止撕裂。发现胎头较大难以通过阴门时，应将胎膜撕破，用产科绳系住胎儿的两前肢球节，由操作者按住下颌，一名助手牵引产科绳，配合母畜努责，顺势拉出胎儿。牵引方向应与母畜骨盆轴的方向一致，用力不可过猛，以防止子宫外翻。

（6）当牛、羊胎儿腹部通过阴门时，要注意保护脐带的根部，防止脐血管断于脐孔内引起炎症。胎儿排出后应将胎膜除掉。若马的尿膜、羊膜与胎儿完整排出，应立即撕破，取出胎儿，并防止胎儿吸入羊水造成窒息或感染。当胎儿排出，脐带未断时，可将脐带内的血液尽量捋向胎儿，待脐动脉搏动停止后，用碘酒消毒，结扎后断脐。

4. 新生仔畜的护理

（1）擦去仔畜鼻口中的黏液，并注意有无呼吸。若无呼吸可有节律地轻按腹部，进行人工呼吸。对新生仔猪和羔羊还可将其倒提起来轻抖，以促进其恢复呼吸。

（2）用干布擦去（马、猪）或令母畜舔干（牛、羊）仔畜身上的羊水。

（3）注意仔畜保温，尽早给仔畜吃到初乳。对于仔猪和羔羊，要防止其被母畜压死。

5. 母畜的护理

（1）擦净外阴部、臀部和后腿上黏附的血液、胎水及黏液。

（2）更换褥草，及时供给饮水和易消化的饲料。

（3）注意胎衣的排出时间和排出的胎衣是否完整，如发现胎衣不下或都分的胎衣滞留的情况，应及早剥离。

（四）实训提示

1. 确保有临产母畜，做好接产和助产的准备工作，在任课教师指导下进行实训。

2. 根据分娩母畜的种类和数量，将学生分组，边讲解、边观察、边操作。

（五）实训报告

记录所观察到的分娩预兆和分娩过程。

项目六　繁殖控制技术

畜禽从精（卵）子产生、初情期、性成熟、配种、受精、妊娠直到分娩，所有的生殖活动都是在生殖激素的调节下进行的。当母畜因生理或病理引起乏情时，可以利用外源激素、药物或通过改进饲养管理措施，人为干预母畜的发情排卵。为提高母畜繁殖效率，根据妊娠发生的生理基础和分娩发动的机理，可以实施妊娠控制，可通过直接补充外源激素或其他方法模拟孕畜分娩发动时的激素变化，终止妊娠或者提前启动分娩，达到实施诱导分娩的目的。

知识目标

1. 掌握畜禽主要生殖激素的功能与应用。
2. 能够针对不同家畜品种乏情母畜实施发情控制，了解母畜分娩控制的常用方法。
3. 熟悉家畜胚胎移植的基本原则和操作程序。

技能目标

1. 熟悉常见生殖激素的名称、来源及特性、结构和种类、基本功能和应用。
2. 掌握母畜发情控制技术的基本方法。
3. 熟悉和掌握各种家畜同期发情、超数排卵与胚胎移植技术的操作方法及步骤。

必备知识

一、生殖激素的应用

动物能够正常的生长、发育和繁殖，主要是由于机体内免疫系统、中枢神经系统和内分泌系统三大调节系统的协调配合，才使其各种功能得到正常的发挥。生殖是畜禽最基本的生理活动之一。畜禽体内的生殖激素种类较多，各自发挥不同的生理功能，它们相互协调和配合，共同维持畜禽正常的生殖活动。

（一）生殖激素概述

1. 生殖激素的概念

激素是由动物机体产生，经体液循环或空气传播等途径作用于靶器官或靶细胞，具有调节机体生理机能的一系列的微量生物活性物质。它是细胞间相互交流、传递信息的一种工具。生殖激素是对动物生殖机能起直接调节或控制作用的激素。对动物生殖活动进行直接调节，即对动物精子和卵子的产生，胚胎的着床、妊娠、分娩、发情、配种等起直接调控作用的激素。生殖激素通常由内分泌腺体产生，又称生殖内分泌激素。

2. 生殖激素与动物繁殖的关系

畜禽生殖活动是一个复杂的过程，如公畜精子的发生及交配活动，母畜卵子的发生、成熟和排出，生殖细胞的运行，母畜的妊娠、分娩及泌乳等，所有生殖活动都与生殖激素密切相关。一旦生殖激素分泌失调，将导致畜禽繁殖机能的紊乱，出现繁殖障碍。近年来，许多提纯及人工合成的生殖激素在畜牧生产中得到广泛应用。

3. 生殖激素的种类

生殖激素按来源可分为丘脑释放激素、垂体促性腺激素、胎盘促性腺激素和性腺激素4类（表6-1）；按化学性质可分为含氮激素（蛋白质多肽类激素）、类固醇类激素和脂肪酸类激素；按功能可分为释放激素、促性腺激素和性腺激素。

表 6-1　　　　　　　生殖激素的种类、来源和主要生理功能

种类	名称	简称	来源	化学结构	主要生理作用
释放激素	促性腺激素释放激素	GnRh	下丘脑	十肽	促进垂体前叶合成,释放促黄体素和促卵泡素
	促乳素释放因子	PRF	下丘脑	多肽	促进垂体前叶,释放促乳素
	促乳素抑制因子	PIF	下丘脑	多肽	抑制垂体前叶,释放促乳素
	促甲状腺素释放激素	TRH	下丘脑	三肽	促进垂体前叶,释放促乳素和甲状腺素

续表

种类	名称	简称	来源	化学结构	主要生理作用
垂体促性腺素	促卵泡素	FSH	垂体前叶	糖蛋白	促进卵泡发育和精子发生
	促黄体素	LH	垂体前叶	糖蛋白	促使排卵、形成黄体并分泌孕酮，促进精子成熟
	促乳素	PRL或LTH	垂体前叶	糖蛋白	促进黄体分泌孕酮，刺激乳腺发育，促进睾酮分泌
胎盘促性腺激素	孕马血清促性腺激素	PMSG	马属动物尿囊绒毛膜	糖蛋白	与促卵泡素作用相似
	人绒毛膜促性腺激素	HCG	灵长类胎盘绒毛膜	糖蛋白	与促黄体素作用相似
性腺激素	雌激素	E	卵巢	类固醇	促进雌性动物的性行为（发情、配种等）
	孕激素	P_4	卵巢	类固醇	维持妊娠，具有保胎作用。抑制子宫平滑肌收缩，降低子宫对外界刺激的敏感性；促进雌性动物生殖道发育，促使子宫颈收缩而形成阴道栓
	雄激素	A	睾丸	类固醇	维持雄性的性行为；促进雄性动物精子的发生，并延长附睾中精子的寿命；刺激和维持雄性的第二特征；促进雄性副性腺和性器官的发育
	松弛素	RX	卵巢、子宫	蛋白质	在母畜妊娠期，抑制子宫肌层的自发收缩，防止流产；在分娩时，使骨盆韧带和耻骨联合松弛，促进子宫颈变软，子宫颈口变宽，有利于胎儿的产出
其他激素	前列腺素	PG	子宫及其他	脂肪酸	溶解黄体，促进子宫收缩等
	外激素	PHE	外分泌器官	脂肪酸	影响动物的性行为和性活动
	催产素	OXT	垂体后叶	九肽	促进子宫收缩和乳汁排出

4. 生殖激素的运转

（1）含氮激素（多肽类激素） 由腺体产生后，暂时储存于分泌腺体中，当机体需要时再从腺体静脉输出管释放到邻近的毛细血管中。

（2）类固醇类激素 该激素边分泌边释放至血液中，但此类激素多与血浆中的特异载体蛋白结合。如雌二醇或睾酮都和某种球蛋白结合，这种球蛋白存在于雌雄个体的血浆中。

（3）脂肪酸类激素 脂肪酸类激素一般是在机体需要时才分泌出来，并不储存。这类激素主要是在局部发挥作用，进入血液循环的较少，只有个别激素（如前列腺素）能对全身起作用。

5. 生殖激素的度量单位

(1) 天然激素

① 纳克 (ng)　　$1ng = 10^{-9}g$。

② 皮克 (pg)　　$1pg = 10^{-12}g$。

(2) 人工合成激素　IU (国际单位)、mg、mL。

6. 生殖激素的作用特点

(1) 活性丧失快　生殖激素通过血液作用于一定的组织和器官,在血液中消失很快。例如,孕酮注射到家畜体内,在 10~20min 就有 90% 从血液中消失,但其作用要在若干小时甚至数天才能显现出来。

(2) 量少作用大　微量的生殖激素在畜体内可以引起很强的生理变化。如 1pg 的雌二醇,直接作用到阴道黏膜或子宫内膜上就可引发明显变化。母牛在妊娠时每毫升血液中只含有 6~7ng 的孕酮,而产后含有 1ng,两者只有 5~6ng 的含量差异,可导致母牛的妊娠和非妊娠之间的明显生理变化。

(3) 具有明显的选择性　各种生殖激素均有一定的靶组织或靶器官,靶器官或靶细胞中的特异性受体 (内分泌激素) 或感受器 (外激素) 结合后才能产生生物学效应。如促性腺激素作用于性腺 (睾丸和卵巢)、雌激素作用于乳腺管道、孕激素作用于乳腺腺泡等。

(4) 具有协同和拮抗作用　某些生殖激素间对某种生理现象有协同作用,如子宫的发育要求雌激素和孕酮共同作用,母畜的排卵现象就是促卵泡素和促黄体素协同作用的结果。又如,雌激素能引起子宫兴奋,蠕动增强,而孕酮可以抑制这种兴奋作用,减少孕酮或增加雌激素都可能引起家畜流产,说明两者之间存在着拮抗作用。

(5) 无种间特异性　即生物界的生殖激素的功能都是一致的,不同动物间可通用。

(二) 生殖激素的功能与应用

畜禽的生殖活动是一个复杂的过程,所有生殖活动都与生殖激素的功能密切相关。

1. 促性腺激素释放激素

(1) 来源与化学特性

① 来源:促性腺激素释放激素 (GnRH) 主要来源于下丘脑的弓状核,合成后贮存于正中隆起,分布较广。受性激素或高级中枢神经介质刺激后,再分泌进入垂体门脉循环系统,在大脑垂体、胎儿胎盘、松果腺、乳汁、肿瘤细胞中均有促性腺素释放激素。

② 化学特性:从猪、牛、羊的下丘脑提纯的促性腺激素释放激素由 10 个

氨基酸组成，人工合成的比天然的少 1 个氨基酸，但其活性大，有的比天然的高出 140 倍左右。半衰期为 4min，在生产上常用代用品或合成品。禽类、鱼类和两栖类动物的促性腺素释放激素与哺乳类动物稍有差异，哺乳类动物之间促性腺素释放激素结构具有相似性。

(2) 生理功能

① 合成与释放促性腺激素：促性腺素释放激素的主要功能是促使垂体前叶合成和释放促性腺激素，其中主要以释放促黄体素为主，也可产生促卵泡素。由于释放促黄体素的作用比促卵泡素快，且变化幅度大，有明显的分泌高峰，所以又称其为促黄体素释放激素。

② 刺激排卵：促性腺素释放激素能刺激各种动物排卵。用电刺激兔丘脑下部的腹侧可激发促性腺素释放激素的释放，从而引起大量促黄体素和少量促卵泡素的分泌，使卵巢上的卵泡进一步发育，促进排卵。

③ 促进精子生成：促性腺素释放激素可促使雄性动物精液中的精子数增加，使精子的活力增强，提高精液品质和公畜性行为，增强公畜性欲。

④ 抑制生殖系统机能：当长期大量应用促性腺素释放激素时，具有抑制生殖机能甚至抗生育作用，如抑制排卵、延缓胚胎附植、阻碍妊娠、引起睾丸卵巢萎缩及阻碍精子生成等。

⑤ 有垂体外作用：促性腺激素可以在垂体外的一些组织中直接发生作用，而不经过垂体的促性腺激素途径。如直接作用于卵巢影响性激素的合成，或直接作用于子宫、胎盘等。

(3) 应用 促性腺激素释放激素易于大量合成。促性腺素释放激素可用于诱发雌性动物排卵，胚胎移植中供体的超数排卵。注射促性腺素释放激素可提高人工授精中母畜受胎率，受胎率可提高 10%~25%。目前，人工合成的高活性类似物已广泛用于调整家畜生殖机能紊乱和诱发排卵。如牛卵巢囊肿时，每天用 100μg 可使前叶分泌促黄体素，促使卵泡囊肿破裂，使牛正常发情和繁殖。用 150~300μg 的促性腺素释放激素静脉注射可使母羊排卵。此外，促性腺素释放激素类似物可提高家禽的产蛋率和受精率，还可诱发鱼类排卵。长时间大剂量应用促性腺素释放激素或类似物有"抗生育作用"。

2. 促卵泡素

(1) 来源与化学特性

① 来源：促卵泡素又称卵泡刺激素，其在下丘脑促性腺激素释放激素的作用下，由垂体前叶促性腺激素腺体细胞产生。

② 化学特性：促卵泡素是一种糖蛋白质激素，分子质量大，猪约为 29000u，绵羊为 25000~30000u，易溶于水。其分子由 α 亚基和 β 亚基组成，并且只有在两者结合的情况下才有活性。对于同种动物：糖蛋白质激素 α 亚基

基本相同，β亚基差异较大。异种动物：α亚基变异较大，β亚基变异较小。

(2) 生理功能

① 促进卵泡内膜细胞分化，颗粒细胞增生，促进卵泡发育。

② 刺激卵巢生长，增加卵巢重量。

③ 与促黄体素协同，促使卵泡内膜细胞或颗粒细胞分泌雌激素。

④ 促卵泡素在促黄体素协同作用下，促使睾丸间质细胞产生睾酮和少量雌激素。

⑤ 促进雄性动物精子生成和精细管的生长。

(3) 应用

① 促进动物的性成熟：对接近性成熟的雌性动物，促卵泡素和孕激素配合使用，可提早发情配种。

② 诱发泌乳乏情的母畜发情：对产后4周的泌乳母猪及60d以后的母牛，应用促卵泡素可提高发情率和排卵率，缩短产犊间隔。

③ 超数排卵：为获得大量的卵子和胚胎，应用促卵泡素可使卵泡大量发育和成熟排卵。牛、羊应用促卵泡素和促黄体素，平均排卵数可达10枚左右。

④ 治疗卵巢疾病：促卵泡素对卵巢机能不全、卵泡发育停滞或交替发育及多卵泡发育均有较好疗效，如母畜不发情、安静发情、卵巢发育不全、卵巢萎缩、卵巢硬化、持久黄体等。其用量为：牛、马为200~450IU（国产制剂，下同）；猪为50~100IU，肌肉注射，每日或隔日一次，连用2~3次。若与促黄体素合用，效果更好。

⑤ 治疗公畜精液品质不良：当公畜精子密度不足或精子活率低时，应用促卵泡素和促黄体素可提高精液品质。

3. 促黄体素

(1) 来源与化学特性

① 来源：促黄体素又称黄体生成素，是由垂体前叶促黄体素细胞产生的。

② 化学特性：促黄体素也是一种糖蛋白质激素，其分子质量为牛、绵羊3000u，而猪为100000u，其分子由α亚基和β亚基组成，生物学活性决定于β亚基。促黄体素提纯品化学性质比较稳定，在冻干时不易失活，其半衰期为30min。

(2) 生理功能

① 对雌性动物的作用：控制母畜发情和排卵。促黄体素与促卵泡素的比例，决定某一种母畜发情时间的长短；与促卵泡素协同，促进卵泡发育成熟并排卵；促进卵巢形成黄体，分泌孕激素以维持妊娠；刺激卵泡内膜细胞产生雄激素，为颗粒细胞合成雌激素提供前体物质。

② 对雄性动物的作用：可刺激睾丸间质细胞合成和分泌睾酮，促进副性腺

和精子的最后成熟。各种家畜垂体中，促卵泡素和促黄体素的含量比例不同，与家畜生殖活动的特点有密切的关系。如母牛垂体中促卵泡素最低，母马的最高，猪和绵羊介于两者之间。

（3）应用　促黄体素主要用于诱导排卵和治疗排卵障碍、卵巢囊肿、早期胚胎死亡或习惯性流产等，如母畜发情期过短，久配不孕，公畜性欲不强、精液和精子量少等。在临床上常以人绒毛膜促性腺激素代替促黄体素，其成本低且效果好。

近年来，我国已有了垂体促性腺激素促卵泡素和促黄体素商品制剂，并在生产中使用。在治疗马、驴和牛卵巢机能异常方面，一般用促卵泡素治疗多卵泡发育，卵泡发育停滞，持久黄体。用促黄体素治疗卵巢囊肿，排卵迟缓，黄体发育不全；用两种激素（促卵泡素+促黄体素）治疗卵巢静止或卵泡中途萎缩。所用剂量：牛每次肌肉注射 100～200IU，马为 200～300IU，驴为 100～200IU。一般 2～3 次为一疗程，每次间隔时间为马、驴 1～2d，牛 1～4d。此外，这两种激素制剂还可用于诱发季节性繁殖的母畜在非繁殖季节发情和排卵。在同期发情处理过程中，这两种激素配合使用，可增进群体母畜发情和排卵。

4. 促乳素

（1）来源与化学特性

① 来源：又称促黄体分泌素或生乳素或激乳素（PRL），由垂体前叶嗜酸性细胞产生，1928 年发现于大鼠的垂体前叶。

② 特性：是由腺性脑下垂体分泌的一种单纯蛋白质激素。无亚基，半衰期 30min。其分子质量为羊 23300u、猪 25000u。不同家畜促乳素的分子结构、生物活性和免疫活性十分相似。

（2）生理功能　促乳素的生理作用，因动物种类不同而有显著区别。从家畜生理的角度看，它的主要生理作用如下。

① 促进乳腺的发育和乳汁生成：与雌激素协同促进乳腺系统发育；与孕激素协同促进腺泡系统发育；与皮质醇结合形成完善的乳腺系统。

② 促进黄体分泌孕激素以维持妊娠。

③ 与雌激素协同促进生殖道黏液分泌。

④ 调节禽类的筑巢、就窝等母性行为。

⑤ 对雄性动物与雄激素协同，促进雄性性器官的发育和精子生成。

⑥ 抑制性腺机能的发育。高产乳牛血液中促乳素水平较高，可抑制卵巢机能发育，导致配种受胎率降低。

（3）应用　由于来源缺乏，价格昂贵，不宜直接应用，多用于诱导泌乳。

5. 催产素

（1）来源与特性

① 来源：催产素（OXT）是由垂体后叶分泌，由下丘脑的室旁核和视上核合成。母畜的卵巢、绵羊、牛、人的卵巢均可合成。1955 年人工合成，可促进子宫收缩。

② 特性：催产素是一种肽类激素，是 9 个氨基酸组成的九肽，属于含氮类激素。分子质量为 1000u，血液中半衰期 1~15min。催产素的分泌与释放受神经调节和体液调节的影响。对母畜阴道、乳腺进行刺激，均可通过神经传导途径引起催产素的分泌与释放。

（2）生理功能

① 催产作用：在母畜妊娠末期，与雌激素协同作用刺激子宫平滑肌收缩。

② 促进泌乳：能强烈刺激乳腺导管肌上皮细胞收缩。

③ 对黄体作用：促使子宫分泌前列腺素，溶解黄体，诱导雌性动物发情。小剂量促进黄体形成，大剂量抑制黄体形成。

④ 具有加压素的作用，促进血压升高。

⑤ 促进雄性动物的性行为，促进精子和卵子的输送。

（3）应用

① 诱发分娩：常用于猪的同期分娩，通常晚上注射，白天分娩。即猪妊娠 112d 时，先注射前列腺素，16h 后再使用催产素，4h 后即可分娩。

② 对于分娩时间长，努责弱的母畜用于催产。

③ 治疗子宫积脓。

④ 治疗胎衣不下。

6. 孕马血清促性腺激素

（1）来源与特性

① 来源：孕马血清促性腺激素，又称为马绒毛膜促性腺激素（PMSG），是在怀孕母马血清中发现的一种激素。其主要存在于孕马血清中，是由马、驴或斑马的"子宫内膜杯状结构"所分泌。一般妊娠后 40d 左右开始出现，60d 时达到高峰，此后可维持至 120d，然后逐渐下降，至 170d 时几乎完全消失。影响孕马血清促性腺激素分泌量的因素与妊娠时期、动物种类、个体和胎儿遗传型有关。血清中孕马血清促性腺激素的含量因品种而异。在同品种中，也存在个体间的差异。轻型马最高（每毫升血液中含 100IU），重型马最低（每毫升血液中含 20IU），兼用品种马居中（每毫升血液中含 50IU）。此外，胎儿的基因型对其分泌量影响最大，如驴怀骡分泌量最高、马怀马次之、马怀骡再次之、驴怀驴最低。

② 特性：孕马血清促性腺激素是一种糖蛋白激素，其特点是含糖量高，占 41%~45%，包括中性己糖、氨基己糖、大量唾液酸。因孕马血清促性腺激素的酸性特点，故在血液中的半衰期可长达 40~120h。其分子质量为 53000u。孕

马血清促性腺激素的分子不稳定，分离提纯也比较困难。

（2）生理功能　孕马血清促性腺激素具有类似促卵泡素和促黄体素的双重活性，但以促卵泡素的作用为主，因此有着明显的促卵泡发育的作用，同时有一定的促排卵和黄体形成的功能。其功能表现在以下几个方面。

① 有明显促进卵泡发育的作用。

② 促进排卵和黄体形成。

③ 对雄性动物具有促使精细管发育和性细胞分化的功能。

（3）应用

① 催情：孕马血清促性腺激素对于各种动物均有促进卵泡发育的效果。

② 刺激超数排卵，增加排卵数（如提高双羔率）：孕马血清促性腺激素来源广，成本低，作用缓慢，半衰期较促卵泡素长，应用广泛。但因系糖蛋白质激素，多次持续使用易产生抗体而降低超排效果。在生产中常与人绒毛膜促性腺激素配合使用。

③ 促进排卵，治疗排卵迟滞：在临床上对卵巢发育不全、卵巢机能衰退、长期不发情、持久黄体以及公畜性欲不强和雄性生精能力衰退等，疗效显著。

7. 人绒毛膜促性腺激素

（1）来源与特性

① 来源：人绒毛膜促性腺激素（HCG）是由胎盘的滋养层细胞分泌的一种糖蛋白，它是由 α 和 β 二聚体的糖蛋白组成。由灵长类动物妊娠早期胎盘绒毛膜的合胞体滋养层细胞合成和分泌，大量存在于孕妇尿液中。初次出现在受精后的第6~8天，胚胎刚进入子宫内膜的下层，胚泡外层仍为滋养层，此时滋养层分为两层，即内层和外层，内层为细胞滋养层；外层为合胞体滋养层分泌人绒毛膜促性腺激素。7~8周时达到高峰，21~22周降至最低浓度。

② 特性：人绒毛膜促性腺激素是一种糖蛋白激素，分子质量为36700u，其化学结构与促黄体素相似。

（2）生理功能　人绒毛膜促性腺激素的检查对早期妊娠诊断有重要意义，对与妊娠相关疾病、滋养细胞肿瘤等疾病的诊断、鉴别和病程观察等有一定价值。人绒毛膜促性腺激素的功能与促黄体素很相似，维持妊娠黄体存在，分泌孕激素；参与胎盘类固醇激素的产生和胎盘代谢；可促进母畜性腺发育，促进卵泡成熟、排卵和形成黄体；可治疗雌性动物排卵迟缓或卵巢囊肿等病症。对公畜能刺激睾丸曲精细管精子的发生和间质细胞的发育。

（3）应用　目前应用的人绒毛膜促性腺激素商品制剂由孕妇尿液或流产刮宫液中提取，是一种经济的促黄体素代用品。在生产上主要用于防治母畜排卵迟缓及卵泡囊肿，增强超数排卵和同期发情时的同期排卵效果。对公畜睾丸发育不良和阳痿也有较显著的治疗效果，促进雄性动物的生精机能。常用的剂量：猪为500~1000IU，牛为500~1500IU，马为1000~2000IU。

8. 雄激素

（1）来源与特性

①来源：在雄激素（A）中最主要的形式为睾酮，由睾丸间质细胞所分泌。肾上腺皮质、卵巢、胎盘也能分泌少量雄激素。公畜摘除睾丸后，不能获得足够的雄激素以维持雄性机能。睾酮一般不在体内存留，很快被利用或分解，并通过尿液或胆汁、粪便排出体外。

②特性：属于类固醇激素，基本化学结构式为"环戊烷多氢菲"。目前临床应用的雄激素主要是睾酮的衍生物，常用品种有甲睾酮、丙酸睾酮等。

（2）生理功能

①促进雄性动物精子的发生，延长附睾中精子的寿命。

②促进雄性副性器官的发育和分泌机能，如前列腺、精囊腺、尿道球腺、输精管和阴囊等。

③促进雄性第二性征的表现，如骨骼粗大、肌肉发达、外表雄壮等。

④促进公畜的性行为和性欲表现。

⑤对下丘脑-垂体轴有负反馈调节作用，控制促黄体素、促卵泡素的释放。

⑥能刺激食欲，促进蛋白质合成，减少尿氮排出。

⑦较大剂量的雄激素可以刺激骨髓的造血功能，特别是红细胞的生成。

（3）应用　在临床上主要用于治疗公畜性欲不强和性机能减退。常用制剂为丙酸睾酮，其使用方法及使用剂量：皮下埋藏，牛0.5~1.0g，猪、羊0.1~0.25g；皮下或肌肉注射，牛0.1~0.3g，猪、羊0.1g。另外，雄激素注射给母牛或阉牛，可使之作为试情牛。

9. 雌激素

（1）来源与特性

①来源：雌激素（E）主要产生于卵巢，在卵泡发过程中，由卵泡内膜和颗粒细胞分泌。此外，胎盘、肾上腺和睾丸（尤其是公马）也可产生一定量的雄激素。卵巢分泌的雌激素主要是雌二醇和雌酮。雌激素与雄激素一样，不在体内留存，经降解后从尿、粪排出体外。

②特性：一种类固醇激素，雌激素可由雄激素衍生而成。雌激素是由卵泡颗粒细胞、睾丸和胎盘产生的一类类固醇激素，活性最强的为雌二醇。

（2）生理功能　雌激素是母畜性器官正常发育和维持母畜正常性机能的主要激素。雌激素的受体分布在子宫、阴道、乳房、盆腔以及皮肤、膀胱、尿道、骨骼和大脑。因此，雌激素具有广泛而重要的生理作用，其中最主要的雌二醇，主要生理功能如下。

①在发情时促使母畜表现发情和生殖道的一系列生理变化，如促使阴道上

皮增生和角质化，利于交配。促使子宫颈管道松弛，并使其黏液变稀，利于交配时精子通过。促使子宫内膜及肌层增长，刺激子宫肌层收缩，利于精子运行和妊娠。促进输卵管增长和刺激其肌层活动，利于精子和卵子运行。

② 促进尚未成熟的母畜生殖器官的生长发育，促进乳腺管状系统的生长发育。具有维持母畜生殖器官和第二性征的生理作用。

③ 促使长骨骺部骨化，抑制长骨生长。因此，一般成熟母畜的个体较公畜小。

④ 妊娠期与促乳素协同促进雌性乳腺系统的发育。

⑤ 雌激素对下丘脑或垂体分泌促性腺素释放激素、促卵泡素和促黄体素，具有反馈调节作用，以保持体内激素处于平衡状态。

（3）应用　近年来，合成类雌激素很多，主要有己烯雌酚、丙酸己烯雌酚、二丙酸雌二醇、乙烯酸、双烯雌酚等，其成本低、使用方便、吸收排泄快、生理活性强，因此成为天然雌激素的替代品。其主要用于促进产后胎衣或木乃伊化胎儿的排出，诱导发情，与孕激素配合可用于牛、羊的人工诱导泌乳，还可用于公畜的"化学去势"，以提高育肥性能和改善肉质。合成类雌激素的剂量，因家畜种类和使用方法的不同而异。以己烯雌酚为例，肌肉注射时，猪为 $3 \sim 10 mg$，马、牛为 $5 \sim 25 mg$，羊为 $1 \sim 3 mg$；皮下埋藏时，牛为 $1 \sim 2 g$，羊为 $30 \sim 60 mg$。

10. 孕激素

（1）来源与特性

① 来源：是由卵巢黄体分泌的一种类固醇激素，又称孕酮（P）。多数家畜，尤其是绵羊和马，妊娠后期的胎盘为孕酮的重要来源。此外，睾丸、肾上腺、卵泡颗粒层细胞也有少量分泌。

② 特性：一种类固醇激素，在代谢过程中，孕酮最后降解为孕二醇，最终排出体外。孕激素主要包括黄体酮、异炔诺酮、甲炔诺酮、己酸孕酮等。

（2）生理功能　在自然情况下孕酮和雌激素共同作用于母畜的生殖活动，通过协同和抗衡进行着复杂的调节作用。若单独使用孕酮，有以下特异效应：

① 有利于胚胎附植。妊娠初期促进子宫内膜增生、变厚，子宫腺体分泌增多，腺体功能增强。

② 抑制排卵，促使子宫内膜分泌，以利受精卵植入，抑制子宫平滑肌收缩，降低子宫对外界刺激的敏感性，维持妊娠，具有保胎作用。

③ 促进雌性动物生殖道发育，促使子宫颈收缩而形成阴道栓。

④ 小剂量孕激素提高动物性行为，增强性欲，而大剂量孕激素则抑制动物性行为。

⑤ 与促乳素协同，促进雌性乳腺细胞发育，为泌乳做准备。

(3) 应用　孕激素多用于防止功能性流产，治疗卵巢囊肿、卵泡囊肿等，也可用于控制发情。孕酮本身口服无效，但现已有若干种具有口服、注射效能的合成孕激素物质，其效果远远大于孕酮。如甲羟孕酮（MAP）、甲地孕酮（MA）、氯地孕酮（CAP）、氟孕酮（FGA）、炔诺酮、16-次甲基甲地孕酮（MGA）、18-甲基炔诺酮等。生产中常制成油剂用于肌肉注射，也可制成丸剂用于皮下埋藏或制成乳剂用于阴道栓。其剂量般为：肌肉注射，马和牛 100～150mg，绵羊 10～15mg，猪 15～25mg；皮下埋藏，马和牛 1～2g，分若干小丸分散埋藏。

11. 松弛素

(1) 来源

① 来源：松弛素（RLX）是一种对母畜分娩前产道有松弛作用的多肽类激素，主要产生于哺乳动物妊娠期间卵巢中的黄体，是妊娠期黄体分泌的一种水溶性多肽物质，子宫和胎盘均可以产生。猪的松弛素主要来源于黄体，而兔主要来源于胎盘。

② 特性：松弛素是一种水溶性多肽类，其分泌量随妊娠期的延长而逐渐增加，在妊娠末期含量达到高峰，分娩后从血液中消失。

(2) 生理功能　在母畜妊娠期，抑制子宫肌层的自发收缩，防止流产；在分娩时，使骨盆韧带和耻骨联合松弛，促进子宫颈变软，子宫颈口变宽，有利于胎儿的娩出；与雌激素协同，促进雌性动物乳腺发育。但它必须在雌激素和孕激素预先作用下，促使骨盆韧带、耻骨联合松弛，子宫颈口开张，子宫肌肉舒张，增加子宫水分含量，以利于分娩时胎儿的产出。

(3) 应用　松弛素能使子宫肌纤维松弛，可用于子宫镇痛、预防流产、宫颈扩张、诱导分娩等。

12. 前列腺素

(1) 来源与特性

① 来源：1934 年，科学家分别在人、猴、山羊和绵羊的精液中发现了前列腺素。当时设想此类物质可能由前列腺分泌，故命名为前列腺素（PG）。后来发现前列腺素是一种具有生物活性的类脂物质，而且几乎存在于身体各种组织中，并非由专一的内分泌腺产生，其主要来源于精液、子宫内膜、母体胎盘和下丘脑。

② 特性：前列腺素是一类有生理活性的不饱和脂肪酸，广泛分布于身体各组织和体液中。前列腺素在血液循环中消失很快，其作用主要限于邻近组织，故被认为是一种局部激素。前列腺素（PG）的基本结构是前列腺烷酸。天然的前列腺素含有 20 个碳羧酸、羟基脂肪酸，其化学结构与命名均根据前列烷酸分子而衍生。根据其化学结构和生物学活性的不同，可分为 A、B、C、D、

E、F、G、H、I 等型和 PG_1、PG_2、PG_3 三类。在动物繁殖过程中有调节作用的主要是 PGE 和 PGF 两类,目前用得最多的是 PGE_2 和 $PGF_{2\alpha}$。

(2) 生理功能　不同类型的前列腺素具有不同的生理功能。在调节家畜繁殖机能方面,最重要的是 PGF,其主要功能如下。

① 溶解黄体:PGF 型对动物(包括灵长类)的黄体具有明显的溶解作用。由子宫内膜产生的 PGF 通过逆流传递机制,由子宫静脉透入卵巢动脉而作用于黄体,促使黄体溶解,使孕酮分泌减少或停止,从而促进发情。

② 促进排卵:$PGF_{2\alpha}$ 可触发卵泡壁降解酶的合成,同时也由于刺激卵泡外膜组织的平滑肌纤维收缩增加了卵泡内压力,导致卵泡破裂和排卵。

③ 与子宫收缩和分娩活动有关:PGE 和 PGF 对子宫肌都有强烈的收缩作用,子宫收缩(如分娩时),血浆 $PGF_{2\alpha}$ 的水平立即上升。前列腺素可促进催产素的分泌,并提高怀孕子宫对催产素的敏感性。PGE 可使子宫颈松弛,有利于分娩。

④ 提高精液品质:精液中的精子数和前列腺素的含量成正比,并能够影响精子的运行和获能。PGE 能够使精囊腺平滑肌收缩,引起射精。

⑤ 有利于受精:前列腺素在精液中含量最多,对子宫肌肉有局部刺激作用,使子宫颈舒张,有利于精子运行通过。$PGF_{2\alpha}$ 能够增加精子的穿透力和驱使精子通过子宫颈黏液。

(3) 应用　天然前列腺素提取较困难,价格昂贵,且在体内的半衰期很短。合成的前列腺素具有作用时间长、活性较高、副作用小、成本低等优点,目前用其类似物主要应用于以下几个方面。

① 调节发情周期:$PGF_{2\alpha}$ 及其类似物,能显著缩短黄体的存在时间,控制各种家畜的发情周期,促进同期发情,促进排卵。$PGF_{2\alpha}$ 的剂量,肌肉注射或子宫内灌注,牛为 2~8mg,猪、羊为 1~2mg。

② 人工引产:由于 $PGF_{2\alpha}$ 具有溶黄体作用,对各种家畜的引产有显著的效果,常用于催产和同期分娩:$PGF_{2\alpha}$ 的用量:牛为 15~30mg,猪为 2.5~10mg,山羊为 20mg。

③ 治疗母畜卵巢囊肿与子宫疾病,如子宫积脓、干尸化胎儿、无乳症等。剂量:牛为 15~30mg,猪为 2.5~10mg。

④ 可以增加公畜的射精量,提高受胎率。

13. 外激素

(1) 来源与特性

① 来源:外激素是由外分泌腺释放的。外分泌腺在动物体内分布广泛,主要有皮脂腺、汗腺、唾液腺、下颌腺、泪腺、耳下腺等。有些家畜的尿液和粪便中也含有外激素。外激素的性质因分泌动物的种类不同而不同。如公猪的外

激素有两种：一种是由睾丸合成的有特殊气味的类固醇物质，储存于脂肪中，由包皮腺和唾液腺排出体外。另一种是由颌下腺合成的有麝香气味的物质，由唾液排出。

② 特性：羚羊的外激素含有戊酸，具有挥发性。昆虫的外激素有 40 多种，多为乙酸化合物。外激素的化学成分有的是单一的化学物质，有的是混合物质，多数都有挥发性。

（2）应用　哺乳动物的外激素，大致可分为信号外激素、诱导外激素、行为激素等。性行为外激素（简称性外激素）对家畜繁殖比较重要，主要应用于以下几方面。

① 母猪催情：给断乳后第 2 天、第 4 天的母猪鼻子上喷洒合成外激素 2 次，能促进其卵巢机能的恢复。青年母猪给予公猪刺激，则能使初情期提前到来。

② 母猪的试情：母猪对公猪的性外激素反应非常明显。如利用雄烯酮等合成的公猪性外激素，发情母猪则表现静立反应，发情母猪的检出率在 90% 以上，而且受胎率和产仔率均比对照组要高。

③ 公畜采精：外激素可用于公畜采精训练。

④ 其他：性外激素可以促进牛羊的性成熟，提高母牛的发情率和受胎率。外激素还可以解决猪群的母性行为和识别行为，为寄养提供方便。

（三）生殖激素的分泌与调节

家畜的生殖活动是在神经系统、内分泌系统与生殖系统之间形成的一条下丘脑-垂体-性腺调节轴的调节下有规律地进行的。下丘脑周围的一部分中枢神经系统将接收的外界信号，如光照、温度、异性刺激等传递到下丘脑，使之分泌促性腺素释放激素。促性腺素释放激素经垂体门脉系统作用于垂体前叶，促使垂体前叶分泌促性腺激素。促性腺激素作用于性腺（卵巢和睾丸），使之产生性腺激素。性腺激素作用于生殖器官，促进生殖器官的生长发育，使家畜表现出生殖活动。另外，垂体激素可以通过反馈作用调节下丘脑释放激素的分泌。同样，性腺激素也可通过反馈作用调节下丘脑和垂体相应激素的释放，这样就在中枢神经、下丘脑、脑垂体和性腺之间形成了一条密切相连的轴线系统，即下丘脑-垂体-性腺调节轴，如图 6-1 所示。

二、发情控制

通过某些外源激素或药物人为地控制和调整母畜的个体或群体发情并排卵的技术，称为发情控制技术。发情控制的目的是缩短母畜繁殖周期，提高母畜产仔能力。发情控制分为诱导发情、同期发情和超数排卵。

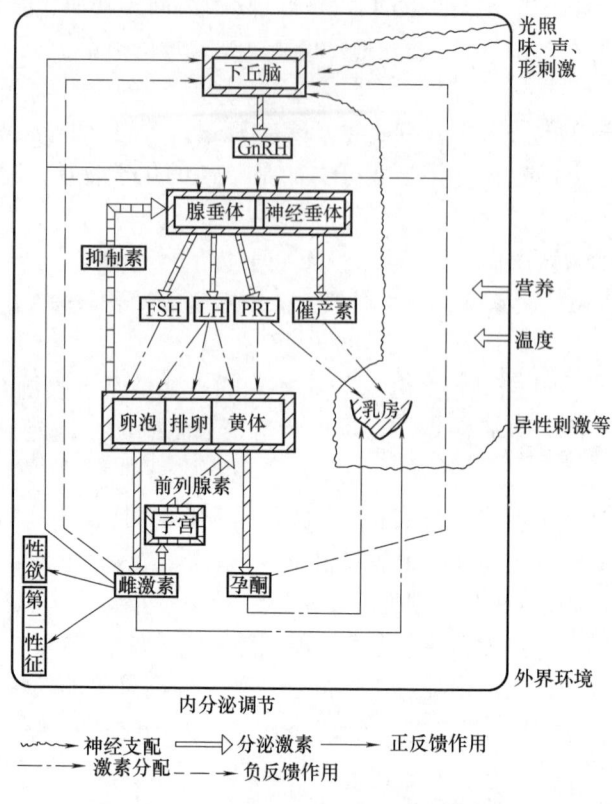

图 6-1 下丘脑-垂体-性腺调节轴示意图
（非季节性发情动物发情周期的调节机制示意图）

（一）诱导发情

诱导发情是指通过人工方法使母畜发情并排卵的技术，主要用于乏情母畜的发情和配种，如季节性发情的绵羊、哺乳期的母猪以及产后长期不发情的乳牛等。利用诱导发情技术，可以缩短产仔间隔，增加产仔数和胎次。对于季节性发情的动物，可使其在全年任何季节都发情，降低卵巢囊肿、持久黄体等病理性乏情所带来的损失，提高家畜的繁殖力。

1. 诱导发情的原理

诱导发情是利用外源性生殖激素或环境条件的刺激，通过内分泌和神经作用，激发卵巢活动，促使卵巢从相对静止状态转变为活跃状态，从而促进卵泡的生长发育，以恢复母畜正常发情与排卵。母畜乏情可分为生理性和病理性两种。生理性乏情表现为卵巢上既无卵泡发育，也没有黄体存在，卵巢处于静止状态。病理性乏情主要由卵巢机能紊乱引起，如卵巢囊肿、持久黄体等原因使母畜不能表现出正常的性周期。

2. 诱导发情常用激素

诱导发情所涉及的激素主要有促卵泡素、促黄体素、孕马血清促性腺激素、人绒毛膜促性腺激素、促性腺激素释放激素、催产素、雌激素及其类似物、孕激素及其类似物、前列腺素及其类似物和性外激素等。

3. 各种家畜的诱导发情技术

（1）母牛的诱导发情　生产实践中，牛的诱导发情主要采用激素处理法。

① 孕激素处理法：青年母牛初情期后长时间不发情和母牛产后长期不发情或暗发情主要是由于孕激素缺乏所致。经过孕激素处理后，可以增强卵泡对促性腺激素的敏感性。同时孕激素对下丘脑、垂体促性腺激素有抑制作用，解除孕激素后，可消除抑制，下丘脑和垂体促性腺激素分泌恢复正常。如果在孕激素处理结束时，给予一定量的孕马血清促性腺激素或促卵泡素，效果更明显。孕激素也可以通过耳背皮下植埋的方式给药，埋植期间，孕激素从细管中缓慢地释放出来发挥作用，如图 6-2 所示。

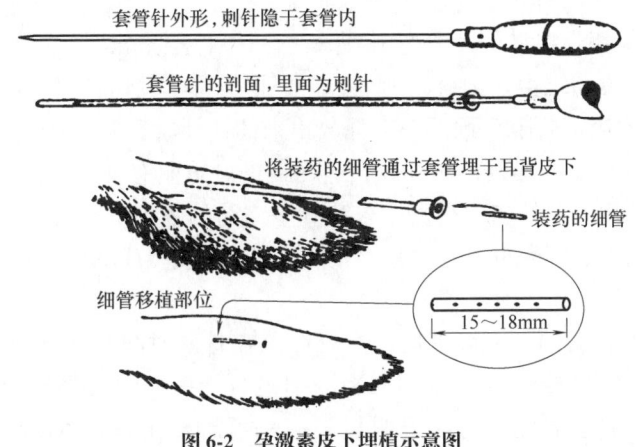

图 6-2　孕激素皮下埋植示意图

② 孕马血清促性腺激素处理法：当乏情母牛卵巢上无黄体存在时，给予一定量的孕马血清促性腺激素（750~1500IU 或促性腺激素 3~3.5IU/kg），可促进卵泡发育，5d 内仍未发情的可再次处理。

③ 促性腺激素释放激素及其类似物：乏情母牛卵巢上无黄体存在时，可用促性腺激素释放激素类似物促排 2 号（LRH-A2）或促排 3 号（LRH-A3），剂量为 50~100μg 的促性腺激素释放激素肌注 2~3 次。

④ 前列腺素法：利用前列腺素的溶黄体作用治疗家畜持久黄体引起的乏情和暗发情（隐性发情）。用氯前列烯醇 0.5mg 肌内注射或 0.1mg 子宫注入，母牛一般在给药 3~5d 发情，注射后 80h 人工授精或者分别在 72h 和 96h 两次人

工授精，可提高受胎率。

⑤ 催产素法：催产素可溶解黄体，在青年母牛发情周期的第3~6天，每天皮下注射100IU。对于成年泌乳牛，在发情周期的第1~6天，每天上午、下午各肌内注射200IU，可使80%以上的母牛在10d内发情。

⑥ 初乳诱导：初乳中含有大量的生物活性物质，以及包括雌激素在内的各种激素。例如，利用产后1h的初乳诱导乳牛的发情效果与"三合激素"（每毫升含睾丸素25mg、黄体酮12.5mg、苯甲酸雌二醇1.25mg）的效果基本相同，且无副作用。

（2）母羊的诱导发情　多数羊属于季节性发情，在休情期内或产羔不久进行诱导发情处理，可获得明显的效果。

① 孕马血清促性腺激素处理法：给母羊肌肉注射500~1000 IU的孕马血清促性腺激素，只需注射1次即可。

② 孕激素联合孕马血清促性腺激素处理法：用孕激素制剂连续处理9~12d，用量为12mg/d，在用药结束前1~2d或停药当天，注射孕马血清促性腺激素500~1000IU，即可引起发情和排卵。

③ 补饲催情：在母羊发情季节到来之际，加强饲养管理，提高营养水平，补充优质蛋白质和维生素饲料添加剂，可以促进母羊发情，增加排卵数。

④ 公羊效应：公羊头颈部被毛释放出来的性外激素能够刺激母羊促性腺激素（促卵泡素和促黄体素）的释放，进而促进母羊卵泡发育和排卵，即所谓的公羊效应。利用公羊效应，在发情季节到来之前的数周，在母羊群中放入一定数量的公羊，可以刺激母羊的卵巢活动，使非繁殖季节的乏情母羊提早6周进入发情期。

⑤ 控制日照时间：在温带地区，母绵羊在日照时间开始缩短的季节发情，所以可通过人为地控制日照时间，逐渐缩短日照时间，使母羊提早进入发情期。山羊发情的季节性没有绵羊明显，一般不需要在非繁殖季节进行诱导发情。对于产羔后长时间不发情的，可采用上述诱导绵羊发情的方法处理。

⑥ 初乳诱导：初乳诱导羊发情原理与牛类似。

（3）母猪的诱导发情

① 加强母猪配种前的饲养管理：后备母猪在配种前10~14d内，经产母猪在再次配上种前，喂给富含蛋白质、维生素的饲料，补足矿物质和微量元素，适当增加舍外运动和日光浴时间，可以增膘复壮，促进较早发情、排卵和接受交配。

② 孕马血清促性腺激素联合前列腺素处理法：断乳后长期不发情的母猪，肌肉注射750~1000IU的孕马血清促性腺激素，2d后肌肉注射200μg的前列腺素，处理后一般7d内发情。

③ 早期断乳：哺乳仔猪早期断乳，对提高母猪年产仔窝数和年产仔数有利。对哺乳母猪，提前断乳可诱导发情。母猪一般在分娩后 28d 左右断乳，断乳后 7d 左右即可表现发情。断乳的同时肌肉注射孕马血清促性腺激素，效果更好。

④ 催情补饲：在配种前第 14 天开始提高饲料营养水平，饲喂量增加 40%~50%，达到日喂饲料量 3.8~4.0kg，在短期内改善膘情，提高繁殖效果。催情补饲可增加排卵量，每窝产仔数可增加 2 头。

（二）同期发情

1. 同期发情的概念与意义

（1）同期发情的概念　利用激素使一群母畜在同时间内集中发情和排卵的技术称为同期发情，也称发情同期化。同期排卵则是同期发情的内在表现和本质。在畜牧生产中，诱导一批母畜在同周或数天内同时发情，也可称为同期发情。在胚胎移植过程中，使用冷冻精液配种和新鲜精液胚胎移植时，一般要求发情差异时间不超过 1d。

（2）同期发情的意义

① 提高劳动生产率，增加经济效益。利用同期发情技术，可以实现同期配种、妊娠、分娩、育肥、出栏，从而有利于管理，便于组织生产。同时，使仔畜出生时间接近，为家畜规模化生产提供了有力的保障，有利于降低生产成本，实现批次化生产，节省劳动力，增加养殖的经济效益。

② 利于推广人工授精技术：常规的人工授精需要对每头母畜进行发情鉴定，对于群体规模较大的养殖场来说费时费力，不利于推广。而利用同期发情技术结合定时输精技术，就可以省去发情鉴定这一步骤，减少因暗发情造成的误配，提高生产效率。

③ 提高繁殖率：对于低繁殖率的畜群，如我国南方地区的水牛、黄牛，其繁殖率一般低于 50%，这些畜群中的部分个体因饲养管理水平低、使役过度等原因往往在分娩后一段时间内不能恢复正常的发情周期，因而对其进行诱导同期发情、配种，可提高繁殖率。

④ 同期发情是胚胎移植技术的基础：采用新鲜胚胎移植时，一个供体可以获得多枚胚胎，这就需要一定数量与供体母畜同期发情的受体母畜。此外，有时胚胎的生产和移植不在同一个地点进行，也需要异地受体与供体发情同期化，从而保证胚胎移植的顺利进行。

2. 同期发情的机理

在母畜的一个发情周期内，根据卵巢的机能和形态变化可分为卵泡期和黄体期两个阶段。卵泡期是在周期性黄体退化，血液中孕酮水平显著下降后，卵巢中卵泡迅速生长发育，最后成熟并导致排卵的时期。卵泡期之后，卵泡破裂并发育成黄体，随即进入黄体期。黄体期内，在黄体分泌的孕激素的作用下，卵泡发育受到抑制，母畜不表现发情，在未受精的情况下，黄体开始退化，随后进入另一个卵泡期。相对高的孕激素水平可抑制卵泡发育和发情，黄体期的结束是卵泡期到来的前提条件。因此，控制母畜黄体期的长短是实现母畜同期发情的关键。人工延长黄体期或缩短黄体期是目前进行同期发情所采用的两种技术途径。

（1）延长黄体期的同期发情方法　对一个群体中的母畜同时使用孕激素处理，处理期间母畜卵巢上的周期性黄体退化。由于外源激素的作用，卵泡发育受到抑制。如果外源孕激素处理时间过长，则处理期间所有母畜的黄体都会消退并且无卵泡发育至成熟。所有母畜同时解除孕激素的抑制，则可在同一时期发情。

（2）缩短黄体期的同期发情方法　消除母畜卵巢上黄体最有效的方法是利用前列腺素及其类似物（PGs）。母畜用 PGs 处理后，黄体消退，卵泡发育成熟，开始发情。

各种家畜对前列腺素的敏感程度各异，羊的黄体必须在上次排卵后第 4 天才能对前列腺素产生敏感，牛的黄体必须在上次排卵后第 5 天才能对前列腺素产生敏感，猪的黄体必须在上次排卵后第 10 天以上才对前列腺素产生敏感。故一次前列腺素处理后，绵羊、山羊、牛、猪的理论发情率分别为 13/17、13/21、16/21、11/21。

使用前列腺素两次处理法，可以克服一次处理中有部分母畜不能同期发情的情况，通常在第一次处理后 9~12d 再做第二次处理，用于牛和羊的同期发情，可以获得较高的同期发情率和配种受胎率。

3. 同期发情所用激素

同期发情技术对各种家畜都适用，但不同畜种、不同生理阶段使用不同激素处理所要求的剂量不同，应根据具体情况加以分析。

（1）抑制卵泡发育的激素　抑制卵泡发育的激素有孕酮、甲羟孕酮、氟孕酮、氯地孕酮、甲地孕酮及 18-甲基炔诺酮等。这类药物的用药期可分为长期（14~21d）和短期（8~12d）两种，一般不超过一个正常发情期。

（2）溶解黄体的激素　前列腺素 $F_{2\alpha}$（$PGF_{2\alpha}$）及其类似物（如氯前列烯醇）均可溶解黄体，在用于同期发情处理时，只对处在黄体期的母畜有效。

（3）促进卵泡发育及排卵的激素　在使用同期发情药物的同时，如果配合使用促性腺激素，则可以增强发情同期化和提高发情率，并促使卵泡更好地成熟和排卵。常用药物有孕马血清促性腺激素、人绒毛膜促性腺激素、促卵泡素、促黄体素、促性腺激素释放激素等。

4. 家畜的同期发情与定时输精

同期发情技术对各种家畜都适用，但不同畜种、不同生理阶段使用不同激素处理所要求的剂量不同，应根据具体情况加以分析。

(1) 牛的同期发情

① 孕激素阴道栓：使用器具阴道栓型黄体酮缓释剂（PRID）或牛用孕酮阴道栓（CIDR）放置阴道栓，9~12d 后撤栓。大多数母畜在撤栓后第 2~4 天内发情，可以在撤栓后第 56h 定时输精。也可以在撤栓后第 2~4 天内加强发情观察，对发情者进行适时输精，提高受胎率。利用 B 超实时检测卵泡发育情况，当有卵泡发育时，肌肉注射促性腺激素释放激素，2h 后人工授精。

② 前列腺素处理法：

a. 前列腺素一次处理法。肌内注射 6mg 的 $PGF_{2\alpha}$，大多数在处理后 2~5d 内发情，然后进行发情鉴定，适时输精。

b. 前列腺素二次处理-定时输精法。一次处理后，仅有 70% 左右的母牛有反应，因此可以在第一次处理后间隔 7d 再用同样的剂量处理一次，80~82h 后定时输精，可获得 54% 的情期受胎率。

③ 孕激素+前列腺素法：先用孕激素通过阴道栓处理 7d，处理结束时注射前列腺素，母牛一般可在处理结束后 2~3d 内发情并排卵。经过孕激素处理 7d 后，处理排卵后 5d 内的母牛其黄体对前列腺素已经敏感，此时再用前列腺素处理，可以获得较高的发情率和受胎率。

④ PRID+$PGF_{2\alpha}$+PMSG 法：第 1 天用 PRID 处理，第 4 天注射 25mg $PGF_{2\alpha}$，第 6 天撤除阴道栓，撤栓的同时肌内注射 500IU 的孕马血清促性腺激素，撤栓后 56h 定时输精。

⑤ PRID+$PGF_{2\alpha}$+GnRH 法：第 1 天用 PRID 处理，同时注射 100μg 促性腺激素释放激素。第 7 天撤除阴道栓，撤栓的同时注射 500μg $PGF_{2\alpha}$。第 9 天注射 100μg GnRH，16~24h 后定时输精。

⑥ CIDR+E_2+$PGF_{2\alpha}$ 法：为了防止 CIDR 处理时间缩短而造成受胎率和同期发情率降低，在 CIDR+E_2 处理 7d 后，用 $PGF_{2\alpha}$ 处理以确保黄体退化，提高发情效果，并在撤除 CIDR 后次日，再注射少量的雌激素，以通过下丘脑-垂体的反馈调节，促使垂体释放 LH，诱发排卵，从而实现 24h 后定时输精。

⑦ GnRH+PG+GnRH 定时输精法：在第 0 天注射 100μg 促性腺激素释放激素，第 7 天注射 25μg $PGF_{2\alpha}$，第 9 天注射同样剂量的促性腺激素释放激素，然后 16~18h 后定时输精，受胎率可达 50% 左右。

(2) 羊的同期发情　羊同期发情与牛相似，常用的方案如下。

① 孕激素+孕马血清促性腺激素法：先用阴道栓 CIDR 处理 12~14d，然后撤栓，同时注射孕马血清促性腺激素 500~800IU，母羊一般在处理后 2~3d 内

发情并排卵。

② 孕激素+$PGF_{2\alpha}$ 法：先用阴道栓 CIDR 处理 12d，然后注射 0.1mg $PGF_{2\alpha}$，第 13 天撤栓。撤栓后 36h 内的同期发情率可达 90% 以上。

③ 前列腺素处理法：利用前列腺素处理与牛相似，但剂量为牛的 1/4~1/3，并且只能在发情季节使用，在发情周期第 4~16 天有效。前列腺素处理后，母羊一般在 4d 内发情，在观察到发情后 12h 配种或输精。

（3）猪的同期发情　猪与牛和羊的同期发情处理方法不同，若采用相同的方法，易引起卵巢囊肿，导致发情率和受胎率下降。在生产实践中，哺乳母猪一般采用同期断乳的方法诱导同期发情，一般在断乳后 3~9d 内发情。断乳时配合注射 750~1000IU 孕马血清促性腺激素，可提高同期发情效果。

5. 影响同期发情效果的因素

（1）母畜生殖生理　母畜的年龄、体质、膘情、健康状况都会影响同期发情的效果。如对于青年母水牛，无论是用孕激素还是前列腺素法处理，效果都很差。青年母水牛的卵巢幼稚型比例较高，对处理反应敏感程度低。

（2）激素的品质　保证激素类药物的品质是提高同期发情效果的关键。进口孕激素往往价格昂贵，难以推广使用。PGs 可能存在不同批次之间质量不稳定的情况。因此，应加强激素效果的检测。处理时最好选择同一厂家同批次的产品。

（3）精液质量及操作者的技术水平　在进行同期发情给药时，由于时间紧、任务重、家畜不易保定等原因，极容易造成药物遗漏、流失，而又没有及时补给，以至于部分畜群因为药量不够而没有发情，从而影响整个畜群同期发情率，影响同期发情效果。

精液质量是影响受胎率的重要因素之一。我国规定的公牛冷冻精液的活率标准是 0.4，水牛是 0.3。在生产实践中，一些精液生产单位达不到此标准。因此，建议选用知名的国家级种公牛站的冻精。多头母畜同期发情后，输精人员的素质和水平也会影响人工授精的质量，会影响人工授精的准确性和效果。

（4）饲养管理　人工授精后的一段时间内，应提供优质的饲料，提高营养水平，特别是与繁殖有关的营养物质，如维生素 E、维生素 A 等，以免发生胚胎的早期死亡和流产。特别要注意不应喂食霉变的饲料，以免造成流产。

（三）超数排卵

1. 超数排卵概念

在母畜发情周期的适当时间，注射外源促性腺激素，使卵巢比自然发情时有更多的卵泡发育并排卵，这种方法称为超数排卵。超数排卵技术既是重要的发情调控技术，又是胚胎移植的重要组成部分，其目的是获得更多的胚胎。诱使单胎家畜产双胎也是超数排卵的目的之一。

2. 超数排卵原理

超数排卵是通过在母畜发情周期的适当时间，注射促卵泡素、促黄体素、人绒毛膜促性腺激素等激素，使卵巢比自然发情时有更多的卵泡发育并排卵。母畜卵巢上约有99%的有腔卵泡发生闭锁而退化，只有1%能发育成熟而排卵。在排卵之前再注射促黄体素或人绒毛膜促性腺激素补充内源性促黄体素的不足，可保证多数卵泡成熟和排卵。

3. 超数排卵方法

超数排卵处理的做法是给供体注射促性腺激素，使一头母畜一次排出比自然情况下多几倍到十几倍的卵子，用于配种或者人工授精和早期胚胎培养。主要利用缩短黄体期的前列腺素或延长黄体期的孕酮，结合促性腺激素进行家畜的超数排卵。

（1）母牛的超排

① FSH+PG法：在发情周期（发情当天为0d）的第9~13天中的任意一天，肌肉注射促卵泡素。可选用国产纯化促卵泡素7~10mg，其他厂家促卵泡素320~400IU，连续4d分8次（每天2次，间隔12h）用减量法或等量法肌肉注射。通常在注射后第3天早、晚各肌肉注射一次前列腺素（氯前列烯醇剂量为每次0.4mg），也可仅注射一次前列腺素。约48h后供体母牛发情，按常规输精对超排供体牛输精2~3次，每次间隔12h。

② PMSG超排法：在发情周期的第11~13天中的任意一天，肌肉注射1次孕马血清促性腺激素即可，总量为2000~3000IU或按体重5IU/kg左右确定孕马血清促性腺激素总剂量。在孕马血清促性腺激素后48h及60h，分别肌内注射$PGF_{2\alpha}$1次，剂量为每次0.4mg。

③ CIDR+FSH+PG法：在供体母牛阴道内放入第1个CIDR，10d后取出，同时放入第2个CIDR，5d后开始注射促卵泡素。或给供体放入第1个CIDR后9~10d开始注射促卵泡素，连续递减剂量注射4d（8次），在第7次注射促卵泡素时取出CIDR，同时注射促黄体素，一般在取出CIDR后24~48h发情。

（2）母羊的超排

① 促卵泡素减量注射法：供体母羊在发情后第12~13天开始肌肉注射促卵泡素，每天早、晚各一次，间隔12h，分3d减量注射。使用国产总剂量为200~300IU。供体羊一般在开始注射后第4天表现发情，发情后静脉注射（或肌注）促黄体素75~100IU，或促性腺激素释放激素类似物25~50μg。

② 孕马血清促性腺激素法：在发情周期第11~13天，一次肌注孕马血清促性腺激素1000~2000IU，发情后18~24h肌注等量的抗孕马血清促性腺激素或配种当天肌注人绒毛膜促性腺激素500~750IU，也可用孕马血清促性腺激素

与促卵泡素结合用药进行超排处理。

③ FSH+PG 法：在发情周期第 12 天或第 13 天开始肌注（或皮下注射）促卵泡素，以递减量连续注射 3d（6 次），每次间隔 12h，第 5 次注射促卵泡素的同时肌注前列腺素。促卵泡素总剂量国产为 150~300IU，促卵泡素注射结束后上、下午进行试情。超排处理母羊发情后立即静脉注射促黄体素 100~150IU。有时用 60μg 促黄体素释放激素代替促黄体素，也可获得同样的效果。山羊的超排用促卵泡素处理可在发情周期的第 17 天开始，促卵泡素剂量为 150~250IU。用孕马血清促性腺激素超排可在发情周期的第 16~18 天开始，剂量为 750~1500 IU。

④ CIDR+FSH+PG 法：在供体母羊发情周期的任意一天，在其阴道内放入第 1 个 CIDR，第 10 天取出，并放入第 2 个 CIDR。在放入第 2 个 CIDR 第 5 天开始，连续 4 天注射促卵泡素（每天 2 次），并在放入第 2 个 CIDR 第 8 天取出 CIDR，同时注射前列腺素 0.1mg。

（3）母兔的超排

① 促卵泡素减量注射法：供体母兔皮下注射促卵泡素 3d（6 次），每次 10~12IU。在开始处理后第 4 天上午，静脉注射人绒毛膜促性腺激素或促黄体素，并进行输精。如用国产纯化促卵泡素，其注射总量为 0.76mg，依次为 0.18mg×2、0.12mg×2、0.08mg×2。

② 孕马血清促性腺激素一次注射法：一次注射孕马血清促性腺激素 50~60IU，在处理后第 4 天上午输精，并结合静脉注射人绒毛膜促性腺激素或促黄体素。

③ 孕马血清促性腺激素结合促卵泡素一次注射法：在注射孕马血清促性腺激素的同时，皮下注射促卵泡素 10~12IU，以提高孕马血清促性腺激素的超排效果。

（4）母猪的超排　猪是多胎动物，其超排的意义远没有单胎动物大。但随着新繁殖技术，如显微注射转基因、细胞核移植等在养猪生产中的应用，猪超数排卵处理技术逐渐受到重视。目前，母猪超排所用的激素主要是孕马血清促性腺激素，有 3 种给药方式：①只肌注孕马血清促性腺激素；②肌注孕马血清促性腺激素（500~2000IU）后 72~96h 再肌注人绒毛膜促性腺激素（500~750IU）；③同时肌注孕马血清促性腺激素和人绒毛膜促性腺激素。

三、适时配种

掌握好适宜的输精时间是提高母畜受胎率的关键，各种家畜适宜的输精时间不同。家畜种类不同，输精部位不同。每次输精量的大小依精液浓度和精子活率而定。

(一) 母牛

母牛的发情持续期一般为 1~2d，排卵是在发情结束后 12h 左右，一般在排卵前 6~24h 输精受胎率最高。在生产中，对于当天早上发情的，下午输精；下午发情的，次日早晨输精。采取两次输精时，两次间隔应在 8~10h。

(二) 母羊

母羊的发情持续期一般为 30h，排卵是在发情终止时。生产中一般上午发现发情，下午输精；下午发现发情，次日早晨输精。为了提高双羔率往往输精 2 次，即发情后输一次，间隔 8~10h。

(三) 母猪

母猪的排卵是在发情后 19~36h，一般发情时间短的猪排卵早，发情时间长的猪排卵迟。生产中，当猪有静立反应，阴户由鲜红转为紫色时输精为宜。

(四) 母马

一般发情持续 4~8d，排卵多在发情终止的前一天。生产中一般是通过直肠检查，根据卵泡的发育情况决定输精时间。

四、胚胎移植技术

胚胎移植又称受精卵移植，俗称人工授胎或借腹怀胎，是指将一头良种母畜的输卵管或子宫内取出早期胚胎或者通过体外受精及其他方式得到的胚胎，移植到生理状态相同的母畜的输卵管或子宫中，使之继续发育为新个体的技术。提供胚胎的个体称为供体，而接受胚胎的个体称为受体。胚胎移植常称 MOET，即超数排卵胚胎移植（或多排卵胚胎移植）。

利用胚胎移植，可以开发遗传特性优良的母畜的繁殖潜力，扩大良种畜群。胚胎移植产生的后代，遗传物质来自供体母畜和与之交配的公畜，而发育所需要的营养物质则从受体获得，因而供体决定它的遗传特性，受体只影响它的体质发育。另外，由于胚胎可长期保存和远距离运输，还为家畜基因库的建立、品种资源的引进和交换等提供了便利条件。随着现代生物技术的发展，胚胎移植在国内外畜牧业生产中得到了广泛的应用。

(一) 胚胎移植的意义

1. 发挥优良母畜的繁殖潜力

作为供体的优良母畜，由于省去较长时间的妊娠期，繁殖周期缩短，更重要的是对其实行超数排卵处理,即可获得多枚胚胎,以产生更多的胎儿。

2. 缩短时代间隔,可及早进行后裔测定

种公畜的后裔测定在家畜育种工作中起着非常重要的作用。如果将同一品种的供体母畜重复超数排卵,不断移植,那么其后代总数就会不断增加,可及早地对后代进行后裔测定,及早了解该母畜的遗传力,有利于品系的建立。因此,采用超数排卵和胚胎移植进行育种,可缩短世代间隔,现已成为现代育种工作中的有力手段。

3. 增加双胎率

在牛羊养殖业中可向未配种的母畜移植两枚胚胎或向已配种的母畜再移植一枚胚胎,增加双胎率。人工诱发双胎的方法不但提高了供体母畜的繁殖率,也提高了受体母畜的繁殖率。

4. 保存品种资源

胚胎长期保存是保存动物品种资源的理想方法。将优良品种的胚胎储存起来,可以避免因遭受意外灾害而灭绝,而且比保存活畜的费用低。冷冻胚胎还可以和冷冻精液共同构成动物优良性状的基因库。

5. 防止疾病传播

在养猪业中,为了培育无特异病原体(SPF)猪群,向封闭猪群引进新个体时,作为控制疫病的种措施,往往采用胚胎移植技术代替剖腹取仔的方法。

6. 使不孕母畜获得生育能力

对于因生殖器官或内分泌缺陷而不能妊娠的母畜,可以根据具体情况令其专门作为供体或受体,继续发挥繁殖作用。

7. 促进基础理论研究,满足畜牧业现代化的需要

胚胎移植技术为动物繁殖学、生物化学、遗传学、细胞学、胚胎学、免疫学、动物育种学等学科开辟了新的实验研究途径。在自然繁殖情况下,家畜每胎妊娠所产的后代达不到生物学最高限度。胚胎移植可以使优良母畜的繁殖效率接近或达到生物学最高限度。

(二)胚胎移植的生理学基础和操作原则

1. 胚胎移植的生理学基础

(1)母畜发情后生殖器官的孕向发育　母畜在发情后的一段时期(周期性黄体期),生殖系统的变化相同,即在相同的时期,生理状态一致,子宫内的环境相同。所以,发情后母畜的生殖器官的孕向变化,进行胚胎移植时,未配种的受体母畜可以接受胚胎,并为胚胎发育提供条件。

(2)胚胎的游离状态　胚胎发育早期有一段时间(附植之前)游离于输卵管和子宫腔内,其发育靠本身卵胞质提供营养。早期胚胎有透明带的保护,

可以机械性地移位而不受损害。所以离体条件下可以存活,当移植回与供体相同的环境中时,又会继续发育。

(3) 胚胎移植不存在免疫问题　胚胎必须和受体的子宫内膜建立起生理上和组织上的联系才能保证其以后的发育。在同一物种之间移植的胚胎没有免疫排斥现象。所以,当胚胎由供体转移到受体时可以存活下来。在实际生产中,移植的胚胎有时不能存活,涉及复杂的妊娠免疫问题,仍然需继续进行研究。

(4) 胚胎的遗传特性不受受体母畜影响　胚胎的遗传特性和性别在母畜体内受精时就已经决定,受体母畜只是给移入的胚胎提供一个孕育的环境,胚胎的遗传特性不受受体母畜的影响。

2. 胚胎移植的操作原则

(1) 胚胎移植环境的同一性　胚胎移植同一性是指胚胎移植后的生活环境和胚胎发育阶段相适应,主要包括下述三个方面。

① 供体和受体生理上的一致性:即受体和供体在发情时间上的同期性,保证受体和供体生理上的一致性。一般供体和受体发情同步差要求在±24h 以内。

② 供体和受体在分类学上的同属性:即二者属于同一个物种,但并不排除不同种(动物进化史上血缘关系较近,生理和解剖特点相似)间胚胎移植有成功的可能性。分类上关系较远的不同种动物,由于胚胎的组织结构、发育所需条件和发育速度差异太大,它们之间的胚胎移植不能存活或只能存活很短时间,如绵羊、山羊、牛的幼龄胚胎移植到兔输卵管内,可以存活数日并能够发育,但最终不能发育为个体。

③ 供体和受体解剖部位的一致性:移植后的胚胎应与其在供体所处的空间环境相似,因发育的胚胎对母体生殖道的环境变化非常敏感,而生殖道又在卵巢类固醇激素等多种因素的作用下,处于动态变化之中。受精后胚胎和子宫内膜的发育是同期的、相适应的,随着胚胎发育的进行,其在生殖器官的位置也发生变化。胚胎发育的各阶段需要相应的特异性生理环境和生存条件。胚胎发育与生殖道环境的协调一致性发生脱节会导致胚胎的死亡。

(2) 胚胎发育的期限　从生理学上讲,胚胎采集和移植的期限不能超过母畜发情周期黄体的寿命,最迟要在受体周期黄体退化之前数日进行移植,不能在胚胎开始附植之时进行。因此,通常是在供体发情配种后 3~8d 内收集胚胎,受体也在相同时间接受胚胎移植。如果超过周期的黄体期进行胚胎移植,受体的子宫内环境发生未孕的退行性变化,胚胎不能存活。

(3) 胚胎的质量　整个胚胎移植操作过程中,胚胎不应受到任何不良因素(物理、化学、微生物)的影响,移植的胚胎必须经过严格的鉴定,正常发育者才能进行移植。

(4) 供受体的情况

① 生产性能和经济价值：供体的生产性能要高于受体，经济价值要大于受体，这样才能体现胚胎移植的优越性。

② 全身及生殖器官的生理状况：供受体体质健康、营养良好，特别是生殖器官应具有正常的生理机能，否则会影响胚胎移植效果。

（三）胚胎移植的基本程序

胚胎移植的基本程序主要包括供受体畜的选择，供体的超数排卵，受体同期发情处理，供体的配种，胚胎的收集、检查与评定及胚胎移植等。下面主要以应用较为广泛的牛胚胎移植技术作介绍（图6-3）。

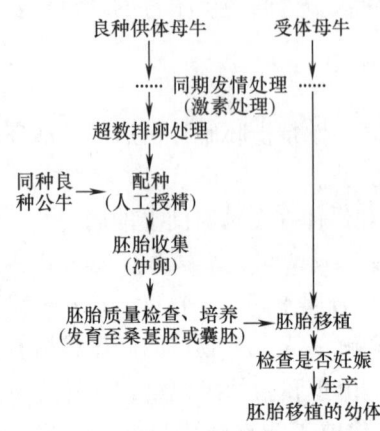

图 6-3 牛的胚胎移植示意图

1. 供体和受体的选择

（1）供体母畜 选择的供体母畜要具有较高的种用价值、遗传性能好、健康、无疾病、发情周期正常、生殖机能处于较高水平。在实施牛的胚胎移植时，供体牛的选择标准大致如下。

① 供体牛应符合品种标准，生产性能高，经济价值大，具备遗传优势，具有较高种用价值。一般选择经产母牛，配种不超过两个情期即可妊娠，无难产和遗传缺陷。

② 供体牛的年龄一般为 3~8 岁，青年牛在 18 月龄左右。同时，应选择性情温顺的母牛作为供体。

③ 供体牛的健康状况是胚胎移植成功与否的关键。必须反复检查供体牛确认其无传染性疾病。同时，还应对某些传染病进行预防免疫。

④ 供体母牛生殖器官正常，不得患有子宫内膜炎、卵巢囊肿、卵巢炎等产科疾病。同时，母牛的既往繁殖史正常，无遗传缺陷，具有良好的繁殖能力。

⑤ 在超排处理中，母牛发情及发情周期规律极为重要。如果母牛的发情及发情周期不正常，会影响给药时间，影响激素的作用，造成超排失败。对超排母牛至少应预先连续观察两个发情周期。如果环境和饲养管理条件发生变化，应延长观察时间。

⑥ 供体牛的膘情要适中、体质健壮，过肥和过瘦都会降低受胎率。根据母牛的膘情，适当调整饲料的营养成分，保持供体群的适宜体况。

⑦ 母畜对超排处理的反应个体间差异较大，因此应预先测知母牛卵巢对激

素的反应状况，以便选择反应敏感的母牛作为供体，尽量使用代谢正常、发情症状良好的母牛。

（2）受体母畜　受体母畜仅作为借腹怀胎，可选用非优良品种个体，虽不要求具有优良的遗传品质，但应具有良好的繁殖性能和健康体况。可参考以下标准：

① 一般选择体型较大的当地母牛。在选用黄牛作受体牛时，体高应在 112cm 以上，体斜长 140cm 以上，骨盆腔宽大。十字部宽 45cm、坐骨结节宽 13cm、尻长 45cm 以上。

② 营养状况（膘情）中上等，以保证母牛能够正常发情。

（3）供受体母畜的同期发情　鲜胚移植时，供体和受体发情同期化，两种母体的生殖器官就能处于相同的生理状态，移植的胚胎才能正常发育。受体母牛的同期发情处理，往往与供体母牛的超数排卵处理同期进行。受体和供体发情开始的时间越接近，移植时受胎率越高。受体和供体的发情时间差应不超过 24h，比较理想的同期发情药物是前列腺素和孕激素。

2. 供体的超数排卵

在母畜发情周期的适当时间，注射促性腺激素，使卵巢比自然情况下有较多的卵泡发育并排卵，简称超排。母牛的超数排卵在发情周期 9~13d 肌内或皮下注射促性腺素。

（1）用促卵泡素超排　在发情周期（发情当天记为 0d）的第 9~13 天中的任何一天开始肌注促卵泡素。可选用国产纯化促卵泡素 7~10mg，其他厂家的促卵泡素产品 320~400IU。分 8 次用减量法或等量法肌内注射促卵泡素，常规在注射开始后第 3 天早、晚各肌注一次前列腺素（氯前列烯醇每次 0.4mg），也可仅注射一次前列腺素，约 48h 后供体母牛发情。

（2）用孕马血清促性腺激素超排　在发情周期的第 11~13 天中的任意一天肌注 1 次即可，总量为 2000~3000IU，按每千克体重 5IU 左右确定孕马血清促性腺激素的总剂量，在注射孕马血清促性腺激素后 48h 及 60h 分别肌注 $PGF_{2\alpha}$ 1 次，剂量为每次 0.4mg。由于孕马血清促性腺激素分子质量较大，在体内半衰期长，且易使母畜产生抗体，影响卵泡发育。故可在使用孕马血清促性腺激素后 2~3d 再注射孕马血清促性腺激素抗体，以缩短其起作用的时间（母牛出现发情后 12h 再肌注抗孕马血清促性腺激素，剂量以能中和残留的孕马血清促性腺激素的活性为准）。

（3）孕马血清促性腺激素与抗孕马血清促性腺激素配合使用　抗孕马血清促性腺激素可以消除孕马血清促性腺激素的残留作用，明显增加可用胚胎数，提高超数排卵效果。

3. 受体同期发情处理

胚胎移植时，必须对符合要求的备用受体进行同期发情处理，使得受体母畜和供体母畜的发情同期化，发情时间差控制在12h以内，常用前列腺素处理和孕激素处理两种方法。

（1）前列腺素处理法　用$PGF_{2\alpha}$或氯前列烯醇肌注使用2~3支。为了节省药物和防止流产，仅处理一侧卵巢有功能性周期黄体的牛。在供体母牛注射前列腺素类药物前1d处理。

（2）孕激素处理法　为不影响胚胎着床，可用高效孕激素进行耳部埋植。用专用注射器耳部埋植，9~12d后取管，取管后约48h表现发情。但是药品价格高，孕激素虽有诱发发情作用，但对无发情周期牛受胎效果差，胚胎成本高，因此不提倡用来处理无发情周期牛。

4. 供体的发情鉴定和配种

正常情况下，大多供体母牛在超排处理结束后12~48h发情。发情鉴定以接受爬跨、站立不动为主要判定标准。在观察到第一次接受爬跨站立不动后8~12h第一次输精，以8~12h间隔再输精1~2次，每次输入符合国家标准的冷冻精液2个剂量，每次输精有效精子数为颗粒2400万个以上、细管2000万个以上。鲜精用100万~500万个活精子。

5. 胚胎的收集

胚胎收集指的是利用冲卵液将早期胚胎，从供体母畜的生殖道（输卵管或子宫）内冲出来，并收集于一定的器皿中。胚胎收集方法有手术法和非手术法两种，前者适用于各种家畜，后者适用于牛、马等大家畜，且只能在胚胎进入子宫角以后进行。

（1）胚胎的收集时间　胚胎采集的时间，要考虑配种时间、排卵时间、胚胎的运行速度和胚胎的发育速度等因素来确定（表6-2）。一般在配种后3~8d，发育至4~8个细胞以上为宜。牛手术法采卵不能晚于配种后3d，非手术法采卵不能早于配种后4d，通常牛非手术取卵大都在发情后7d（6~8d）进行，此时牛胚胎大部分处于晚期桑葚胚或囊胚阶段，受精卵大都在子宫角内。

表6-2　　各种家畜的排卵时间和胚胎的发育速度

种类	排卵时间	发育速度(排卵后时间)/d							
		2细胞	4细胞	8细胞	16细胞	进入子宫	胚泡形成	脱离透明带	附植开始
牛	发情结束后10~11h	1~1.5	2~3	3	4	3~4	7~8	9~11	22
绵羊	发情结束后24~30h	1.5	1.5~2	2.5	3	2~4	6~7	7~8	15
猪	发情结束后35~45h	1~2	1~3	2~3	3.5~5	2~2.5	5~6	6	13
马	发情结束前1~2d	1	1.5	3	4~4.5	4~6	6	8	37
兔	交配后10~11h	1	1~1.5	2	2.5~4	3~4	—	—	—

（2）牛的非手术法采胚

① 供体牛的保定：在采胚前供体牛要禁水禁食 10~24h（泌乳牛除外），将供体牛在保定架内呈前高后低的姿势进行保定。

② 麻醉：采胚前 10min 进行麻醉，在第 1、第 2 尾椎骨之间硬膜外腔麻醉，麻醉剂用 2%盐酸普鲁卡因 2~10mL，也可在颈部或臀部肌注 2%静松灵 1~1.5mL，使牛镇静，子宫松弛，以利采胚。同时，对外阴部进行冲洗和消毒。

③ 常规采胚法：在采胚管插入前，先用扩张棒对子宫颈进行扩张。将采胚管消毒后，用冲洗液冲洗并检查气囊是否完好，然后将无菌不锈钢导杆插入采胚管内。操作者将手伸入直肠，清除粪便，检查两侧卵巢的黄体数目。采胚时将采胚管经子宫颈缓慢导入一侧子宫角基部，由助手抽出部分不锈钢导杆，操作者继续向前推进采胚管。当达到子宫角大弯附近时，助手从进气口注入 12~25mL 气体。当气囊位置和充气量合适时，全部抽出不锈钢导杆。助手用注射器吸取事先加温至 37℃ 的冲胚液（杜氏磷酸盐缓冲液-PBS，D-PBS），从采胚管的进水口推进子宫角内，反复按摩冲洗后，再将冲胚液连同胚胎抽回注射器内，如此反复冲洗和回收 5~6 次。冲胚液的注入量由刚开始的 20~30mL 逐渐增加到 50mL，将每次回收的冲胚液收入集胚器内，并置于 37℃ 的恒温箱或无菌检胚室内等待检胚。一侧子宫角冲胚结束后，按上述方法再冲洗另一侧子宫角。

6. 胚胎检查

（1）胚胎的检查项目

① 受精卵的形态和体积大小。

② 透明带形状、厚度及损伤程度。

③ 胚胎卵裂球的外形、大小、分布情况及发育速度。

④ 卵细胞表面颗粒的状态和数量等。

（2）胚胎检查方法

① 静置沉降法：该方法适用于大器皿收集回收液的检胚。将双侧子宫角回收的冲卵液分别放入漏斗状的集卵瓶中，在无菌室内静置 20~30min，使胚胎下沉到容器底部。为防止胚胎黏于瓶壁上，可轻轻转动集卵瓶，促进胚胎与瓶壁的脱离。下沉完成后，从漏斗下部的乳胶管收集冲卵液，并置于平皿中。

② 胚胎过滤法：采用带有网格的过滤器放入冲卵液中，由上往下吸出冲卵液，最后剩下几十毫升即可。为防止胚胎吸附于过滤杯上，用冲卵液反复冲洗过滤器。或将双侧子宫角回收的冲卵液用特制的纱网过滤，纱网的网眼为 100~120 目。用带细针头注射器吸取磷酸盐缓冲液反复冲洗沙网，将冲胚液集中于平皿中备检。

③ 虹吸法：将双侧子宫角回收的冲卵液放入量筒中，静止 30min，使胚胎充分沉降。用乳胶管虹吸的办法除去上层液，把沉降到底部的冲卵液装入 2~3 个平皿中进行检查。然后用一个聚乙烯软管插入回收液的中层，将上层回收液虹吸至另一个器具，留下底层 100mL 左右，轻轻摇晃几下，使浮在表面的胚胎下沉，再分别倒入平面玻璃皿中镜检。

④ 检卵：用 10~20 倍连续变倍体视显微镜寻找，用 300~400μm 内径的玻璃吸管吸卵，用含 10%血清的杜氏磷酸盐缓冲液保存。

7. 胚胎评定

(1) 胚胎的发育期　母牛第 6~8 天非手术法采集的胚胎发育为桑葚胚至扩张囊胚。

① 桑葚胚：卵裂球隐约可见，细胞团的体积几乎占满卵周隙。

② 致密桑葚胚：卵裂球进一步分裂，分不清卵裂球的界线，细胞团收缩，占透明带内间隙的 60%~70%。

③ 早期囊胚：细胞团内出现透亮的囊胚腔，但难以分清内细胞团的滋养层，细胞团占到 70%~80%。

④ 囊胚：囊腔增大明显，滋养层细胞分离，细胞团充满卵周间隙。

⑤ 扩张囊胚：囊腔充分扩张，体积增至原来的 1.2~1.5 倍，透明带变薄，相当于原厚度的 1/3。

⑥ 孵化胚胎：透明带破裂，内细胞团孵出透明带。此时回收的 16 细胞以下受精卵为发育停滞卵，不能用于移植和冷冻保存。

(2) 胚胎的分级　目前，对胚胎的质量鉴定基本上采用形态学的方法，将胚胎分为 A 级（优秀胚）、B 级（良好胚）、C 级（一般胚）、D 级（不良胚）4 个级别。其中 A 级和 B 级胚胎为移植可利用胚胎。

A 级：发育速度与日龄一致，胚胎形态完整，轮廓清晰，呈球形，分裂球大小均匀，结构紧凑，色调和透明度适中，无游离的细胞和液泡，变性细胞比例小于 10%。

B 级：发育速度与日龄基本一致，轮廓清晰，分裂球大小基本一致，色调和透明度及细胞密度良好，可见到一些游离的细胞和液泡，变性细胞占 10%~30%。

C 级：发育速度与日龄不太一致，轮廓不清晰，色调变暗，结构较松散，游离的细胞或液泡较多，变性细胞占 30%~50%。

D 级：有碎片的卵、细胞无组织结构，变性细胞占 75%。

(3) 胚胎质量评定　胚胎发育阶段与胚龄相一致，与正常发育阶段比较，胚胎发育迟于 24h，则质量不佳。正常胚胎的透明带为圆形，未受精或退化的胚胎常呈椭圆形，有子宫内膜炎或其他原因造成子宫内环境不好，透明带外形可能不规则。优良胚胎总体结构好，细胞均匀一致，轮廓清晰规则，随发育阶段而有所不同。退化卵、未受精卵、细胞破碎，大小不一致。胚胎质量的优劣与移植或冷冻后的妊娠有直接关系。

8. 胚胎移植

胚胎移植就是将采取选择的可用胚胎移给受体母畜，也称卵的移植。

（1）移胚部位　早期胚胎少于8细胞时，应移植于输卵管，多于8细胞应移植于子宫角。

（2）移胚方法　与采胚方法相似，也分为手术法与非手术法两种，前者适用于不能进行直肠操作的中小家畜，后者适用于大家畜。

① 手术法移植：与采胚方法相似，对母畜进行保定、麻醉。以山羊为例，先在其乳房侧作一平行于腹中线的切口，暴露输卵管和子宫角，再将胚胎注入输卵管或子宫角。

子宫内移植：若移入子宫角时，在黄体侧子宫角前1/3处，避开血管，可先用钝针头刺破子宫角壁。摆动针头，确认针头在子宫腔时，将毛细管从针孔插入子宫腔，注入含胚胎的培养液。经子宫回收的胚胎应移入子宫角前1/3处。

输卵管移植。当移入输卵管时，先把黄体侧的输卵管引出，找到喇叭口，将毛细移胚管的尖端通过输卵管伞插到壶腹部，注入含有胚胎的培养液1~2滴。经输卵管回收的胚胎必须移入输卵管。

无论是子宫内移植还是输卵管移植，都要避免注入空气。移植完毕将输卵管及子宫角送回腹腔，按回收手术中的要求缝合腹壁创口，术后做好移植记录。

② 非手术法移胚：非手术法移胚非手术法移胚只适用于牛、马等大家畜。与采胚相似，先将母畜保定麻醉后，再移胚。以牛为例，其方法步骤如下。

a. 胚胎装管。一般用0.25mL塑料细管，三段液体夹两段空气，中段放胚胎。胚胎的位置可稍靠近出口端。胚胎装管后分别移入受体的输卵管或直接移入子宫角。在移植时，经子宫回收的胚胎应移入子宫角前1/3，经输卵管回收的胚胎必须移入输卵管壶腹部。牛一般少于8细胞的受精卵应移入输卵管，因为早期受精卵在子宫内易受到子宫分泌物的伤害，而多于8细胞的受精卵应移入子宫角。

b. 移植操作。将受体母牛保定好，进行硬膜外麻醉，由直肠触摸黄体位于哪侧。将人工授精移植枪通过子宫颈，同时将胚胎送到黄体同侧的子宫角中部。对于牛来说，移胚与采胚方法相似，先将母牛保定麻醉后，再移胚。首先将胚胎吸入塑料细管中，并使含胚管穿过输精细管，然后在受体牛发情后6~12d，将人工授精移植枪经过子宫颈，把胚胎注入子宫角内，或者绕过子宫颈而通过阴道穹窿将胚胎注入子宫角内。

9. 受体母牛的妊娠诊断

受体母牛移植后应保证科学的饲养管理。移植约 2 周后注意观察是否返情，2 个月后可用直肠检查法确定妊娠。如果条件许可，约在 30d 可用 B 型超声波仪检查确定妊娠。怀孕母牛要注意做好妊娠期的管理及接产工作，保证胚胎移植犊牛出生健康。

（四）影响胚胎移植妊娠率的因素

影响胚胎移植妊娠效果的因素是多方面的，而且各种因素相互制约，涉及生理内分泌遗传、免疫和环境因素等。

1. 胚胎因素

包括胚胎质量、日龄、移植胚胎的数量、提供胚胎的供体情况胚胎在体外培养的时间鲜胚和冻胚等。

2. 母体因素

包括供体、受体发情同期化程度，受体的孕酮水平，受体的营养，子宫、卵巢的生理状况等。

3. 其他因素

包括自然发情与人工诱导发情，以及操作者熟练程度等。

五、诱导分娩技术

诱导分娩也称引产，是利用外源激素发动分娩的激素变化调整分娩进程，促使其提前到来，产出正常的仔畜。

（一）诱导分娩的作用

在集约化生产中，便于有计划地组织生产，有准备进行护理，可将分娩控制在工作日和上班时间内。

（二）诱导分娩的方法

目前诱导分娩使用的激素有皮质激素或其合成制剂，前列腺素 $PGF_{2\alpha}$ 及其类似物、雌激素、催产素等多种。

1. 猪的诱导分娩

据统计，70%以上的母猪在夜间或饲养员休息时间分娩产仔。若将母猪的产仔时间控制在上班时间，有利于提高仔猪的成活率，同时也减少饲养员加班开支，有利于仔猪的寄养。在母猪临产前，体内多种激素变化复杂，但是前列腺素（$PGF_{2\alpha}$）引起黄体溶解消失和孕酮浓度下降是导致胎儿产出的根本原因。因此前列腺素可用于诱导母猪提早分娩，也可用于母猪的同期分娩。根据母猪分娩机理，有 4 类激素可被用来进行诱导分娩，即促肾上腺皮质激素、皮质激素类似物、$PGF_{2\alpha}$ 及其类似物、催产素。诱导母猪分娩操作如下。

（1）在妊娠 112~113d 的母猪颈部肌肉注射前列腺素类似物氯前列腺烯醇 200μg，30h 内多数母猪分娩。肌注 15-甲基 $PGF_{2\alpha}$ 5~10mg 可达相同效果。

（2）在妊娠 112d 时注射氯前列腺烯醇，次日再注射催产素 50IU，数小时即可分娩。

2. 牛诱导分娩

分娩前使用前列腺类药物和糖皮质激素类药物来诱导牛的分娩。雌激素也可有同样作用，但不如前两者。常用前列腺素 $PGF_{2\alpha}$ 5~30mg 或前列腺素类似物-氯前列腺烯醇 0.5mg。糖皮质激素有长效和短效两种。长效可在预计分娩前 1 个月左右注射，用药后 2~3 周激发分娩。短效者能诱导母牛在 214d 内产犊。在母牛妊娠 265~270d 可使用短效糖皮质激素。缺点是副作用大，如新生犊牛死亡和胎衣滞留等问题。

3. 羊的诱导分娩

（1）糖皮质激素或前列腺素单独使用　在母羊妊娠 141d 时，注射 12~16mg 地塞米松，大部分母羊在 3~4d 内产羔。或母羊妊娠 141~144d 时，肌肉注射 $PGF_{2\alpha}$ 15mg 或氯前列烯醇 0.1~0.2mg，母羊一般在 3~5d 后产羔。

（2）催产素与雌激素配合使用　山羊妊娠 130~140d 时，注射苯甲酸雌二醇 8mg 和催产素 40IU，苯甲酸雌二醇总量分两次注射，两次间隔 5h，再间隔 10~12h 注射催产素一次。若 8h 内母羊未产，再补注一次。

4. 兔的诱导分娩

（1）糖皮质激素法　在母兔妊娠 30d 时，肌肉注射地塞米松 2~3mg，绝大部分母兔可在 12h 内分娩。对于没有按时分娩的母兔，可再注射一次地塞米松。

（2）催产素法　在母兔妊娠 30d 时，注射催产素 2~5IU，通常在几小时内便可以分娩。若配合使用少量的苯甲酸雌二醇，效果更好。

（3）前列腺素及其类似物法　在临近分娩时，肌肉注射氯前列烯醇 10~154g，可使母兔在 3h 后分娩。若配合使用少量催产素，效果更好。

（4）拔毛吸乳法　在母兔妊娠 30d 时，拔掉母兔乳头周围的被毛，并选择产后 5~8d 的仔兔 5~6 只吮吸母兔乳汁 3~5min，然后用手轻轻按摩母兔腹部 0.5~1min。

思考与练习

1. 名词解释

生殖激素、诱导发情、同期发情、超数排卵、胚胎移植、供体、受体、

采胚

2. 简述题

（1）生殖激素有何作用特点？生殖激素可分为哪些类型？

（2）简述 GnRH、FSH、LH、PMSG、HCG、雌激素、孕激素、PG 的主要作用和临床应用范围。

（3）母畜诱导发情的原理是什么？分别列举一种牛、猪、羊实施诱导发情的主要方法。

（4）同期发情的意义是什么？同期发情的原理是什么？分别列举一种牛和羊实施同期发情的主要方法，并写出操作步骤。

（5）超数排卵的意义是什么？实施超排的原理是什么？分别列举一种牛、羊、兔超排处理常用方法，并写出操作步骤。

（6）胚胎移植的基本原理是什么？基本程序有哪些？

（7）供体母畜与受体母畜选择有什么不同？

（8）诱导分娩有何意义？分别列举一种牛、猪、羊、兔诱导分娩常用方法。

实操训练

实训一　常见生殖激素的使用

（一）实训目标

1. 了解常用生殖激素制剂的作用。
2. 熟悉不同生殖激素制剂对卵泡发育和排卵的影响。

（二）实训准备

1. 各类生殖激素制剂。
2. 选择健康、成年、未孕、发情的母兔或其他动物，每组 2~4 只。
3. 准备好供实验用的促卵泡素、促黄体素、孕马血清促性腺激素、人绒毛膜促性腺激素、生理盐水等。

（三）方法步骤

1. 常用生殖激素制剂的识别

（1）指导老师讲解每一种生殖激素制剂的品名、规格、型号、用途、用法与用量、储存条件等。

(2) 分组观察讨论。

2. 生殖激素作用动物实验

（1）诱发发情注射　给3只母兔连续注射2d，每天一次皮下分别注射孕马血清促性腺激素60、120、360IU。再以同样的方法给另外只母兔注射促卵泡素25IU。

（2）促排卵注射　在诱发发情的第3天配种，3只用人绒毛膜促性腺激素100IU及孕马血清促性腺激素60IU。另外1只用促黄体素20IU和促卵泡素20IU，耳静脉注射。

（3）剖解观察　排卵注射24h或36h后，剖检母兔，观察卵巢的变化，统计卵巢上排卵点及未排卵泡数。

（四）实训提示

1. 提前准备好常用生殖激素制剂及实验动物，进行检查、编号，做好记录。实训时由学生进行药物注射，观察实验效果。

2. 生殖激素制剂的识别可以在教室或实训室结合理论授课同时进行。

（五）实训报告

1. 把观察到的常用生殖激素制剂的有关项目填入表6-3。
2. 写出生殖激素作用于母兔发情、排卵实验的效果。

表6-3　　　　　　　　　常用生殖激素制剂

品名	规格	型号	作用与用途	用法与用量	贮存条件与要求	生产厂家及批号	有效期

实训二　同期发情、超数排卵与胚胎移植技术

（一）实训目标

1. 了解胚胎移植的主要技术环节及操作要领，学会胚胎的检查和移植过程。
2. 进一步熟悉掌握同期发情、超数排卵技术和冲卵方法。

（二）实训准备

1. 实验动物

健康、无繁殖疾病、生殖功能正常的母牛（羊），或母牛（羊）作供体牛

（羊）和受体牛（羊），牛、羊冷冻精液。

2. 器械

子宫扩张棒、双目实体显微镜、牛用冲胚及移胚器械、冲胚管、移胚管、拨胚针、手术台、剪毛剪子、止血钳、镊子、手术刀、缝合针、缝合线、表面皿、凹玻片等。

3. 药品

孕马血清促性腺激素、促卵泡素、促黄体素、$PGF_{2\alpha}$、2%普鲁卡因注射液、静松灵注射液、D-PBS、生理盐水、75%酒精、2%碘酒、青霉素等。

（三）方法步骤

1. 牛的非手术法胚胎移植

（1）同期发情及超数排卵处理　受体牛胚胎移植前第6天注射孕马血清促性腺激素500~8000IU，前第34天注射$PGF_{2\alpha}$ 1~2mg（子宫灌注法）。供体母牛性周期的第11天肌注孕马血清促性腺激素3000~4000IU，第13天肌注$PGF_{2\alpha}$ 20~30mg，促使黄体退化，第15天供体牛发情（发情第1天计为0d）。间隔8~12h输精2~3次，第7天收集胚胎。或用促卵泡素在供体发情周期的第11~14天每日上午8：00、下午5：00各肌肉注射促卵泡素50IU，总剂量4000IU，第13天注射$PGF_{2\alpha}$ 20~30mg，第15天供体牛发情。以后处理同第1种方法，在第1次输精同时注射促黄体素160IU，共输精3次。

（2）胚胎的采集（采卵）

① 采卵时间和部位：常规冲卵多在人工授精的第7天，一般在第6~8天，此时受精卵在子宫角上端。

② 供体牛在直检架内保定，用绳缠尾拉向一侧，排出直肠内的宿粪，清洗阴户周围。

③ 肌肉注射静松灵3~5mL，使牛镇静。

④ 用2%普鲁卡因2~10mL在第1尾荐骨和第2尾荐骨之间作硬膜外腔麻醉。

⑤ 组装冲卵集卵的装置，准备1000mL冲卵液加温到38℃备用。使用子宫扩张棒扩张子宫颈口。

⑥ 将带有通心钢丝的冲卵软管先插入排卵较多一侧的子宫角，钢芯反复引导至大弯前充满气球，使其堵塞子宫角基部并固定冲卵管。根据子宫大小及冲卵管在子宫内位置的深浅，注入8~20mL空气。

⑦ 用100mL注射器吸取冲卵液80~100mL灌入子宫角，同时隔着直肠轻轻按摩子宫角，使冲卵液能回收彻底。注入子宫的液体应回收90%~100%，一侧冲洗5~6次，总计用冲卵液500mL左右，将冲卵液回流至集卵皿中。然后

用同样的方法冲洗另侧子宫角，两侧冲完，向子宫内注入抗菌药物。

(3) 胚胎的检查（检卵）

① 将盛有冲卵回收液的集卵管静置 10~20min，使其自然沉降。用塑料管虹吸抽取上清液，置于另一量筒中，留底部约 100mL 倒入检卵皿内，用少量冲卵液刷洗量筒 2~3 次，将双目实体显微镜放大 16 倍寻找胚胎，仔细观察胚胎的形态和发育情况。用 300~400μm 内径的玻璃吸管吸卵，用含 10%血清的 D-PBS 液保存，检出后至少清洗 3 次。

② 收集外形整齐、大小一致、卵裂球分裂均匀、外膜完整的清晰明亮的桑葚胚或适宜胚期的胚胎，吸入 0.25mL 塑料细管内，通过 TB 型注射器插入吸管末端，将胚胎吸入细管。按以下方式把液体和空气分别装入细管中：2cm 培养液、5cm 空气、5cm 培养液、5cm 空气、2cm 含胚胎的培养液、5cm 空气、5cm 培养液、5cm 空气。细管中第一段液体必须接触棉塞，以防止液体泄漏。

(4) 胚胎移植

① 选择同期发情处理的与供体牛相一致的母牛作受体。

② 装入胚胎的细管插入灭菌的移植枪中，如同细管冷冻精液人工授精样。胚胎通过宫颈轻轻地推入 10~20cm 深达黄体侧子宫角。在移植前检查黄体，受体母牛用利多卡因 2~5mL 硬膜外鞘麻醉，并肌肉注射静松灵 0.3~1mL。操作时，对外阴应彻底消毒，右手持移植器并插入子宫颈外口，同时左手伸入母牛直肠，顶开阴道保护鞘或保护膜，轻缓地通过子宫颈进入移植侧（黄体侧），移植器行至大弯或更深部位时，缓慢推钢芯将胚胎注入。

(5) 术后护理　对受体母牛加强饲养管理，保证胚胎正常发育。

2. 羊的手术法胚胎移植

(1) 同期发情与超排处理　受体母羊于胚胎移植前 7 天注射 $PGF_{2\alpha}$ 2mg，移植前 6 天注射促卵泡素 50IU，每天试情，并记载发情开始及结束时间。供体羊在发情周期第 16 天开始注射促卵泡素 100IU，每天 1 次，共 3 次。并在第 17 天注射 $PGF_{2\alpha}$ 2mg，供体羊发情结束配种，并注射促黄体素 150IU，配种 2~3 次，每天上午和下午试情配种，配种开始后第 4 天手术胚胎移植。

(2) 胚胎的采集

① 采卵时间和部位：供体母羊在发情结束后 2~3d 内，从输卵管回收卵或在 6~7.5d 从子宫角冲卵。

② 麻醉、保定：供体母羊肌内注射静松灵约 0.5mL，用 2%普鲁卡因 6~8mL 在第一尾椎和第二尾椎间作硬膜外腔麻醉，并将其保定仰卧于手术台上，将后侧腹部手术部位剪毛消毒。

③ 用手术冲洗胚胎：手术部位一般选择乳房左侧腹壁作切口，术部切口长约 5cm，术者将食指和中指由切口伸入腹腔，依次将子宫角、输卵管及卵巢拉

出，注意保护卵巢和输卵管。观察并记录卵巢表面上的排卵点。将冲卵管（内径为2mm的塑料导管）一端由输卵管伞部的腹腔口插入2~3cm深，另一端接集卵皿。用带有钝性针头的注射器吸取冲卵液5~10mL，在宫管结合部将针头朝输卵管方向扎入，缓慢注入冲卵液，经输卵管流至集卵皿。

（3）检查胚胎　将回收的冲卵液用滴管吸至表面皿中，置于双目实体显微镜下，一般放大10倍左右寻找胚胎，再将胚胎移至凹玻片上，放大40倍检查胚胎发育情况。动作要迅速、准确，对检查合格的胚胎准备用于移植。

（4）胚胎移植　选择与供体母羊发情时间一致或时差不超24h的受体母羊。用含0.3%~0.5%牛血清白蛋白（BSA）的D-PBS液或10%血清的D-PBS液移植。受体母羊肌内注射2%的静松灵0.5mL发情后2~3d从输卵管冲洗的胚胎经伞部移入输卵管，在发情后6~7.5d从子宫冲洗的胚胎移入子宫角。

（5）术后护理　移植胚胎后，对供体、受体母羊的腹部切口立即缝合，防止感染。受体母羊术后1~2情期观察返情情况，对没有返情的母羊应加强饲养管理。

（四）实训提示

1. 由于胚胎体积小，胚胎检查完进行分装、移植操作过程时极易丢失。在向胚移管或塑料细管内分装胚胎时应特别注意。吸入胚胎的细管需在显微镜下检查是否有胚胎装入。

2. 牛的非手术法胚胎移植如无条件可不做。本实验可在教学实习中穿插进行。如校内条件不足，可到校外实训基地，结合生产完成实训。

（五）实训报告

总结手术法和非手术法移植的程序、主要技术环节及注意事项。

项目七　畜禽繁殖管理技术

家畜繁殖的目的是扩大种群数量和提高质量,家畜繁殖力涉及家畜繁殖的各个环节。引起繁殖障碍的原因包括遗传、疾病、营养和管理等方面,但繁殖疾病是最重要的因素。因此,在畜牧业生产实践中应采取综合措施,最大限度地消除引起繁殖障碍的因素,发挥家畜的最大繁殖潜力。

知识目标

1. 掌握家畜正常繁殖力的评价指标及方法。
2. 能正确分析常见家畜繁殖障碍的表现症状,并掌握其防治方法。
3. 熟悉影响畜禽繁殖力的各种因素。

技能目标

1. 理解和掌握提高畜禽繁殖力的综合措施。
2. 熟悉和了解母牛不孕症的诊断和治疗方法。
3. 掌握畜禽繁殖力的综合评价方法,熟悉养殖场日常饲养及繁殖管理措施。

必备知识

一、家畜繁殖障碍及其防治

繁殖障碍是指畜禽生殖机能紊乱或生殖器官畸形以及由此引起的生殖活动异常的现象。如公畜性欲低下、精液品质降低、死精或无精、母畜乏情、不排卵、胚胎死亡、流产和难产等。一些繁殖障碍是可逆的,通过改善饲养管理条件后可以恢复,有一些繁殖障碍是不可逆的,即一旦丧失繁殖能力,就无法治愈或恢复。不育和不孕是指不能自然繁殖的现象,前者是指公畜,而后者一般用于描述母畜的不可繁殖状态。

(一)影响繁殖力的主要因素

1. 遗传因素

遗传因素对繁殖力的影响,因不同品种及个体间会表现出极大差异。母畜排卵数多少决定于种和品种的遗传性。公畜精液质量和受精能力与其遗传性也有密切关系,而精液品质和受精能力往往是影响受精卵数目的决定因素。

2. 饲养因素

(1)营养水平 营养水平对畜禽的生殖活动有直接影响。营养水平不达标可引起生殖细胞发育受阻和胚胎死亡。同时,营养水平也可以通过影响畜禽的生殖内分泌而影响生殖活动。营养水平过低会引起性成熟延迟和性欲减退,成年雄性动物长期营养水平不足,会导致精液品质降低,精囊腺分泌机能减弱,雌性动物出现乏情或配种后胚胎死亡。营养水平过高,会使成年雄性动物过于肥胖,性欲减退,雌性动物胚胎死亡率增高及仔畜成活率降低。

缺乏蛋白质会引起青年母牛不发情、卵巢和子宫幼稚型,缺乏矿物质会引起卵巢机能紊乱,发情不规律、安静发情等。维生素不足会引起多胎动物排卵数减少。饲料中的维生素和矿物质对生殖活动的影响如表7-1所示。

表7-1　维生素和矿物质缺乏对动物繁殖机能的影响

维生素或矿物质异常	症状表现
维生素A缺乏	胚胎发育受阻,产仔数少,阴道上皮角质化,胎衣不下、子宫炎;精子生成受阻,精子密度下降,异常精子增多,存活力下降
维生素E缺乏	受胎率降低,死胎、胚胎发育受阻,产蛋量、孵化率降低;精液品质下降
维生素D缺乏	母畜繁殖力降低,公畜受精力降低,严重者永久性不育
核黄素缺乏	鸡孵化率降低,胚胎畸形率增加
生物素缺乏	猪繁殖性能受影响
钙缺乏	子宫复旧推迟,黄体小、卵巢囊肿,胎衣不下
碘缺乏	繁殖力降低,睾丸变性,初情期推迟,黄体小、弱胎或死胎,受胎率降低
钠缺乏	生殖道黏膜异常,卵巢囊肿,性周期异常,胎衣不下
锰缺乏	乏情,不孕,流产,卵巢变小,难产
铜缺乏	乏情,性欲下降,睾丸变性,繁殖力降低
钴缺乏	公畜性欲下降,母畜初情期推迟,卵巢静止,流产、生弱犊,胎衣不下
硒缺乏	胎衣不下,流产,产死犊或弱犊
锌缺乏	卵巢囊肿,发情异常,睾丸发育延迟或萎缩

(2)饲料中的有害物质 如大部分豆科植物和部分葛科植物中存在植物激

素，对公畜的性欲和精液品质都有不良影响，会造成母畜卵泡囊肿、异常发情和流产等。此外，饲料生产、加工、运输和储存过程中也可能混入有害物质。例如，饲料原料中残存的农药和除草剂、加工不当导致毒物（如亚硝酸盐）混入、储藏过程中发生霉变等，均会对精液品质和胚胎发育造成影响。

3. 环境因素

高温环境不利于精子发生和卵泡的发育，对公母畜的繁殖力均有影响。研究表明，夏季公畜体温升高1℃，阴囊皮温和睾丸温度上升3~4℃。阴囊调节温度的机能较差，若遇到持续高温会引起局部循环障碍和睾丸变性，精子的成熟和储存受到影响。高温也会导致雌性动物发情症状不明显、受胎率低。环境条件可以改变许多家畜的繁殖过程。例如，日照长短和温度是影响母马、母羊发情的主要环境因素。热应激可降低胚胎存活率。当雌性动物饲养在寒冷、潮湿、阴暗、通风不良或高温的舍内时，可使动物机体长时间处在紧张状态，不但造成机体的抵抗力下降而且导致生殖系统机能发生改变，造成性周期不正常和不发情等。

4. 管理因素

家畜的繁殖力在很大程度上受人类控制。合理的饲喂、运动、调教、卫生设施和配种制度等均会对繁殖力产生直接影响。如开展人工授精时，不适合的假阴道、台畜，不适合的采精方法以及鞭打等都会引起公畜的不良反应，影响精液质量。

5. 传染病

生殖器官感染病原微生物是引起动物繁殖障碍的重要原因。母畜的生殖道可成为某些病原微生物生长繁殖的场所，进而通过交配传染给公畜或间接传染给其他个体。公畜的包皮也可携带各种病原菌，自然交配时可直接传染给母畜，若开展人工授精则可通过污染的精液传染给母畜。此外，被感染的孕畜流产或分娩时，病原微生物可通过胎儿、羊水、胎衣和阴道分泌物扩散到周围环境中。

6. 泌乳

母畜产后发情的出现与否和出现的早晚与泌乳期间卵巢机能、新生仔畜的哺乳、乳用家畜的产乳量及挤乳次数都有直接关系。例如，乳牛在产后30~70d即可发情，而哺乳母牛产后出现发情的时间往往长达90~100d。母猪在产后泌乳期间有时会出现发情，但症状往往不明显也不发生排卵。除母马外，哺乳都会延迟产后发情的时间。对于母牛来说，挤乳次数增加和吮乳刺激，则会使母牛卵巢机能恢复期延长。

7. 年龄

一般家畜自初配适龄起，随分娩次数或年龄的增加，繁殖力不断提高，至健壮期最高，此后日趋下降。

8. 配种时间

不同家畜在发情周期内，都有一个配种效果最佳阶段。适宜的配种时间对卵子的正常受精更为重要。

（二）公畜繁殖障碍及其防治

在自然交配时，公母畜配对比例大致是马1∶30、牛1∶40~1∶80、羊1∶40~1∶70、猪1∶30~1∶50。由于各种不良因素的影响，每年都有大量的雄性动物因繁殖力低而被淘汰，造成经济损失。

1. 遗传性繁殖疾病

（1）隐睾症　隐睾症发病率以猪最高，可达1%~2%，牛为0.7%，狗为0.05%~0.1%。各种动物的睾丸应在出生前后一定时间内降入阴囊。正常情况下，牛在妊娠期的100~105d，猪在妊娠期的100~110d，羊在妊娠期的100d左右，马在出生后1周，犬在出生后8~10d，睾丸就会下降到阴囊内。通过解剖腹腔内睾丸可以发现，虽然间质细胞数量增加，但曲精细管上皮只有一层精原细胞和支持细胞。两侧隐睾的精液中，只有副性腺分泌的精清而无精子，单侧隐睾的精液中可见到精子，但是精子密度较低。隐睾症为隐性遗传病，在群体中一旦发现隐睾症，就必须淘汰所有与之有亲缘关系的个体。

（2）睾丸发育不全　睾丸发育不全是指曲精细管生殖层的发育不全。所有家畜均可发生，发病率较隐睾症高，在一些牛群中可达20%，猪群中可达60%，分为一侧睾丸发育不全和两侧睾丸发育不全。睾丸发育不全较轻的病例用手直接触诊时不易发现，目前尚无一种简易、准确的检查方法。但对睾丸发育不全的公牛进行白细胞培养后做染色体组型分析时，可见其染色体发生变化。

引起睾丸发育不全的因素包括遗传、生殖内分泌失调和饲养管理不当等，隐睾和染色体畸形（组型为XXY）是引起睾丸发育不全的遗传因素。此病发生时，睾丸的质量和体积只有正常情况的1/3~1/2，附睾也小，精液呈水样，精子数量少，精子活力差，无受精能力。因此，睾丸发育不全的公畜应及时淘汰，如果是遗传原因引起的睾丸发育不全，还应淘汰其同胞甚至其父母。

（3）染色体畸变　染色体畸变是指生物细胞中染色体在数目和结构上发生变化。每种生物的染色体数目与结构是相对恒定的，但在自然条件或人工因素的影响下，染色体可能发生数目与结构的变化，从而导致生物的变异。染色体畸变包括染色体数目变异和染色体结构变异。染色体畸变中最常见的是1/29罗伯逊易位，可引起公畜无精。此外，染色体嵌合、镶嵌，常染色体继发性收缩等，均可引起公畜不育，如表7-2所示。

表 7-2　　染色体畸变对雄性动物生殖力的影响

染色体畸变类型	动物种类	染色体组型	临床表现
克氏综合征	绵羊、猪、牛、马	XXY	睾丸萎缩或机能下降，精子活力降低或无精子
嵌合体	牛	XX/YY	受精率降低
罗伯逊易位	牛	1/29 易位	引起某些品种不育
相互易位	猪	$(13p^-;14q^+)(11p^-;15q^+)$ $(13p^-;14q^+)(13p^-;14q^+)$ $(9p^+;11q^-)(6p^+;15q^-)$ $(1p^-;6q^+)(6p^+;14q^-)$ $(4p^+;14q^-)(1p^-;16q^+)$	精液品质下降
常染色体继发性收缩	牛	XY	睾丸机能衰退
镶嵌体	马	XX/XXY 和 XX/XY/XQ/XXY	无精子，假两性公畜

2. 免疫性繁殖障碍

哺乳动物的精子至少含有 3 种或 4 种与精子特异性有关的抗原。正常情况下，雄性动物对自身精子并不产生抗精子作用，因为血睾屏障可有效地将精液与抗体生成组织隔离，但在血睾屏障出现损伤时（如炎症），抗体生成组织就容易接触并识别精子，即可产生抗自身精子抗体。对于雌性动物，精子作为外源性物质，在一定条件下（各种原因引起的生殖道受损），可引起免疫学反应，影响雌性动物的繁殖力，甚至导致免疫性不孕。

3. 机能性繁殖障碍

（1）性欲缺乏　性欲缺乏又称阳痿，是指公畜在交配时欲望不强，阴茎不能勃起、勃起不坚或不愿意与母畜接触的现象。阳痿发生的原因为外伤或生殖内分泌机能失调，生殖内分泌机能失调引起的阳痿，主要是因为雄激素分泌不足或畜体内雌激素含量过高，可肌内注射雄激素、人绒毛膜促性腺激素或促性腺激素释放激素类似物进行治疗。雄激素（丙酸睾丸素或苯乙酸睾丸素）的用量：马和牛 100~300mg，羊和猪 10~25mg，隔日 1 次，连续使用 2~3 次。人绒毛膜促性腺激素的用量：牛和马 300~500IU。促排 2 号的用量为 100~300μg。激素用量不宜过大，使用时间不宜过长，以免因负反馈调节而抑制自身激素的分泌。

（2）交配困难　交配困难主要表现为公畜爬跨、插入和射精等交配行为异常造成配种失败。爬跨无力是老龄公牛和公猪常发生的交配障碍，关节脱位、骨折、四肢无力、脊椎疾病和关节炎等引起的行动困难，均能阻碍爬跨，造成不能交配、插入困难，多见于阴茎先天性畸形、短小等导致的外伸困难，也见于四肢及荐区损伤，乙状弯曲粘连、包茎及包皮阴茎粘连等引起的阴茎外伸困难。射精困难多由于神经功能失调、使役过度、采精技术不当,假阴道的温度或压力不适合等原因,神经过度亢奋的公马,虽然性欲十分旺盛,阴茎勃起充分,迫切需要交配,但由于生殖道痉挛性收缩,往往经过多次交配仍然不能射精。此外,假阴道如果压力不够、温度过高或过低、采精时操作错误等,均可直接影响公马的正常射精。

(3) 精液品质不良　精液品质不良是指精液达不到受精所要求的标准,主要表现为少精、无精、死精、精子畸形和活力不强等。此外精液中带有脓液、血液和尿液等,也是精液品质不良的表现。引起精液品质不良的因素包括温度(高温、高湿)、饲养管理不当、遗传病变、生殖内分泌机能紊乱、感染病原微生物以及精液采集、稀释、运输和保存过程中操作失误等。例如,环境温度对精液品质和配种受胎率有影响。通常公畜在高温季节的精子密度和活力降低,畸形精子和顶体异常比例增高。采精频率影响精液产量和质量,采精间隔时间越长,每次射精总量、精子密度、原精活力和有效精子数越高,但每周生产的有效精子总数降低。总之,引起精液品质不良的因素十分复杂,所以在治疗时必须找到发病原因,然后针对不同原因采取对应措施。如饲养管理不当应及时改进饲养管理方式,提高日粮营养标准,增加运动量等。由于其他疾病是继发的,应针对原发病进行治疗,属于遗传性原因时,应立即淘汰。

4. 生殖器官炎症

(1) 睾丸炎及附睾炎　睾丸炎多是由布氏杆菌、放线菌等传染及侵袭引起,还可能因外伤、出血等机械因素引起,或由外围的炎症继发,患睾丸炎的睾丸通常发生肿胀、发热和充血。睾丸炎会影响精子的生成,使精液精子数减少,活力下降及畸形率增加,严重时不能生成精子。发现雄性动物患睾丸炎时,应及时查明发病原因,采用冷敷、封闭疗法、注射抗生素或磺胺药及减少患病动物活动等综合措施进行治疗。

睾丸炎成阴囊疾病以及副性腺炎等可以引起附睾炎。急性附睾炎临床检查表现为发热、肿胀,慢性附睾炎表现为附睾尾增大变硬,附睾在鞘膜腔内活动性减小。精液中常出现较多的没有成熟的精子,畸形精子数增加,影响精子的活力和受精率。

(2) 其他部位炎症　其他部位炎症主要包括阴囊炎、阴囊积水、前列腺炎、精囊腺炎、尿道球腺炎和包皮炎等。阴囊炎多由于外伤和睾丸炎引起,可导致不育。阴囊积水多发生于年龄较大的公马和公驴,外观上可见阴囊肿大、发亮,但无炎性症状,触诊时可明显地感到有液体波动,随时间的延长伴有睾丸萎缩,精液品质下降。前列腺炎在犬中易引起排尿困难,会引起阴疝痛等症状。精囊腺炎多继发于尿道感染,较常见于公马和公牛,急性的可出现全身性症状,如走动时步履谨慎,排粪时有疼痛感并频繁作排尿姿势,直肠检查可发现精囊腺显著增大，有波动感。慢性的则腺壁变厚，其炎性分泌物在射精时混入精液内，使精液的颜色呈现浑浊黄色，可导致精子死亡。包皮炎可发生于各种动物，多由于分泌物和尿液等形成的包皮垢引起，其临床表现为包皮及阴茎的游离端水肿、疼痛、溃疡甚至坏死，虽然对精液品质无影响，但严重影响交配行为及采精。

（三）母畜繁殖障碍及防治

雌性动物繁殖障碍在实际生产中更为复杂多见，包括发情、排卵、受精、妊娠、分娩和哺乳等生殖活动的异常，以及在这些生殖活动过程中由于管理不当所造成的繁殖机能丧失，是使雌性动物繁殖率下降的主要原因。引起母畜繁殖障碍的因素主要有遗传、后天机能障碍、生殖道疾病和产科疾病等。

1. 遗传性繁殖障碍

（1）生殖器官幼稚型和畸形　母畜生殖器官幼稚型主要表现为卵巢和生殖道体积较小，机能较弱或无生殖机能。如卵巢的体积和质量过小，即使有卵泡存在，其直径也不超过 2~3mm，这样的母畜即使到达配种年龄也无发情表现，偶有发情，但屡配不孕。

各种家畜均有可能发生不同程度的生殖器官畸形，尤其是猪的畸形率较高，约有一半的不孕猪为生殖器官畸形。虽然生殖道畸形动物有正常的发情周期和发情表现，但配种后不易受孕。生殖器官畸形常见以下几种情况。

① 子宫角异常：缺乏一侧子宫角，或者只有一条稍厚组织，没有管腔。

② 子宫颈畸形：常见缺乏子宫颈或子宫颈不通，也有的具有双子宫颈或两个子宫颈外口。

③ 阴道畸形：有的母牛阴瓣发育过度，致使阴茎不能插入阴道。

④ 输卵管不通或输卵管与子宫角连接不通，多见于牛，这种牛发情正常，但屡配不孕，应予以淘汰。

（2）雌雄间性　雌雄间性又称两性畸形，即从解剖学上来看，该个体同时具有雌、雄两性生殖器官，但都不完全。其中又分为真两性畸形和假两性畸形。如果某个体的生殖腺一侧为睾丸，另一侧为卵巢，或者两侧均为卵巢和睾丸的混合体即卵睾体，称为真两性畸形。真两性畸形在猪和山羊中比较多见，而牛和马极少发生。性腺为某一性别，而生殖道属于另一种性别的两性畸形，称为假两性畸形。如雄性假两性畸形的性腺均为睾丸，但生殖道无阴茎而有阴门。雌性假两性畸形有卵巢和输卵管以及肥大的阴茎，但无阴门。

（3）异性孪生母犊不育　异性孪生母犊不孕症指母牛所产两性双犊中的母犊缺乏生殖能力的现象。根据细胞遗传学研究，孪生公犊和母犊都同时具有雄性和雌性细胞，即它们的红、白细胞内同时含有 XX 及 XY 染色体而成为嵌合体。异性孪生母犊中约有95%患不育症，主要表现为不发情、体型较大。外部检查发现阴门狭小，且位置较低，子宫角细小，卵巢小如西瓜籽。阴道短小看不到子宫颈阴道部，摸不到子宫颈，乳房不发达。

（4）种间杂交后代不育　种间杂交后代（如骡）往往无繁殖能力，这种杂种雌性个体虽然有时有性机能和排卵，但由于生物学上的某些缺陷，卵子不易受精，即使卵子受精，合子也不能发育。细胞遗传学研究发现，骡的染色体数目为单数（63条），而且染色体在第一次成熟分裂时不能产生联合，可能是引起杂种不育的遗传基础。也有一些种间杂种后代具有繁殖力，如牦牛和黄牛杂交后代及单峰驼和双峰驼杂交后代都是具有繁殖力的。

2. 卵巢机能性障碍

（1）卵巢静止和萎缩　卵巢静止是由于卵巢机能受到扰乱而出现机能减退。直肠检查无卵泡发育，也无黄体存在，动物表现不发情，如果长期得不到治疗则可发展成卵巢萎缩。卵巢萎缩除衰老时出现外，母畜瘦弱、生殖内分泌机能紊乱、使役过重等也能引起，另常继发于卵巢炎和卵巢囊肿。卵巢体积缩小而质地硬化，无活性，性机能减退，发情周期停止，长期不孕。治疗此病常用的药物是促卵泡素、人绒毛膜促性腺激素、孕马血清促性腺激素和雌激素等。用量可根据体重和病情按照制剂使用说明而定。

（2）持久黄体　家畜在发情或分娩后，卵巢上长期不消退的黄体，称为持久黄体。持久黄体在组织结构和对机体的影响方面，与妊娠黄体或周期黄体没有区别，同样可以分泌孕酮，抑制垂体促性腺激素的分泌，引起不育。此病常见于母牛，占20%以上。母牛的持久黄体，呈蘑菇状突出于卵巢表面，质地比卵巢实质稍硬。母马发生持久黄体时，有时伴有子宫疾病。母猪持久黄体与正常黄体相似，但发生黄体囊肿时会出现体积增大。

前列腺素及其合成类似物对治疗持久黄体有显著的疗效，90%以上的母牛在注射后3~5d发情，如肌注15-甲基前列腺素母牛2~4mg就可治愈。此外，促卵泡素、孕马血清促性腺激素和促性腺激素释放激素类似物等，也可用于治疗持久黄体。

（3）卵巢囊肿　卵巢囊肿可分为卵泡囊肿和黄体囊肿两种。卵泡囊肿是由于发育中的卵泡上皮变性，卵泡壁变薄，或因结缔组织增生而变厚，卵细胞死亡，卵泡液增多，卵泡体积比正常成熟卵泡增大而形成肿胀的囊泡。黄体囊肿是由于成熟的卵泡未排卵，卵泡壁上皮发生黄体化，或者排卵后由于某些原因而黄体化不足，在黄体内形成空腔并蓄积液体而形成。

患卵泡囊肿的母畜，由于垂体大量持续的分泌促卵泡素，促使卵泡过度发育，分泌大量雌激素，使母畜发情症状强烈，表现为不安、哞叫、拒食、追逐、爬跨其他母畜，被称为"慕雄狂"。卵泡囊肿多见于乳牛，高产乳牛泌乳量高峰期最容易发生。黄体囊肿由于分泌孕酮，抑制垂体分泌促性腺激素，所以卵巢中无卵泡发育，因此母畜表现为长期乏情。直肠检查时，黄体囊肿大（7~15cm），壁厚而软，感觉有明显的波动。临床上往往将成熟卵泡、卵泡囊肿及黄体囊肿相混淆，根据表 7-3 可以区分。

表 7-3　　马和驴正常卵泡与卵泡囊肿及黄体囊肿的鉴别诊断

项目	正常卵泡	卵泡囊肿	黄体囊肿
卵巢大小/cm	3~7	6~10(单卵泡性) 0.5~3(多卵泡性)	7~18
对疼痛的敏感性	有时有	无	有时有
发展过程	为期 3~12d	数十天至数月	出现快(数十小时)而消退慢(数十天至数年)
波动感	明显	不明显	较明显
壁的厚度	适中	结缔组织增生时变厚	更厚
临近区域质地	柔软	坚硬	较硬

治疗卵泡囊肿可用促排 2 号（LRH-A2）或促排 3 号（LRH-A3），牛和马肌内注射 300~500μg。治疗黄体囊肿牛和马肌注促卵泡素 6~7.5mg，或肌注氯前列烯醇 0.3~0.6mg，宫内注射量为 0.15~0.3mg。

3. 生殖道疾病

（1）子宫内膜炎　子宫内膜炎是发生于子宫黏膜的炎症，发生于各种家畜，常见于乳牛、猪和羊，在生殖器官的疾病中所占的比例最大。它可直接危害精子的生存，影响受精以及胚胎的生长发育和着床，甚至引起胎儿死亡。

根据炎症的性质，可将子宫内膜炎分为急性子宫内膜炎、慢性子宫内膜炎和隐性子宫内膜炎 3 种，慢性又分为隐性、卡他性、卡他性脓性和脓性 4 种。

① 急性子宫内膜炎：主要发生在产后，由于分娩或助产过程中产道受到损伤，或因胎衣不下、子宫脱出及流产等，都会使子宫受到感染，引起内膜的急性炎症。患畜表现为体温升高、食欲不振、精神萎靡，排出的恶露呈暗红色，有臭味，甚至呈脓性分泌物。直肠检查可感到子宫角粗大，收缩反应弱或消失，严重时有疼痛感。

② 慢性子宫内膜炎：往往由急性炎症转化而来，主要是因感染链球菌、葡萄球菌、大肠杆菌、单孢菌和霉形体等非组织特异性病原。在一些组织特异性病原感染时，也可并发子宫内膜的慢性炎症，如布氏杆菌、结核分枝杆菌、牛病毒性腹泻等。

a. 慢性卡他性子宫内膜炎。直检感到子宫角变粗，子宫壁增厚，弹性减弱，收缩反应微弱。患畜一般不表现全身症状，有时体温略有升高，食欲及泌乳量略有降低。发情周期正常，但屡配不孕，或者发生胚胎早期死亡。阴道内积有絮状的黏液，偶有透明或浑浊黏液流出，尤其是卧下时或发情时流出较多，冲洗子宫的回流液略显浑浊，含有絮状物。

b. 慢性卡他性脓性子宫内膜炎。子宫黏膜肿胀、充血、有脓性浸润，上皮组织变性、坏死脱落，甚至形成肉芽组织斑痕，部分子宫腺可形成囊肿。患畜有轻度全身反应，如精神不振、食欲减退、体温略高。发情周期异常，从阴门排出灰白色或黄褐色稀薄分泌物，并污染尾根、肛周和后肢下部。直检发现子宫角增大，壁的厚薄和软硬程度不一，脓性分泌物多时出现波动感，卵巢上有黄体存在。

c. 慢性脓性子宫内膜炎。多由胎衣不下感染，腐败化脓引起。主要症状是从阴门流出灰白色、黄褐色浓稠的脓性分泌物，在尾根或阴门形成干痂。直检子宫肥大而软，甚至无收缩反应。子宫冲洗回流液浑浊像面糊，带有脓液。

d. 隐性子宫内膜炎。其特征是子宫不发生器质性变化，直肠和阴道检查无明显变化，发情周期正常，但是屡配不孕。发情时子宫分泌物较多，有时分泌物略显浑浊。主要是根据子宫冲洗回流液的性状进行诊断，如果回流液中有蛋白样或絮状浮游物即可确诊。

（2）子宫积水 慢性卡他性子宫炎发生后，如果子宫颈管因黏膜肿胀而阻塞不通，以致子宫腔内炎症产物不能排出，使子宫内积有大量液体，称为子宫积水。患有子宫积水的母畜往往长期不发情，不定期从阴道中排出棕黄色、红褐色、灰白色稀薄或稍稠的分泌物。直肠检查触诊子宫时感到壁薄，有明显的波动感，两子宫角大小相等或者一端膨大，有时子宫角下垂无收缩反应。阴道检查时，有时可见到子宫颈腔部轻度发炎。

（3）子宫蓄脓 子宫蓄脓主要由化脓性子宫内膜炎引起，又称子宫积脓。因子宫颈管黏膜肿胀，或黏膜粘连形成隔膜，使脓液不能排出，脓性分泌物积蓄在子宫内形成。

患子宫蓄脓的母畜，因黄体持续存在，所以发情周期终止，但没有明显的全身变化。如果患畜发情或者子宫颈管疏通时，则可排出脓性分泌物。阴道检查发现阴道和子宫颈腔部黏膜充血、肿胀，子宫颈外口可能附有少量黏稠脓液。直肠检查时，发现子宫显著增大，与妊娠2~3个月的子宫相似。子宫壁各处厚薄及软硬程度不一致，整个子宫紧张，触诊有硬的波动或面团样感觉。当蓄积的液体量多，子宫显著增大且两侧对称时，子宫中动脉因供血压力增大出现类似妊娠的脉搏。

子宫疾病的治疗原则是恢复子宫张力和血液供应，促进子宫内积液的排出，抑制和消除炎症。冲洗子宫是治疗本病的有效方法。临床上一般采用先冲洗子宫，然后灌注抗生素的方法。冲洗液有高渗盐水（1%~10%氯化钠溶液）、0.02%~0.05%高锰酸钾液、0.05%呋喃西林、复方碘溶液（每100mL溶液中含复方碘溶液2~10mL)、0.01%~0.05%新洁尔灭溶液等。常用的抗生素有青霉素（40万~80万IU）、链霉素（0.5~1g）、氯霉素（1~2g）或四环素（1~2g）等。由于大部分冲洗液对子宫内膜有刺激性或腐蚀性作用，不利于子宫的恢复，所以每次冲洗时应通过直肠辅助方法将冲洗液排出体外。冲洗子宫可每天进行一次或隔日进行，用35~45℃的冲洗液效果较好。

（4）子宫颈炎　子宫颈炎是黏膜及深层的炎症，多数是子宫内膜炎和阴道炎的并发症，在分娩、自然交配过程中感染所致。炎性分泌物直接危害精子的通过，所以往往造成不孕。阴道检查时，可发现子宫颈阴道部松软、水肿、肥大呈菜花状，子宫颈变得粗大、坚实。单纯子宫颈炎，可采用将药物栓剂放入子宫颈口的方法。

（5）输卵管炎　输卵管炎多继发于子宫或腹腔的炎症，可直接危害精子、卵子和受精卵，从而引起不孕。治疗多采用1%~2%氯化钠溶液冲洗子宫，然后注入抗生素及雌激素，促进子宫和输卵管收缩，排出炎性分泌物，使输卵管、子宫得到净化，恢复生育能力。

（6）阴道炎　阴道炎是阴道黏膜、阴道前庭及阴门的炎症。多因胎衣不下、子宫内膜炎及子宫或阴道脱出引起。发生阴道炎的母畜，黏膜充血肿胀，甚至是不同程度的糜烂或溃疡，从阴门流出浆液性或脓性分泌物，在尾部形成脓痂。治疗本病一般用消毒药冲洗阴道。

4. 产科疾病

（1）流产　母畜流产又称母畜的妊娠中断。母畜怀孕期间，由于各种不同的因素造成胚胎或胎儿与母体之间的生理关系发生紊乱，使怀孕中断。妊娠中断后，胚胎或胎儿会产生不同的变化，死胎或活胎被排出体外，通常把这种现象称为流产。表现形式有早产和死产两种。早产是指妊娠期未满产出的胎儿，虽然胎儿出生时存活，但因发育不完全，死亡率高。死产是指在流产时从子宫中排出已死亡的胚胎或胎儿，一般发生在妊娠的中后期。

妊娠早期，由于胎盘尚未形成，胚胎悬浮于子宫液中，死亡后发生组织液化，被母体吸收或者在母畜再发情时随尿排出而未被发现，此种流产称为隐性流产。隐性流产的发病率很高，猪、马、牛、羊均易发生，马可达20%~30%，牛可达40%~50%。

引起流产的因素很多，胎膜及胎盘异常、饲养管理不当、用药不当、生殖内分泌机能紊乱、感染某些病原微生物等是引起早期流产的主要原因。过度拥挤、跌倒和外伤等是引起后期流产的主要原因。通常人们按照流产的发生原因将其分别称为传染性流产、寄生虫性流产和普通流产。每类流产又可分为自发性流产和症状性流产两种。流产后的母畜要加强饲养管理，必要时可用防腐消毒液冲洗子宫。

(2) 胎盘滞留　胎盘滞留为胎儿产出后一定时间内胎衣不能排出的一种家畜产科疾病。可进行药物、手术及辅助治疗。各种家畜在分娩后，如果胎衣在以下时间内不排出体外（马 1.5h、猪 1h、羊 4h、牛 12h）则可称为胎衣不下。各种家畜都可能发生胎衣不下。在饲养水平较低或生双胎的情况下，乳牛胎衣不下的发病率一般在 10% 左右，饲养管理不善的乳牛场甚至可高达 25%~40%。此病一般虽不致引起死亡，但常可引起子宫内膜炎和不孕，迫使有些母牛被提早淘汰。猪和马的胎盘为上皮绒毛膜型胎盘，胎儿胎盘与母体胎盘连接不如牛、羊的子叶型胎盘紧密，胎衣不下发生率较低。

除了饲养水平低和生双胎可引起胎衣不下外，流产、早产、难产、子宫扭转都能在产出或取出胎儿后因子宫收缩无力而引起胎衣不下。此外，胎盘发生炎症、结缔组织增生，使胎儿胎盘与母体胎盘发生粘连，也容易引起产后胎衣不下。

胎衣不下包括部分不下和全部不下。常见的全部胎衣不下病例（有一部分胎衣挂在阴门外面）较易作出诊断；部分胎衣不下因未排出的这一部分残留在子宫内，从外部不易发现，较难诊断。发生胎衣全部不下时，胎儿胎盘的大部分仍与子宫黏膜连接，仅见一部分胎膜悬挂于阴门之外。胎衣部分不下时，胎衣的大部分已经排出体外，只有一部分胎衣残留在子宫内，从外部不易发现。牛胎衣部分不下诊断的主要依据是恶露的排出时间延长，有臭味，并含有腐败胎盘碎片。马在胎衣排出后，可在体外检查胎衣是否完整。猪的胎衣不下多为部分滞留，病猪常表现精神不安，体温升高，食欲减退，泌乳减少。阴门内流出红褐色液体，内含胎盘碎片。检查排出的胎盘上脐带断端的数目是否与胎儿数目相符，可判断猪的胎盘是否完全排出。

对于胎衣不下的治疗，可用胶囊把抗菌药（土霉素 0.5~1.0g 的胶囊剂）放进子宫黏膜和胎衣之间，隔日 1 次，共 1~3 次，防止胎衣腐败，等待自行排出，这样对以后的受胎率影响不大。手术疗法是用手伸进子宫内，轻柔地从母体胎盘上剥下胎衣，在子宫颈尚未缩小的情况下可试用此法。应加强处理后的饲养管理，以最大限度地恢复母畜的繁殖力。

二、提高动物繁殖力的综合措施

动物的繁殖力首先取决于它本身的繁殖特性，其次是人类采用有效的措施充分发挥其繁殖潜力。对种畜来说，繁殖力就是生产力，有个体繁殖力和畜群繁殖力之分。

（一）提高种畜的繁殖性能

1. 加强选育工作

繁殖性状的遗传力较低，大多在 0.1 以下；但与繁殖力有关的初情期、性成熟期、妊娠期以及调节繁殖的激素及其受体水平等指标的遗传力较高，可达0.3以上。虽然总体上繁殖性状的遗传力低，但却与生产性能和经济效益密切相关。在新品种或新品系培育过程中，应重视繁殖特性，繁殖性状的遗传力虽然较低，但也是影响畜牧业经济的重要内容。且从长远的角度分析，繁殖力是种群特性稳定延续的基础，所以一直受到重视。选育过程中应侧重公畜的精液品质和受精能力，母畜的排卵率和胚胎存活率等，及时发现并淘汰有遗传缺陷以及老、弱、病、残等生殖缺陷的个体，及时淘汰有遗传缺陷的种畜。例如，公畜的隐睾、异性孪生母犊不孕等，确保繁殖群的活力。

2. 加强繁育管理

（1）提高适繁母畜在群体中的比例　母畜是繁殖的基础，母畜的数量越大，畜群的增殖速度就越快，一般适繁母畜应占群体的50%～70%。

（2）加强种公畜和精液质量管理　在母畜具备正常繁殖机能的前提下，优质精液是保证受精和胚胎正常发育的基础。

① 选择种公畜时，一方面要重视遗传性能和体形外貌，另一方面要了解其繁殖性能，定期进行健康检查，尤其是生殖器官、精液品质以及所配母畜的受胎情况。

② 在精液品质检查时，无论鲜精还是冻精，必须重视精子活率和密度检查，以了解公畜的生殖机能状况和精液品质。

（3）做好发情鉴定和适时配种　准确的发情鉴定是掌握适时配种的前提，是提高家畜繁殖力的重要环节。必须根据不同家畜的发情特点，准确进行发情鉴定，决定配种时间，提高受胎率。在家畜的发情鉴定中，目前准确性最高的方法是通过直肠触摸卵巢上卵泡发育情况，在小家畜中则用公畜结扎输精管的方法进行试情效果最佳。此外，同时结合应用酶联免疫吸附测定技术测定乳汁、血液或尿液中的雌激素或孕酮水平，进行发情鉴定的准确性也很高，而且操作方便。目前，国外已有十余种发情鉴定试剂盒供应市场。输精部位对母畜的受精率有较大影响，大家畜（如牛、马、驴、猪等）的输精部位以子宫体内为宜，较小家畜（如绵羊、山羊、兔等）的输精部位以子宫颈内为宜。

（4）减少胚胎死亡和防止流产　早期胚胎死亡和流产是影响产仔数等繁殖力指标的重要因素之一。应该加强对妊娠母畜的饲养管理，尽可能减少早期胚胎死亡，预防流产。研究认为，牛一次配种后的受精率在70%～80%，但最后产犊的只有50%，原因是早期胚胎死亡。猪和羊的早期胚胎死亡率也非常高，达到20%～40%。马的胚胎死亡率为10%～20%。胚胎死亡的原因比较复杂，有可能是精子异常、卵子异常、激素失调及饲养管理不当等。对于妊娠后期的母畜，相互挤斗、滑倒、使役过度和管理不当等是流产的主要原因。因此，必须规范操作技术，加强饲养管理，为妊娠母畜创造最佳的环境条件。

(5) 健全规章制度，做好繁殖记录　建立健全各种规章制度，严格操作规程，从公畜的精液采集、配种，一直到母畜的妊娠、分娩等均要详细记录，以便及时发现问题，解决问题。

3. 提高种公畜的配种机能

(1) 提高种公畜的交配能力　将公畜与母畜分开饲养，注意维护其体质健康，采用正确的调教方法和异性刺激等手段，增强种公畜的性欲，提高交配能力。对于性机能障碍的公畜可用雄激素进行调整，对于长时间调整得不到恢复的公畜必须淘汰。

(2) 提高精液品质　加强饲养管理和合理使用种公畜是提高公畜精液品质的重要措施。在饲养过程中，要注意公畜的营养需求，长期缺乏维生素和微量元素而引起公畜精液品质降低的现象在生产中比较常见。配种季节到来之前，应对种公畜进行检查，发现有繁殖障碍或精液质量差的个体应及时治疗或淘汰，用性欲旺盛、精液质量好的种公畜进行配种。可用公畜在群体中的比例过低或者母畜发情过分集中，易引起种公畜使用过频，降低精液品质。对人工授精使用的精液，要严格进行质量检查，不合格的精液禁止用于配种。精液进行稀释前后不宜在室温下久置，应避光、防振，在低温下保存。

(二) 加强饲养管理

1. 提供营养全面均衡的饲料

饲料搭配不合理是造成母畜不育的重要原因之一。如长期饲喂高蛋白质、脂肪或碳水化合物饲料时，可使卵巢内脂肪沉积，卵泡发生脂肪变性。如果营养不良，加上使役过度，生殖机能就受到抑制。饲料中的维生素和矿物质对家畜的繁殖机能有重要影响。维生素A缺乏或不足，子宫内膜上皮角质化，影响胚胎附植；维生素B缺乏，发情周期失调，生殖腺变性；维生素E缺乏，受胎率下降；饲料中缺乏钙磷，卵泡生长和成熟受阻。

要注意防止饲草中有毒有害物质。例如，棉籽饼中含有的棉酚和菜籽饼中含有的硫代葡萄糖苷素，不仅影响公畜精液品质，而且影响母畜的受胎和胚胎发育；豆科牧草中含有雌激素，影响公畜性欲和精液品质。

2. 提供良好的饲养环境

母畜生殖机能与日照、温湿度、饲料成分等密切相关。例如，天气寒冷加上营养不良，母畜发情就会停止；天气炎热，受胎率会下降。不论是种畜场还是生产场，场址的选择和畜舍建筑一定要有利于环境控制，还应注意夏季避暑，冬季防寒保暖。适量的运动对提高公畜的精液品质，维持公畜的性欲有较大的作用，应给公畜适当的运动场地。饲养管理人员还要注意动物福利问题，不能粗暴地对待动物，疼痛、惊恐等因素均可引起动物肾上腺素分泌增加，促黄体素分泌减少，催产素释放和转运受阻，进而影响动物的正常繁殖。

（三）推广应用繁殖新技术

1. 推广人工授精及精液冷冻保存技术

人工授精技术的推广，提高了优良种公畜的利用效率。目前，人工授精技术在牛、猪、羊的生产中应用比较普及，极大提高了劳动生产率，尤其是在乳牛和黄牛的生产中。今后研究的重点：①进一步提高牛羊冷冻精液输精后的受胎率；②改进和提高马、驴和猪的精液冷冻效率，大力推广应用冷冻精液授精技术；③推广应用国外先进的精液品质评定标准、检测方法和精液保存技术。

2. 提高母畜繁殖利用的新技术

目前，用于提高母畜繁殖利用率的新技术主要有同期发情技术、超数排卵和胚胎移植技术、胚胎分割技术、显微注射技术、卵母细胞体外培养和体外授精技术等。应用这些繁殖新技术可提高优秀种母畜和公畜的繁殖效率，提高畜牧业生产的经济效益。

（四）控制繁殖疾病

1. 控制与繁殖相关的普通病

与畜禽繁殖相关的普通病（营养代谢病、内科病、外科病和产科病等），如睾丸炎、卵巢囊肿、生殖道炎和胎衣不下等，多发生于饲养管理不当、操作流程不规范等情况，涉及繁殖过程的各个环节。

控制措施：①畜舍的选址和规划建设合理，最大限度满足畜禽的生理需求；②调查畜群繁殖疾病的严重程度，确定畜群中存在的繁殖疾病的类型；③定期检查生殖机能状态，以便有步骤地进行诊治，包括不孕症检查、妊娠检查、健康与营养状况评定等；④加强技术培训与示范，提高从业人员技术水平；⑤建立畜群繁殖疾病防控体系。严格控制繁殖疾病，制定繁殖生产的管理目标和技术指标；⑥发病的动物经过治疗后要重新评定其繁殖力。

2. 控制与繁殖相关的常见传染病与寄生虫病

有些传染病与寄生虫病发生时会导致生殖障碍，如布氏杆菌病、钩端螺旋体、弧菌病及毛滴虫病等，引起妊娠母畜早期胚胎的死亡及不同阶段胎儿的流产。应注意平时的卫生管理，定期消毒，切断病原传播途径，要制定合理的免疫程序，按照实际需要进行预防接种，提高群体免疫力。疾病一旦发生要及时隔离治疗，若不能有效控制则彻底淘汰，不能留为种用。

三、畜禽繁殖力的综合评价

畜禽繁殖的重要任务之一，就是掌握家畜的一般繁殖力和潜在繁殖力规律，熟悉影响家畜繁殖力的因素，最大限度地挖掘家畜的潜在繁殖力，从而有效提高家畜的总体繁殖力。

（一）繁殖力的概念

繁殖力是指动物维持正常生殖机能、繁衍后代的能力，是评定种用动物生产力的主要指标。动物繁殖力是个综合性状，涉及动物生殖活动的各个环节。动物繁殖力的高低受多种因素的影响，除了繁殖方法和技术水平以外，公母畜本身的生理状态也起着决定性作用。

对公畜而言，主要体现在能否产生品质良好的精液和具有健全旺盛的性行为。包括生殖器官的生理功能、保持正常的性欲、交配能力、配种负荷即承担配种量的大小、与配母畜的受胎率、繁殖利用年限等。

对母畜而言，繁殖力是一个多方面的综合性概念，表现在性成熟的早晚、繁殖周期的长短、每次发情排卵数目的多少、卵子受精能力的高低、妊娠分娩及哺乳能力的高低。概括起来，集中表现在一段时间内（一生或一年）繁殖后代数量多少的能力。

就整个畜群来说，繁殖力是综合个体的上述指标，以平均数或百分数表示，如总受胎率、繁殖率、成活率和平均产仔间隔等。繁殖力测定的意义在于可随时掌握畜群的繁殖水平，了解繁殖技术的应用效果和畜群的增殖水平，及时发现繁殖障碍和技术应用方面存在的问题，以便采取相应的措施，有利于不断地扩大畜群规模和提高畜群质量。

通过繁殖力的测定，可以随时掌握畜群的繁殖水平，验证某些技术措施的实施效果及管理方式的合理性，并及时发现畜群的繁殖障碍，以便采取相应的手段，不断提高畜群的品质和数量，测定繁殖力一般采用将过去的繁殖成绩进行统计和比较的方法。如测定种公牛繁殖力，需对公牛的精液进行大群的受胎试验，了解与配母牛的受胎率。测定个别母牛的繁殖力，可根据每次受胎的配种情期数、配种期的长短和产犊间隔来比较。为了使畜群保持较高的繁殖力，必须经常整理、统计和分析有关资料，以便及时发现问题并做出改进方案。

（二）畜禽的正常繁殖力

在正常的饲养管理、环境条件、繁殖机能下表现出的繁殖力称为正常繁殖力。一个实际的繁殖群体几乎不能达到100%的繁殖率，因为任何一种环境因素波动，都会使个体的生理机能发生变化，这些变化会影响群体的繁殖力。因此，对不同家畜、品种和品系以及不同饲养管理条件，要制定正常繁殖力的标准。决定繁殖力的主要生理因素为排卵数目、受精卵数和产仔数。排卵数因品种而异，也受环境条件的影响。受精卵数除取决于正常排卵数外，还取决于正常精子的数量、获能与受精以及配种的技术条件等。

1. 牛的正常繁殖力

通常情况下,每头母牛每年可产犊 1 头,所以母牛的繁殖力常用一次受精后受胎效果来表示。这一数值随着妊娠天数的增加,至分娩前达到最低数值,这说明在妊娠过程中,由于早期胚胎的丢失、死亡和早期流产而降低了最终受胎率。

我国乳牛的成年母牛的情期受胎率一般为 40%~60%,年总受胎率为 75%~95%,分娩率为 93%~97%,年繁殖率为 70%~90%。母牛年产犊间隔为 13~14 个月,双胎率为 3%~4%,繁殖年限在 4 个泌乳期左右。其他牛的繁殖率较低,黄牛受配率一般在 60% 左右,受胎率为 70% 左右,母牛分娩及犊牛成活率均在 90% 左右,年繁殖率为 35%~45%。每头受胎母牛需要配种的情期数越多,则实际受胎率就越低。在因繁殖原因淘汰的母牛中,配种次数越多,淘汰比例也应越大,如表 7-4 所示。

表 7-4　　　　　　　　母牛不同配种情期数的受胎率

配种情期数	受精数/头	受胎率/%	配种情期数	受精数/头	受胎率/%
1	5744	60.6	5	191	40.3
2	2146	54.6	5 以上	200	22.5
3	890	46.2	合计	9582	56.0
4	411	43.3	—	—	—

公牛在合理的饲养管理条件下,提供大量有受精能力的精子,同时还要保持旺盛的性欲和较高的交配能力,以保证通过自然交配或人工授精的方法得到较高的妊娠率。与其他家畜相比,公牛的精液耐冻性强,因此种公牛的利用率较高,平均每头公牛每年可配种 1 万~2 万头母牛。所以,要想获得具有繁殖潜力的公牛,必须认真检查其生殖器官的形态和生理功能,测定性欲和交配能力。具有较高繁殖力公牛的主要指标：膘情适中、体格健壮、性欲旺盛、睾丸大而有弹性、精液量大、精子活率高且密度大、畸形精子的比例低等。

2. 马的正常繁殖力

马的繁殖力因遗传、环境、使役的不同而有很大差异,但总体来说,马的繁殖力比其他家畜低,这与其本身的生殖生理特点和明显的季节性发情有关。目前,公马通常以性反射强弱,以及在一个配种期内所交配的母马数、采精次数、精液质量、情期受胎率、配种年限和幼驹的品质等反映其繁殖力水平。繁殖力高的公马年平均采精可达 148 次,平均射精量 94~116mL,精子密度 1.05 亿~1.41 亿个/mL,受精率可达 68%~86%。虽然公马在自然情况下最大配种能力可超过公牛,且精子在母马阴道内维持受精能力的时间也较长,但是马精子耐冻性较差，冷冻精液人工授精的受胎率较低。

母马的繁殖力多以受胎率、产驹率、幼驹成活率、终生产驹数和产驹间隔等指标来表示。国内应用新鲜精液进行人工授精的情期受胎率一般为50%~60%，高的可达65%~70%，全年受胎率为80%左右。国外饲养管理水平较高的马场，受胎率可达80%~85%，而一般马场只有60%~75%，产驹率只有50%以上。

3. 羊的正常繁殖力

对于进行自然交配的种公羊来说，正常情况下交配而未孕的母羊百分数，可反映出不同公羊的繁殖力。对于各品种的公羊来说，这一指标的范围一般在0~30%，高繁殖力的公羊可低于5%。目前把睾丸的大小、质地，精液品质等作为公羊繁殖力综合评定的主要依据。

母羊的正常繁殖力因品种、饲养管理和环境的不同而有所差异。绵羊多为一年一胎。山羊一般年产1~2胎，每胎1~3羔。在环境和饲养管理条件不良的地区，母羊一般产单羔，但在环境和饲养管理条件较好的地区，如兰德瑞斯羊、小尾寒羊和湖羊等品种大多产双羔，有时产3羔以上。表示母羊繁殖力的方法，常用每100头配种母羊的产羔数来表示。由于有些母羊产双羔或多羔，所以上述指标不能正确地反映产羔母羊的百分数。表7-5为主要绵羊品种的产羔率，它们的双羔率有着明显的差异，产羔率也有很大的差异。羊的受胎率均在90%以上，情期受胎率为70%，繁殖年限为8~10年。

表7-5　　　　　　　　多个绵羊品种的产羔率

品种	数量/头	双羔率/%	产羔率/%
湖羊	721	—	212
小尾寒羊	431	56.4	229
大尾寒羊	—	44.6	167
藏羊	—	少	70~80
蒙古羊	—	少	94
东北细毛羊	8132		130
新疆细毛羊	7700	—	127~142
美利奴羊	19000	2.8	103
南丘羊	4989	23.0	124
多赛特羊	13053	25.3	127
雪福特羊	25779	43.60	146
兰德瑞斯羊	7277	54.80	166
罗姆尼羊	—		105~145

4. 猪的正常繁殖力

在家畜中猪的繁殖力较强，一年可产2胎。公猪的繁殖力高低对母猪的受胎率、产仔数等有重要影响。要求公猪有旺盛的性欲和强壮的体格，保证其能够顺利地完成爬跨、交配或采精。其次，公猪的射精量和精液品质是影响其繁殖力的重要因素。正常公猪精液的相关参数如表7-6所示。

表7-6　　　　　　　　　　正常公猪精液的相关参数

有关参数	青年公猪（8~12个月）	成年公猪（12个月以上）
射精量/mL	100~300	100~500
总精子数/个	$\geq 10\times 10^9$	$(10\sim 40)\times 10^9$
活精子率/%	>85	>85
直线前进运动精子率/%	>70	>75
初级畸形精子率/%	<10	<15
次级畸形精子率/%	>10	<15
无血脓和异物	+	+

注：①初级畸形精子指发生在睾丸实质部的畸形，包括头部和中段畸形；②次级畸形精子主要指发生在附睾部位的畸形，以尾部的畸形为主；③"+"表示无血脓和异物。

母猪的正常情期受胎率一般为75%~80%，总受胎率为85%~90%，平均每窝产仔8~10头，但品种间、胎次间差异很大（表7-7）。同一品种不同类群之间产仔数也有差异。一般情况下，我国地方品种产仔数多，繁殖力强，引进的一些外来品种繁殖力较低，可通过与本地猪杂交从而提高其繁殖能力。

表7-7　　　　　　　　　　我国主要猪种的产仔数

品种	每窝产仔数/头		品种	每窝产仔数/头	
	平均	最多		平均	最多
定县猪	7.27	13	文昌猪	11.42	18
项城猪	10~12	25	中山猪	11.67	20
金华猪	13.84	20~28	陆川猪	12	20
大湖猪	14~17	25~30	—	—	—

5. 家禽的正常繁殖力

家禽产蛋量因品种的不同差异很大。如浦东鸡平均年产蛋100枚。受精率与种禽的品质、健康、年龄、季节、饲料和管理等因素有关。正常情况下，鸡蛋的受精率为90%左右。孵化率和种禽的体质、饲养管理、种蛋的生物学品质和孵化制度密切相关。鸡蛋的孵化率，如按出雏数与入孵受精蛋的比例计算，一般为80%以上，如按出雏数与入孵种蛋数的比例计算，一般为65%以上。

(三) 畜禽繁殖力的评价方法

1. 评定家畜繁殖力的指标与方法

家畜是两性生殖动物，繁殖过程主要靠母畜来完成，通常用母畜的繁殖力指标来反映家畜的繁殖力指标。

母畜从适配年龄开始到丧失繁殖力为止称为适繁母畜。在一定时间范围内，如繁殖季节或自然年度内，母畜要经历发情、配种、妊娠、分娩、哺乳直至仔畜断乳，即完成了母畜繁殖的全过程。

母畜繁殖力是以繁殖率来表示的，畜群繁殖率是指本年度断乳成活的仔畜数占本年度畜群适繁母畜数的百分比，主要反映畜群增殖效率。可用式（7-1）表示：

$$繁殖率 = (断乳成活仔畜数/适繁母畜数) \times 100\% \qquad (7\text{-}1)$$

繁殖率是一个综合指标，根据母畜繁殖过程的各个环节，繁殖率应该包括受配率、受胎率、母畜分娩率、产仔率以及仔畜成活率等五个内容。因此，繁殖率可用式（7-2）表示：

$$繁殖率 = 受配率 \times 受胎率 \times 分娩率 \times 产仔率 \times 仔畜成活率 \qquad (7\text{-}2)$$

（1）**受配率** 受配率是指本年度参加配种的母畜占畜群内适繁母畜数的百分比，主要反映畜群内适繁母畜发情配种情况。

$$受配率 = (配种母畜数/适繁母畜数) \times 100\% \qquad (7\text{-}3)$$

（2）**受胎率** 受胎率是指在本年度内配种后妊娠母畜数占参加配种母畜数的百分比，反映母畜群中受胎母畜头数比例。受胎率是用以比较不同繁殖措施或不同畜群受胎能力的繁殖力指标，包括情期受胎率、总受胎率和不返情率3个方面。

① 情期受胎率：表示在一定期限内，受胎母畜数占本期内参加配种母畜的总发情周期数的百分率。以情期（发情周期）为单位统计，反映母畜发情周期的配种质量。

$$情期受胎率 = (妊娠母畜数/情期配种母畜数) \times 100\% \qquad (7\text{-}4)$$

在生产中情期受胎率可以按年度进行统计，科研中也可以按特定的阶段进行统计，它能较快地反映出畜群的繁殖问题，同时也可反映出操作人员的技术水平。

第一情期受胎率：指第一情期配种后，妊娠的母畜数占配种母畜数的百分比（只计算初配后妊娠母畜和所占比例）。第一情期受胎率更有利于发现问题，改进配种技术。

$$第一情期受胎率 = (妊娠母畜数/第一个情期配种母畜数) \times 100\% \qquad (7\text{-}5)$$

此指标可以反映出公畜精液的受精力及对母畜的繁殖管理水平。公畜精液质量好，产后子宫恢复好，生殖道产后处理干净的第一情期受胎率就高。

总情期受胎率：配种后妊娠母畜数占情期配种总母畜数（包括历次复配情期数）的百分比。

$$总情期受胎率=(妊娠母畜数/情期配种总母畜数)\times 100\% \quad (7-6)$$

② 总受胎率：最终妊娠母畜数占配种母畜数的百分比。一般在每年配种结束后进行统计，在计算配种头数时应把有严重生殖系统疾病（如子宫内膜炎等）和中途失配的个体排除。此项指标可以衡量年度内的配种计划完成情况。

$$总受胎率=(妊娠母畜数/配种母畜数)\times 100\% \quad (7-7)$$

③ 不返情率：指在配种后某一定时间内，不再表现发情的母畜数占配种母畜数的百分率。不返情率必须明确观察时间，如 30~60d 不返情率、60~90d 不返情率、90~120d 不返情率等。随配种时间延长，不返情率就越接近于实际受胎率（猪、牛、羊上用）。

$$n\text{天不返情率}=(配种 n 天后未返情母畜数/配种母畜数)\times 100\% \quad (7-8)$$

④ 配种指数：指参加配种母畜每次妊娠的平均配种情期数，是衡量受胎力的一种指标。在相同的条件下，则可反映出不同个体和群体间的配种难易程度。

$$配种指数=配种情期数/妊娠母畜数 \quad (7-9)$$

（3）分娩率　分娩率是指本年度内分娩的母畜数占妊娠母畜数的百分比。它反映母畜维持妊娠的质量。

$$分娩率=(分娩母畜数/妊娠母畜数)\times 100\% \quad (7-10)$$

（4）产仔率　产仔率是指分娩母畜的产仔数占分娩母畜数的百分比。

$$产仔率=(分娩母畜的产仔数/分娩母畜数)\times 100\% \quad (7-11)$$

单胎家畜只使用分娩率，单胎动物产仔率常≤100%，单胎家畜的产仔率和分娩率是同一概念。多胎家畜的产仔率常≥100%，多胎家畜所产出的仔畜数不能反映分娩母畜数，应同时使用分娩率和产仔率。

（5）成活率　成活率是指本年度内，断乳成活的仔畜数占本年度产出仔畜数的百分比。反映母畜的泌乳力及饲养管理成绩。

$$成活率=(断奶时成活仔畜数/产出仔畜数)\times 100\% \quad (7-12)$$

（6）繁殖率　繁殖率是指本年度断乳成活的仔畜数占本年度畜群适繁母畜数的百分率。

$$繁殖率=(断乳成活仔畜数/适繁母畜数) \quad (7-13)$$

另外，除上述指标外，还有产犊指数、产仔窝数、窝产仔数等。

① 产犊指数：指母牛两次产犊所间隔的天数，也称产犊间隔、胎间距，常用平均天数表示。乳牛正常产犊指数约为 365d，肉牛为 400d 以上。

$$平均胎间距=\sum 胎间距/n \quad (7-14)$$

式中　　n——头数；

胎间距——当胎产犊日距上胎产犊日的间隔天数。

② 产仔窝数：一般指母畜在一年之内产仔的窝数。

$$产仔窝数=年内分娩总窝数/年内繁殖母畜数 \qquad (7\text{-}15)$$

③ 窝产仔数：即母畜每胎产仔的总数（包括死胎和死产），是衡量多胎动物繁殖性能的一项主要指标。一般用平均数来比较个体和群体的产仔能力。

$$平均窝产仔数(头)=产仔总数/产仔窝数 \qquad (7\text{-}16)$$

④ 产羔率：主要用于评定羊的繁殖力，即产活羔羊数占参加配种母羊数的百分率。

$$产羔率=(产活羔羊数/参加配种母羊数)\times 100\% \qquad (7\text{-}17)$$

2. 评定家禽繁殖力的指标与方法

（1）种蛋合格率　指种母禽在规定的产蛋期内（鸡、鸭在72周龄内，鹅在70周龄内或利用多年的鹅以生物学产蛋年计）所产符合本品种和品系标准要求的种蛋数占产蛋数的百分比。

（2）受精率　指受精蛋占入孵蛋的百分比。

$$受精率=(受精蛋数/入孵蛋数)\times 100\% \qquad (7\text{-}18)$$

（3）孵化率　分为受精蛋孵化率和入孵蛋孵化率两种，分别指出雏数占受精蛋数或入孵蛋数的百分比。

$$受精蛋孵化率=(出雏数/受精蛋数)\times 100\% \qquad (7\text{-}19)$$

$$入孵蛋孵化率=(出雏数/入孵蛋数)\times 100\% \qquad (7\text{-}20)$$

（4）育雏率　指育雏期末成活雏禽数占入舍雏禽数的百分比。

$$育雏率=(育雏期末活雏禽数/入舍雏禽数)\times 100\% \qquad (7\text{-}21)$$

（5）平均产蛋量　指家禽在一年内平均产蛋数。

$$全年平均产蛋量(枚)=全年总产蛋数/(总饲养日/365) \qquad (7\text{-}22)$$

（6）产蛋率　指母禽在统计期内的产蛋百分率。

$$饲养日产蛋率=(统计期内产蛋数/实际饲养日母禽只数的累加数)\times 100\% \qquad (7\text{-}23)$$

$$入舍母禽产蛋率=[统计期内的总产蛋数/(入舍母禽数\times 统计日期)]\times 100\% \qquad (7\text{-}24)$$

思考与练习

1. 什么是家畜的繁殖力？简要说明牛、羊、猪的正常繁殖力。
2. 简述卵泡囊肿、持久黄体的临床症状、诊断方法及防治措施。
3. 如何计算猪的窝产仔数和产仔窝数？
4. 某种猪场，饲养有2头种公猪，100头可繁母猪。在一月、二月、三月分别有80、50、17头母猪发情，设受配率100%，第一情期配种妊娠的母猪有45头，第二情期配种妊娠的母猪有25头，第三情期配种妊娠的母猪有15头，本年度共生仔猪250窝，生仔猪2850头，其中死胎100头，死产20头，断乳时共有2700头活仔猪，请列公式计算第二情期受胎率、繁殖率、成活率、平均窝产活仔猪数。

5. 简述提高家畜繁殖力的措施。

> 实操训练

实训　母牛不孕症的诊治

（一）实训目标

母牛的繁殖过程包括一系列环节，从发情、排卵开始，经过配种到妊娠，直到分娩及泌乳，其中任何环节遭受破坏，都可造成母牛不孕，不孕症的原因是多方面的，一般习惯上将超过始配年龄或产后三个发情周期配种不孕的称为不孕。通过实训要了解乳牛不孕的原因，掌握卵巢囊肿、持久黄体、子宫内膜炎的临床表现及诊断方法，熟悉治疗方案和措施。

（二）实训准备

1. 实训动物

各类不孕母牛若干头。

2. 实训器材

阴道开腔器、手电筒、手术剪、镊子、输精枪及外套、乳胶管、子宫冲洗器、注射器等。

3. 药品

外用消毒药、子宫冲洗液、抗生素、碘甘油、生殖激素等。

（三）方法步骤

对所选实习牛进行全面系统的检查，确定不孕的类别，根据病因及临床症状等进行综合防治。

1. 母牛不孕的治疗方法

（1）阴道洗涤及投药　保定好母牛，以绷带缠尾并系于一侧，对外阴部进行常规消毒。用吊桶装满洗液，将吊桶的导管插入阴道进行冲洗，使洗液自行排出。当前庭、阴道黏膜或子宫颈发炎时，也可将软膏或药液直接涂于患处。先用开腔器打开阴道，再用子宫膣部钳夹取纱布块蘸取药液或软膏于患处涂抹，也可制成拳头大的棉球，外面包以纱布，棉球上浸以药液或撒上粉剂。最后在纱布外面系一条线，使线端留于阴门之外，以便取出。一般将此棉球送入阴道，保持3~5h。

（2）子宫冲洗及注药　对有炎症的母牛子宫，在发情期内或配种前可采用冲洗子宫的方法清除子宫内容物和药物治疗。子宫冲洗液种类很多，可根据子宫炎症的具体情况进行配制。可用一导管插入子宫，另一端与装有洗液的吊桶相接，使洗液自动流入子宫，大动物一次可注入洗液1000~2000mL，洗前对外阴部进行消毒。注入洗液后可让洗液自行排出，或通过直肠按摩子宫，促其蠕动加速残留洗液的排出。对某些子宫下垂洗液难于自行排出的，可用导管插入子宫将洗液导出。当子宫内冲洗液排净后，可注入适量的抗生素或其他消炎药物。

2. 卵巢疾病的诊治

（1）卵泡囊肿

① 诊断依据：母牛患卵泡囊肿时，表现为长期发情，出现"慕雄狂"现象。患牛精神极度不安，大声咆哮，食欲明显减退或废绝，爬跨或追逐其他母牛。病程长时，母牛明显消瘦，体力严重下降，常在尾根与肛门之间出现明显塌陷。直肠检查时，可感到母牛卵巢明显增大，囊肿直径较大（如乒乓球大小），用指肚稍用力触压，紧张而有波动。隔2~3d检查，症状如初，可确诊为卵泡囊肿。

② 治疗：治疗卵泡囊肿除加强饲养管理外，主要采用激素治疗，若再配合激光照射效果会更好。

促黄体素：取促黄体素约200IU肌内注射，隔日1次，连用两次即可。

孕激素：每天肌肉注射黄体酮100~150mg，隔日1次，连用7~8d为一疗程。同时配合氦氖激光治疗仪进行地户穴（阴蒂中点）或交巢穴（会阴部中心）照射，根据治疗仪的功能和型号调整光斑直径和照射距离，每次照射10~30min，每天1次，连续7~10次为一疗程。

（2）持久黄体

① 诊断依据：将母牛牵入保定栏内保定。通过直检找到牛的卵巢，如卵巢单侧或双侧有黄体存在，黄体较大且突出于卵巢表面，呈蘑菇状，触之粗糙而坚硬，触摸子宫角无妊娠变化，即可判定为持久黄体。

② 治疗：多采用前列腺素溶解黄体。取前列腺素（15-甲基$PGF_{2\alpha}$）3~5mg，肌肉注射，隔日再注射1次。在注射药物后，可用生理盐水500~1000mL，加温至40℃冲洗子宫。

3. 子宫内膜炎的诊治

（1）卡他性子宫内膜炎

① 诊断依据：母牛发情周期基本正常，发情持续期延长。发情时外部表现较明显，黏液流出量较正常多，常混有絮状物，特别是在趴卧时流出量更大。直检感觉子宫角的变化，如子宫角肥厚、松软、收缩反应减弱，屡配不孕，可判定为卡他性子宫内膜炎。

② 治疗：取生理盐水或 5% 葡萄糖溶液 1000mL，加温至 40℃ 左右，装入吊桶中，连接子宫冲洗器。母牛保定后，外阴清洗消毒，按直肠把握输精的方法，把冲洗器插入子宫颈深部或子宫体内，边注入边排出。冲洗液排净后，向子宫注入抗生素。

（2）脓性子宫内膜炎

① 诊断依据：母牛有轻度的全身反应，如体温升高、精神不振、食欲减退等。母牛发情周期紊乱，有时从阴门流出灰白色或黄褐色絮状物。把开腔器洗净，用酒精棉球消毒后，加热至 40℃，打开母牛阴道，阴道黏膜充血，子宫颈口开张情况下有脓汁附着或流出。直肠检查可见子宫角肥大、增粗、有波动，收缩反应消失，即可判定为囊性子宫内膜炎。

② 治疗：首先用 0.1% 高锰酸钾或 5% 盐水等，用量 1500~2000mL，加温至 45℃ 左右，进行子宫冲洗。待回流无絮状物后再用生理盐水冲洗排尽。用 30mL 生理盐水溶解青、链霉素注入子宫内保留。

（四）实训提示

1. 要根据临床症状进行综合诊断，切忌凭一两个典型症状轻易下结论。
2. 对牛进行子宫冲洗时，要注意进入子宫药液的量和温度，防止子宫受伤。

（五）实训报告

1. 简述如何进行子宫冲洗及注药。
2. 简述如何诊断和治疗母牛的持久黄体、卵泡囊肿和子宫内膜炎。

参考文献

[1] 朱兴贵,王怀禹. 畜禽繁育技术 [M]. 北京:中国轻工业出版社,2011.

[2] 耿明杰. 畜禽繁殖与改良 [M]. 北京:中国农业出版社,2006.

[3] 桑润滋. 实用畜禽繁殖技术 [M]. 北京:金盾出版社,2008.

[4] 付静涛. 动物繁殖 [M]. 北京:中国农业大学出版社,2013.

[5] 杨利国. 动物繁育新技术 [M]. 北京:中国农业出版社,2009.

[6] 桑润滋. 动物繁殖生物技术 [M]. 北京:中国农业出版社,2002.

[7] 靳建虎,刘振峰. 畜禽繁殖与改良技术 [M]. 北京:高等教育出版社,2013.

[8] 傅春泉,徐苏凌. 动物繁殖 [M]. 北京:科学出版社,2011.

[9] 田秀娥. 动物繁殖学实验实习指导 [M]. 北京:中国农业出版社,2012.

[10] 欧阳叙向. 家畜遗传育种 [M]. 北京:中国农业出版社,2001.

[11] 杨利国,何微. 动物繁殖学 [M]. 北京:中国农业出版社,2019.

[12] 王锋,张艳丽. 动物繁殖学实验教程 [M]. 北京:中国农业大学出版社,2017.

[13] 王怀禹,吕远蓉,兰天明. 畜禽繁殖与改良技术 [M]. 成都:西南交通大学出版社,2015.

[14] 李青旺,胡建宏. 畜禽繁殖与改良 [M]. 北京:高等教育出版社,2009.